准大体积混凝土温控防裂理论与实践

高政国　皇甫泽华　徐　庆　黄达海　罗福生　等著

黄河水利出版社
·郑州·

内 容 提 要

本书介绍了准大体积混凝土温度开裂与控制相关的理论研究与工程技术实践，主要阐述了混凝土温度场与应力场数值模拟理论、混凝土徐变计算的理论模型与算法实现、准大体积混凝土钢筋承载机制，以及准大体积混凝土温控防裂技术的应用。本书主要内容包括作者多年来在准大体积混凝土温度场与应力场仿真模拟、混凝土全量法徐变理论、双功能徐变函数、徐变连续阻尼谱函数等方面的一些成果，以及近年来开展的早龄期准大体积混凝土温度应力试验研究和准大体积混凝土中钢筋承载机制方面的研究；最后通过几个典型案例，介绍了混凝土温控防裂分析与评估技术在准大体积混凝土工程中的应用。

本书可供土木、水利等领域从事混凝土温控防裂研究的科研工作者及技术人员阅读，亦可供高等院校相关专业的教师、研究生及高年级本科生阅读参考。

图书在版编目(CIP)数据

准大体积混凝土温控防裂理论与实践/高政国等著.—郑州：黄河水利出版社，2021.6

ISBN 978-7-5509-3006-3

Ⅰ.①准… Ⅱ.①高… Ⅲ.①大体积混凝土施工-温度控制-研究②大体积混凝土施工-防裂-研究 Ⅳ.①TU755.6

中国版本图书馆 CIP 数据核字(2021)第 105206 号

组稿编辑：王路平　电话：0371-66022212　E-mail：hhslwlp@126.com

田丽萍　66025553　912810592@qq.com

出 版 社：黄河水利出版社　网址：www.yrcp.com

地址：河南省郑州市顺河路黄委会综合楼 14 层　邮政编码：450003

发行单位：黄河水利出版社

发行部电话：0371-66026940、66020550、66028024、66022620(传真)

E-mail：hhslcbs@126.com

承印单位：河南瑞之光印刷股份有限公司

开本：787 mm×1 092 mm　1/16

印张：13

字数：300 千字

版次：2021 年 6 月第 1 版　印次：2021 年 6 月第 1 次印刷

定价：120.00 元

前 言

温度开裂一直是土木、水利领域准大体积混凝土工程中面临的一个难题。随着温控防裂理论与技术研究成果的不断推出,准大体积混凝土温度开裂一般能够通过有效的设计、合理的施工和得力的温控措施进行防范,但并不容易。准大体积混凝土结构由于形式各异,开裂影响因素众多,其温度开裂问题更为突出。从工程实践来看,准大体积混凝土温控防裂既有成功的案例,也有失败的教训,目前难以通过普适有效的理论和技术彻底解决这一问题,仍需要针对具体工程进行准确的温度场、应力场预测,并结合建设过程中的温度应力监测和开裂风险评估,制定有针对性的温控防裂方案和技术指标,预防温度裂缝的产生。

大体积混凝土的温控防裂设计基于对温度场、应力场的准确认识。本书详细介绍了基于热传导理论建立的温度场平衡方程,水温、气温等各类边界条件的建立方法及温度场分析的有限元方程;介绍了温度场变化引起的热应力场的有限元计算方法。这部分内容在本书的第 2 章重点介绍,是混凝土温度场、应力场有限元仿真分析的理论基础。

混凝土的徐变与其他变形不同,是一种与应力相关但受龄期影响的具有延迟效应的本构行为。早龄期混凝土徐变的作用不可忽视,徐变应力计算历来是混凝土温度应力仿真计算的难点。本书第 3 章对现有的混凝土徐变理论和徐变计算方法做了较为详细的介绍,重点介绍了适用于早龄期混凝土施工过程温度应力计算的增量法与全量法,同时介绍了混凝土徐变的双功能函数和徐变连续阻尼谱函数等一些研究成果。

在混凝土温控防裂理论的基础上,本书第 4 章介绍了与混凝土温控防裂相关的物理力学参数测定的试验方法。重点介绍了自主研制的新型 TSTM 试验系统的功能、特性及使用方法,以及在此基础上开展的早龄期混凝土温度试验。第 5 章介绍了准大体积混凝土中钢筋在变化应力场中的载荷分担机制研究,并基于温度试验机试验结果对计算结果进行了验证。这部分内容为准大体积混凝土结构的温度场、应力场模拟,混凝土开裂风险评估提供了参数依据。

本书第 6 章通过选取典型工程,介绍了准大体积混凝土工程温控防裂设计、计算与评估分析的过程方法。从工程实践经验来看,目前比较成熟有效的措施主要有:①尽量埋设冷却水管,并把握好通水与停水节奏;②普遍采取表面保护措施,在北方冬季,尽量采用跨季节保温;③任何季节都要注意表层混凝土的降温速度,以不超过每天 2 ℃的标准执行。

本书第 1 章绪论由高政国、黄达海执笔;第 2 章温度场、应力场数值模拟理论由高政国、张雅俊、黄达海执笔;第 3 章混凝土徐变理论由高政国、张鑫桂执笔;第 4 章早龄期混凝土温度应力试验由黄达海、徐庆、辛建达、石南南执笔;第 5 章准大体积混凝土钢筋承载机制由黄达海、徐庆、皇甫泽华、刘龙龙执笔;第 6 章准大体积混凝土温控防裂工程实践由皇甫泽华、罗福生、徐庆、高政国执笔。参加本书撰写的人员还有张国峰、甘继胜、皇甫英杰、祝云市、马莉、郝二峰、林军亮、李航、张赛、周腾飞、吴溪、周利娟、崔保玉、王卫彬、杨青杰、陈军、刘威等。全书由高政国、皇甫泽华统稿。

自1998年以来,黄达海教授领导的课题组开始温控防裂研究,解决了准大体积混凝土温度场、应力场仿真技术的一系列难题,在早龄期混凝土分仓施工过程模拟技术、全量法徐变应力算法技术等成果基础上开发了准大体积混凝土结构温度场—应力场仿真软件(FZFX3D),在国内大型混凝土工程实践中多次应用。本书是在作者所在课题组多年来温控防裂理论研究基础上,由河南省前坪水库建设管理局、北京航空航天大学联合开展的河南省水利科技攻关项目(GG201706)资助完成的研究成果总结。

本书的出版得到了中国三峡集团科学技术研究院、黄河勘测规划设计研究院有限公司等单位的大力支持,图文的编写参阅了大量国内外学者的文献和著作并加以引用,在此,谨致以衷心的感谢!

至今,准大体积混凝土温控防裂在理论技术与应用研究方面仍需要不断完善,许多问题有待更深入、更广泛的理论与工程研究加以解决。由于作者水平有限,书中难免有许多不足、疏漏,甚或谬误之处,敬请各位专家和读者批评指正。

作 者

2021年3月

目　录

第 1 章 绪 论

1.1 混凝土温控防裂问题的提出

混凝土结构作为一种土木、水利工程结构形式在我国的工程建设中得到广泛的应用。混凝土结构的荷载通常分为两类：一类是结构荷载，包括自重、地震、风荷载、水压力荷载等；另一种是由混凝土自身体积变化产生的荷载，如温度、徐变、干缩引起的荷载等。结构尺寸较大的混凝土结构，如高层楼房基础、大型设备基础、水利大坝等设施结构，混凝土的实体最小尺寸常常超过 1 m，温度荷载作用非常突出；这种大体积混凝土结构的表面系数比较小，水泥水化热释放比较集中，内部升温较快，当混凝土内外温差较大时会产生温度裂缝，影响结构的安全和正常使用。

与温度荷载相比，大体积混凝土结构承受的结构荷载更容易满足设计要求。尤其是在混凝土施工过程中，温度荷载产生的应力通常比水压力、自重等其他荷载产生的应力总和还要大。温度开裂对结构的耐久性有很大影响，尤其是暴露在水、大气环境中的构筑物，水或空气沿着裂缝侵入会引起结构渗水、透水，材料的侵蚀、碳化，钢筋的锈蚀等问题。如果构筑物地处海水盐雾、冻融等环境，或者混凝土结构是预应力形式，裂缝带来的危害会更加严重。混凝土结构一旦出现裂缝，很难完全修复，并且裂缝会随着时间延长不断发展，严重的裂缝扩展能够造成结构断裂垮塌、溃坝等灾难性后果。因此，工程中混凝土开裂问题通常以预防为主。在工程建设前和施工期都需要进行结构温度场、应力场的仿真计算，预测工程设计施工方案的安全风险，制订预案预防灾害性裂缝的产生。温控防裂已经成为大体积混凝土结构建设施工面临的主要问题。

1.2 混凝土温度开裂的影响因素

温度荷载作用下产生的裂缝称作温度裂缝，当温度应力大于混凝土材料强度时会产生温度裂缝。影响温度开裂的因素可归结为以下 4 个方面。

1.2.1 水泥水化热

早龄期的混凝土中的水泥与水发生水化反应产生热量，是混凝土温度升高的原因。水泥水化的放热量与速度主要取决于不同的水泥材料。一般硅酸盐水泥放热量大，次之是普通硅酸水泥，放热量较小的是矿渣硅酸盐水泥与粉煤灰硅酸盐水泥。添加外加剂可以减少水泥用量，还可以起到缓凝作用，减少或推迟水泥水化热的温度峰值。混凝土采用低热水泥和使用外加剂，能够降低温度幅值和速率，减小温度应力，降低混凝土开裂风险。

1.2.2 外界气温、水温等环境温度

混凝土结构的温度变化受所处大气水文环境及地理环境影响。气温、地温、库水水温通常随着季节发生变化,能够对混凝土结构温度场产生作用;库水位变化、日照及寒流降温等因素也会对混凝土温度开裂带来风险。例如,夏季高温施工的大体积混凝土由于入仓温度较高,到冬季低温环境容易形成较大的内外温差(混凝土内部温度高,表面温度低),表面产生裂缝的风险会增高;而冬季低温季节浇筑的混凝土发生表面开裂的风险则低。

1.2.3 边界及结构内部约束

边界约束对混凝土结构的应力影响大。温度荷载通过材料热胀冷缩以应变的形式作用于结构,自由伸缩的结构不会产生温度应力。结构的边界约束及结构复杂、温度场不均匀带来的内部约束会产生较大的温度应力,带来混凝土开裂的风险。

1.2.4 混凝土收缩与徐变

混凝土除了温度降低收缩,干燥条件下还会引起体积缩小。混凝土的体积变形对温度应力的影响类似于内部约束变化作用。混凝土徐变(或蠕变)是在应力作用下随时间产生的变形。不同龄期的混凝土徐变的程度不同,通常情况下徐变能减小混凝土温度应力,降低混凝土开裂风险。

1.3 混凝土温度裂缝类型

混凝土裂缝是混凝土结构内外因素的作用而产生的材料不连续现象。混凝土裂缝可分为微观裂缝和宏观裂缝。

1.3.1 微观裂缝

微观裂缝通常称为“肉眼不可见的裂缝”,裂缝宽度通常小于0.05 mm。微观裂缝产生的原因主要是混凝土凝结硬化,常常发生在混凝土材料内部薄弱环节,如集料与水泥石黏结界面,或集料与水泥石内部缺陷处。荷载试验表明,当混凝土受压荷载小于30%极限强度时,微观裂缝几乎不发生变化;当荷载增大到30%~70%极限强度时,微观裂缝开始扩展并增加;而当荷载增大到70%~90%极限强度时,微观裂缝扩展迅速并开始相互贯通,逐步发展成宏观裂纹,直至材料完全破坏。

1.3.2 宏观裂缝

宏观裂缝的宽度不小于0.05 mm,是“肉眼可见的裂缝”。大体积混凝土的宏观裂缝是微观裂缝不断扩展的结果。宏观裂缝按照深度可分为表面裂缝、深层裂缝和贯穿性裂缝。

1.3.2.1　表面裂缝

表面裂缝多见于大体积混凝土结构,常发生在施工期的混凝土表面。早龄期混凝土内部水化热使得混凝土内部与表面温差较大,或者外部环境剧烈降温使得内外温差增大,混凝土材料热胀冷缩使得表面混凝土受拉开裂。

表面裂缝的特点是:发生在混凝土结构表面,裂纹开裂通常呈网状分布。

表面裂缝对结构具有一定的危害。表面裂缝引起混凝土碳化、老化,开裂深度超过保护层厚度时,会产生混凝土钢筋腐蚀问题;在水或潮湿环境中的混凝土,表面裂缝会带来防渗问题。

1.3.2.2　深层裂缝

深层裂缝多见于强约束条件混凝土结构,常见的发生工况是高温季节施工,混凝土施工期入仓温度高,残余应力大,到低温季节混凝土结构整体收缩,加上边界约束条件,造成结构整体受拉产生深层裂缝。

深层裂缝的特点是:裂纹向混凝土结构深度发展,甚至贯穿整个结构,形成断裂;裂纹具有显著的方向性,稀疏分布,甚至只有一条或几条主裂缝。

深层裂缝对结构有很大危害,易造成结构重大安全风险和事故隐患。

1.3.2.3　贯穿性裂缝

贯穿性裂缝是深层裂缝发展的结果,多见于强约束条件混凝土结构整体收缩,造成结构整体受拉,产生贯穿性裂缝;从外观上看,裂缝贯穿整个结构,形成断裂;裂纹具有显著的方向性,稀疏分布,甚至只有一条或几条主裂缝。

贯穿性裂缝对结构安全危害极大,易造成结构重大安全风险和事故隐患;贯穿性裂缝通常是混凝土配筋不足、配筋间距大,混凝土材料及配合比设计不当,直接影响混凝土的抗拉强度造成的。因此,在混凝土结构设计中要避免出现计算不完善、论证不合理的设计方案,防止贯穿性裂缝的产生。

深层裂缝与贯穿性裂缝属于危害性大的裂缝,影响工程结构的整体性和工程结构的使用功能。表面裂缝虽然危害程度较深层裂缝和贯穿性裂缝小,但也会降低工程结构的使用寿命,影响混凝土的耐久性,同时影响结构的美观。

目前,应对混凝土温度开裂问题主要以预防为主,通过混凝土合理的分块、分缝,采用低热水泥,控制混凝土入模温度、埋入冷却水管,预冷集料,加强养护及合理覆盖等预防措施,预防裂缝的产生,控制裂缝的发展。

1.4　准大体积混凝土的概念

温控防裂是大体积混凝土结构设计与施工面临的主要问题。关于大体积混凝土,我国《大体积混凝土施工规范》(GB 50496—2009)[1]规定:混凝土结构物实体最小几何尺寸不小于1 m的大体量混凝土,或预计会因混凝土中胶凝材料水化引起的温度变化和收缩而导致有害裂缝产生的混凝土,称为大体积混凝土。在住房和城乡建设部2018年规范《大体积混凝土施工标准》(GB 50496—2018)[2]中,将最小边长尺寸超过1 m的大体量混凝土,称为大体积混凝土,并明确指出,此类大体积混凝土不包括碾压混凝土及大坝混凝土。日本建筑协会(JASS5)的定义是:结构断面尺寸在 80 cm 以上,水化热引起的内部温度与外界气温之差,预计超过 25 ℃的混凝土,称为大体积混凝土。可以看出,大体积混凝土不是一个严格的定义,泛指实体最小几何尺寸通常不小于 1 m,温度作用会产生有害裂缝的混凝土。

关于混凝土抗裂,在常规钢筋混凝土结构中,混凝土裂缝与变形验算属于正常使用极限状态验算,关系到结构或构件能否满足正常使用及耐久性要求。因此,结构设计必须首先进行承载力极限状态验算,在满足承载力的前提下,应根据结构或构件的工作条件和使用要求进行正常使用极限状态的验算,即裂缝与变形验算。

大体积混凝土结构荷载验算往往很容易满足设计要求,通常无须按照承载力做配筋设计,而按照温度防裂要求,现行规范并没有明确给出考虑裂缝宽度影响的温度配筋计算方法,对于一些常见的底板、墩墙类结构,也是建议按构造配置一定数量的温度钢筋。可以看出,对大体积混凝土温度防裂并没有严格的配筋验算要求。

而一些特定的混凝土结构,如闸墩、衬砌、底板、箱涵、岩锚荷载梁、进水塔、坝后背管、厂房、蜗壳、桥墩等非杆系混凝土结构,设计时需要考虑自重、水压、围岩荷载,但无法按照常规混凝土梁、板截面方法进行内力计算和极限状态理论计算配筋。同时,这类混凝土结构体积一般较大,可归属于大体积混凝土结构,混凝土施工期水泥水化热常常使得浇筑硬化后的结构出现残余应力,拉应变超过混凝土极限抗拉应变导致结构的温度开裂。这类结构设计须同时满足极限承载力设计和温度防裂设计要求。因此,这类混凝土结构可称为"准大体积混凝土结构"。

这类准大体积混凝土结构一般体形复杂,属于配筋结构。但由于配筋计算理论并不完善,设计中需要采用数值有限元法计算温度场和应力场,验算荷载作用应力与温度应力;准大体积混凝土结构一般地处室外环境,施工期和运行期常常受到各种环境荷载作用,需要考虑长期荷载下混凝土徐变、疲劳损伤、开裂等耐久性问题。

1.5 混凝土的温控防裂技术与理论现状

1.5.1 混凝土温控防裂问题的认识与工程实践

20 世纪初期,研究人员开始对大体积混凝土的温度开裂现象进行初步分析。但受限于当时的理论知识和施工工艺,在大体积混凝土结构施工时并未对水泥、拌和水用量等影响混凝土温度的因素进行严格控制,浇筑后的混凝土流动性大且水化温升较高,导致大量的新浇混凝土结构出现危及结构安全的裂缝。

美国在 20 世纪 30 年代建成当时世界上最高的胡佛(Hoover)大坝[3],为了防止大坝温度裂缝的产生,采取了一系列的施工措施:分仓、分段浇筑混凝土,便于混凝土水化过程产生的大量热量从结构的临空面快速散失到周围环境;改善水泥中各熟料比例,降低水泥水化热,控制混凝土浇筑后的温升幅值,以及浇筑块体的内外温差;控制混凝土配合比中的水泥用量,尽量降低混凝土的水化热温升;大坝内部预先埋设冷却水管,并持续不断注入冷却水,减缓混凝土温度升高的幅值和速度,并降低混凝土内外表面温差;连续对坝体内部进行监控,获取各重要部位的温度数据等。胡佛大坝通过采取以上措施有效防止了温度裂缝的产生。

20世纪50年代,地处严寒地区的苏联兴建了一系列的混凝土大坝,然而这些大坝在施工过程中也未考虑到温度控制在施工中的重要性,施工后发现这些坝体均产生了影响结构正常工作性的裂缝。苏联学者们逐渐意识到了温度控制在大坝建造过程中的重要性。1965年,苏联建设者在设计建造托克托古尔电站的过程中采用的施工方法引起了诸多工程师和学者的注意:混凝土的浇筑过程在一个可以移动的帐篷中实施,保证了混凝土结构在夏季能够避免受到阳光直射带来的内外温差,同时在室外温度较低的寒冷季节能够保证混凝土结构的内外表面的温度差值不致过大,克服了现浇大体积混凝土结构施工过程中温度作用引发的开裂问题[4]。

20世纪60年代,美国设计并兴建了一大批大体积混凝土结构,并积累了大量的设计和施工经验,主要包括:采用粉煤灰等掺和料以减少水化热;控制混凝土的水灰比在0.6~0.8,确保混凝土浇筑后不会产生过大的水化热温升;限制浇筑层厚度,便于混凝土浇筑后能够及时从临空面散热;提前对混凝土拌和集料进行冷却,尽量降低混凝土的浇筑温度;混凝土浇筑前铺设水管,利用温度较低的循环水大幅度降低混凝土内部的水化温升;在环境温度变幅较大的季节和区域施工时,做好现浇混凝土结构表面的保温措施,防止温度出现过大幅度的突变等[3]。

Takayama等通过混凝土材料、施工方法及气候影响对衬砌混凝土进行分析,并结合试验得到的早龄期混凝土的温度和变形规律,以及现场施工的环境影响,提出了防止早期裂缝产生的方法[5]。英国Salet等采用预埋冷却水管和铺设钢筋的方法对地下混凝土衬砌结构的早期开裂问题进行了深入细致的研究[6]。

厄勒海峡大桥的跨海断面由顶部的预制混凝土面板和底部的钢结构桁架组成,混凝土面板跨度25 m,厚度在30~70 cm。考虑到最低100年的使用寿命和运行期潮湿的碱性使用环境,对混凝土的裂缝控制较为严格。混凝土结构的温度场仿真分析结果给出的混凝土温度可达60 ℃以上,开裂风险较大,因此该结构在混凝土施工过程中采取了包括预冷集料、控制混凝土浇筑体的内外温差,以及表面覆盖塑料薄膜的措施,以减小温度变形和干燥变形可能引发的开裂风险[7]。

连接亚洲和欧洲的博斯普鲁斯海峡马尔马雷沉埋式隧道,考虑到结构的使用环境及100年的使用寿命,为了防止产生温度裂缝,采取了一系列措施:为了降低混凝土的水化热,对混凝土原材料进行优化,控制和调整水泥熟料比例,水泥的掺量为275 kg/m^3,并掺低钙粉煤灰等;对其中一段5.5 m长的浇筑段,现场埋设仪器进行原位试验;借助于有限元软件对混凝土结构的开裂风险提前预警,保证混凝土浇筑过程中采取合理的温控措施;严格控制间歇期,规定底板和侧墙间歇期不超过14 d,防止新老混凝土温差过大及约束导致开裂;浇筑完毕后及时覆盖保温被,进行蒸汽养护,规定混凝土表面成熟度达到75%时进行拆模,蒸汽养护直到混凝土成熟度达到90%[8]。

我国大体积混凝土结构的设计建造起步于20世纪50年代。在随后的国家经济建设中,兴建了一批水工结构,然而由于设计和施工人员对温度控制重要性缺乏认知,这些结构几乎都出现了不同程度的裂缝。20世纪80年代末,我国对已投入运行的96座水坝进行了全面的安全检查,结果发现有2/3的大坝出现了不同程度的开裂,有些裂缝规模已十分巨大,形成了大量通缝,破坏了大坝结构的整体性,对大坝运行期的安全构成严重影响[9]。对于尺寸更小的渡槽、衬砌类水工混凝土结构,开裂现象也十分普遍。大坳水利枢纽工程衬砌部分浇筑后的安全检查中发现了多条漏水裂缝,严重危及结构运行期安全性[10];陆浑水库泄洪洞混凝土衬砌部分自浇筑完成后的4次普查结果表明,该部位的横向裂缝和纵向裂缝数量均有不同程度的增加,病害持续加重[11];小浪底工程导流洞混凝土衬砌在施工过程中也出现多条纵向裂缝,有近1/3为贯穿性裂缝[12];山东泰安水电站尾水隧洞在浇筑完5~7 d内即发现裂缝,以纵向裂缝居多,并伴有白浆和水滴渗出[13]。

面对上述混凝土工程出现的开裂问题,研究人员不断总结我国混凝土结构设计和施工中的不足,对混凝土结构的施工和温度控制问题做了大量的研究,制定和完善了相关规范[14],取得了丰硕的成果。随着大体积混凝土温控防裂研究的工程应用实践,当前已初步形成共识性的温控措施方案和技术成果。

在温控措施方面,制订合理的施工浇筑计划:通过研究设计大体积混凝土结构合理的分缝分块方案,确定不同浇筑层间间隔最佳时间,以及允许的限值,控制进度合理的工期安排和作业计划等;采用冷却水管对混凝土内部降温,研究分析冷却水管的管径、材料性质、铺设方式、通水时间以及通水温度等参数对大体积混凝土结构内部温升的影响[15,16],制订大体积混凝土结构内部合理的冷却水管铺设方案、通水计划及水温控制。

在材料性能控制方面,设计合理的混凝土配合比、掺加适量减水剂和外掺料:采用减水剂可以在保证混凝土强度不变的前提下,增大混凝土的流动性,减小混凝土离析、泌水的可能,使其更易于施工,保证混凝土浇筑质量;采用外加剂改善混凝土结构内部的孔隙,提高混凝土的耐久性;调节减缓混凝土拌和物的凝结时间和水化反应速率,控制混凝土最高峰值温度出现的时间;掺入适量的引气剂使混凝土内部引入大量气泡,提高混凝土的流动性,并改善混凝土的耐久性、抗渗性和抗冻性[17,18]。不少学者将矿物和高分子掺和料(粉煤灰、高吸水性树脂、高炉矿渣、硅灰、轻集料等)加入混凝土的配比,发现这些掺和料不仅能够替代部分水泥,降低混凝土的用水量,还可以减小低水灰比的混凝土不可忽略的自生体积变形,一定程度上延缓混凝土拉应力的发展趋势[19-21]。

季节性温控措施方面,设计不同季节、不同地域环境的混凝土温控要求:由于寒冷地带以及低温季节的环境温度偏低,设定合理的浇筑温度和施工时间才能保证结构施工和正常运行期间的安全性,浇筑使用的集料和拌和水均需提前确定,防止结构因过大的内外温差产生裂缝;同时,在气温较低季节或寒潮来袭时,采取结构表面用棉被覆盖等方式减少混凝土在浇筑过程中的热量损失,创造小气候减小温差;此外,根据季节、环境温度设计合理的拆模时间、表面保护方式等,确保混凝土的力学性能发展不受冬季低温的影响[22]。

1.5.2 准大体积混凝土温控技术研究现状

虽然在大体积混凝土温控研究方面取得一定的理论技术成果和实践经验,但混凝土温控防裂技术还远未成熟。特别是准大体积混凝土结构,目前还没有广泛成熟的温控技术措施和研究成果确保在工程实践中都能够有效地实现温控防裂。黄河小浪底闸室高强度等级水工混凝土衬砌结构施工过程中,混凝土都有不同程度的裂缝出现,开裂原因归结为水化热较大,没有进行严格的温控,混凝土内外温差较大[23]。三峡工程衬砌混凝土结构在施工期进行现场温度测试后发现衬砌混凝土温控防裂的重要性,并提出相应的温控防裂措施,后来应用在输水隧洞衬砌混凝土施工中,防裂效果良好[24]。金沙江溪洛渡水电站工程的准大体积混凝土结构,除导流封堵和蜗壳混凝土外,全部为无温控要求的混凝土。经调查发现22仓混凝土出现不同程度的裂缝,初步统计各类裂缝80余条,裂缝宽度为0.05~0.1 mm,甚至达0.3 mm,裂缝长度为0.6~12 m,裂缝主要为温度裂缝。经调查发现凡是无温控要求的部位均出现不同程度的裂缝,通过防裂生产性试验及防裂效果的检查,认为采取温控措施后,裂缝大为减少[25]。中国电建集团成都勘测设计研究院有限公司对二滩水电站的地下厂房的混凝土温控规定:混凝土最高浇筑温度不超过25 ℃;龙滩水电站、小湾水电站、天生桥二级和洪家渡等工程,均认为准大体积结构无须进行严格的温度控制[26]。

闸墩结构是一种典型的准大体积混凝土结构,常常在施工期出现开裂,尤其是在中部位置底部经常出现竖向长裂缝,对结构的耐久性和安全性有严重的影响[27,28]。闸墩开裂原因主要有以下三方面:

(1)内外温差。由于混凝土是热的不良导体,闸墩混凝土内外散热速度不一致引起的内外温差,使得混凝土温度变形。

(2)表面与气温温差。由于闸墩体形单薄,浇筑完成后整个闸墩内部的温度均较高,导致闸墩表面的温度与同时刻外界气温存在较大的温差。

(3)底板或者基础约束。闸墩在温度变形时受到周围混凝土或者基岩的约束,被约束的收缩变形产生拉应力。当拉应力过大时,便出现裂缝。

水工大型渡槽作为一种输水构筑物,是水工建筑物中常见的长距离混凝土结构[29]。材料使用上常常采用高强度等级预应力混凝土。混凝土常使用高掺量水泥,水泥水化大量放热,工程中混凝土的温峰值在60 ℃以上,由于与环境温度相差较大,容易产生较大温度梯度。渡槽长期处于水环境中,当出现温度裂缝时更容易产生溶蚀,对结构的耐久性产生威胁,因此渡槽结构常采用预应力钢筋混凝土,预应力钢筋可以限制裂缝的开度和深度[30],但是并没有从根本上防止裂缝出现。武汉大学王长德与冯晓波等曾对渡槽的稳定温度场和温度应力做过深入的研究,但并没有形成相应的温控标准[31]。工程调研发现,南水北调的渡槽在施工过程中出现不同程度的裂缝,严重危害结构的耐久性。

核电站筏基和安全壳属于本书定义的准大体积混凝土结构形式,但其防裂级别高于普通准大体积混凝土结构。核电站中的准大体积结构往往采用高性能混凝土,混凝土强度高,放热大。但工程中限制使用掺和料与外加剂等可以提高混凝土抗裂性的材料。优化调整混凝土配比来改善温度开裂的很多措施无法使用,增加了裂缝控制的难度。常常通过减小混凝土浇筑层厚度,降低水泥水化热等,虽有一定成效,但筏基处仍有明显裂缝。中冶建筑研究总院提出的“动态设计养护”的方法已经成功地应用于宁德核电站、红沿河核电站及阳江核电站等核岛基础混凝土养护中,拆模后发现无明显裂缝[32]。

从工程实践来看,大体积混凝土温控防裂技术与经验还不能完全适用于准大体积混凝土。特别是准大体积混凝土强度高,放热量相对大,加之结构体型复杂多样,开裂风险受环境荷载影响大,因此难以有普适技术有效地解决准大体积混凝土结构温控防裂问题,仍需要针对具体工程采取措施准确地进行温度场应力场监测与预测分析，制定针对性的温控防裂技术指标和措施方案。

1.5.3 混凝土温度场、应力场数值有限元仿真技术

混凝土温控防裂问题的解决离不开对温度场、应力场的准确认识。随着计算机技术的发展和应用，数值有限元仿真技术已经成为有效手段来预测各种复杂工况环境下温度场、应力场的变化，制定应对措施降低混凝土温度开裂风险。

有限元应用于混凝土结构温度场和应力场的计算有一定的历史。1968 年，美国的 Wilson[33] 将开发的有限元仿真程序 DOT-DICE 用于二维条件下混凝土结构的温度场分析，得到了大坝的温度场数据；1985 年美国的 Tatro 等[34] 基于 DOT-DICE 程序，根据施工方案规定的浇筑计划对美国第一座碾压混凝土坝进行了温度场仿真分析。Barrett 等[35] 开发的三维温度应力仿真软件 ANACAP，实现了对混凝土结构温度应力的仿真分析计算。

我国的研究人员在混凝土结构温度应力数值计算分析和理论研究方面，同样处于世界前列。1973 年，朱伯芳院士首次将自主开发的混凝土温度应力有限元程序应用于大体积混凝土结构的温度应力分析中，这也是我国首次成功实现大体积混凝土结构的温度场和应力场的仿真计算[36]。其后，朱伯芳院士又提出了诸多改进算法。借助于"并层算法"，根据混凝土的龄期将不同浇筑层的混凝土层合并，使得混凝土浇筑层计算数量大大减少，保证计算精度的同时，极大简化了计算[37,38]。

1997 年，河海大学刘宁教授结合大体积混凝土结构浇筑环境的气温和混凝土材料性质的随机性，将可反映材料性质随机性的随机变分原理和有限元列式引入大体积混凝土结构随机温度应力的计算，使大体积混凝土结构在进行温度应力计算时可以考虑混凝土材料性能随龄期和周围环境变化等因素的影响[39]。

北京航空航天大学黄达海教授等自主研发了大体积混凝土结构温度应力场仿真软件 FZFX3D，并基于分布式光纤测温和温度控制预报建立了系统的预警开裂机制；利用 FZFX3D 软件进行热学参数反演，仿真模拟温度场、应力场的变化历程，并先后应用于锦屏、溪洛渡、河口，以及丰满水库等工程[40-44]。

郭晓娜[45] 利用有限元软件对三峡工程的隧洞衬砌进行了混凝土的温度场和应力场仿真分析，结果表明采用降低浇筑温度、拆模前通风冷却及冬季保温组合可以降低混凝土的最高温升和早期温度应力，基本达到温控防裂的要求。

张晓飞[46] 提出了在冷却水管区域处采用冷却水管子结构有限元法，而在其他区域采取三维有限元浮动网格法的仿真计算方案，并对二者的耦合方法进行了研究；并基于此计算方案反演分析了包括比热、放热系数在内的诸多混凝土热学参数。武汉大学[47] 采用有限元软件对衬砌混凝土结构的施工情况进行了温度应力仿真分析，并针对不同季节施工条件下的温控措施进行了分析计算。

随着有限元方法应用的日益成熟和现代计算机技术的突飞猛进，高性能计算机和数值计算软件使得计算模拟能力大大提升，为混凝土温度应力的准确预测和防裂技术研究提供了坚实的基础。

1.5.4 混凝土徐变问题

混凝土是一种由胶凝材料、集料和水及外加剂和掺和料制作而成的一种人工石材,作为一种非均质人工材料,其物理力学特性复杂。混凝土的强度及变形是工程力学性能研究的关键。目前混凝土徐变仍难以准确计算,对混凝土徐变特性的认识不足是混凝土温度应力计算面临的主要问题之一。

混凝土徐变是一种具有延迟特性的本构变形行为,机制复杂且影响因素众多,混凝土徐变特性还远未被完全掌握[48]。尤其是施工期混凝土开裂问题中,早龄期混凝土徐变度大,同时温度场变化剧烈,徐变对应力场的影响不可忽视。通常徐变对混凝土应力场带来好的影响,徐变引起的混凝土应力松弛能削减峰值温度应力,降低开裂风险。但施工期残余应力对混凝土施工期后运行期的应力产生影响,如果忽略徐变作用,高温季节施工混凝土过高地模拟计算了施工期的残余应力,到低温季节会低估混凝土的表面拉应力,增加混凝土开裂的风险。建立有效的徐变理论,准确计算温度场、应力场的变化规律对混凝土温控防裂至关重要。

徐变变形和应力之间的物理关系本质上都是非线性的。对于荷载应力高、变幅大的情况需要非线性徐变理论模型[49,50]建立描述,而对于低应力荷载且变化幅度不是很大的情况,可假定徐变变形和应力之间符合线性关系,即服从 L. Boltzman 叠加原理[51]。这种线性理论模型是目前计算中常用的徐变理论模型。而非线性徐变理论模型方面的研究还有待完善,一般混凝土工程中面临的徐变问题,线性徐变理论模型基本适用。

徐变是一种延迟效应的变形,徐变物理方程不可避免地考虑历史应力的影响。基于徐变试验数据结果,研究者提出不同的物理方程形式建立对徐变这种延迟本构现象的描述。目前,常见用于混凝土徐变计算的线性徐变理论主要有等效模量法、徐变率法(老化理论)、流动率法(弹性老化理论)、弹性徐变理论等。

有效模量法(Effective Modulus Method)是 McMillan 于 1916 年提出的最早的一种徐变计算方法。该方法是将变化的历史应力对徐变的影响用一个降低的弹性模量表达(弹性模量随着龄期增长),也就是将具有延迟效应的徐变变形和应力本构关系等价为一个弹性本构关系,这样避免对应力历史的计算。在这种方法的基础上,Trost 于 1967 年引入"松弛系数"的概念,建立了徐变应力应变关系的代数方程式。1972 年 Z. P. Bazant 指出松弛系数反映了混凝土的老化,故改称为"老化系数",对 Trost 的方法进行了论证和改进,提出了按龄期调整的有效模量法[52](AEMM 法,Age-adjusted Effective Modulus Method)。

AEMM 法中老化系数取值取决于混凝土老化(应力松弛)描述的应力历史,因此适用于混凝土模量已充分增长、外荷载变化不大的运行期混凝土结构的徐变计算。孙宝俊根据老化系数与松弛系数的关系提出老化系数的建议公式和建议取值$\chi=0.8$[53]。王勋文等(1996)推导了松弛系数与徐变系数之间的非线性关系,得出了计算老化系数新的实用公式[54]。基于 AEMM 法还有众多的研究者开展了相关理论与应用研究[55-57]。AEMM 法在我国应用最多,尤其在桥梁工程界,国内许多研究都是基于此方法,也有较成熟的软件成果[58,59]。

徐变率法(老化理论)是 W. H. Glanville 于 1930 年提出的,C. S. Whitney[60]于 1932

年建立了它的数学公式,F. Dischinger 第一个将它用于比较复杂的结构问题。徐变率法假定混凝土徐变曲线具有(沿变形轴)"平行"的性质,计算徐变时只需要一条初始的徐变曲线,不同龄期的徐变曲线都由这条徐变曲线沿变形轴平移得到,也就是每一个时刻的徐变速率与加荷龄期无关。老化理论的物理方程积分项中被积函数不包含时间 t,对很多简单问题都可以求出解析解,当混凝土应力单调减小且变化不大时,该理论可计算得到较好的结果。但老化徐变理论模型没有可恢复徐变,这与试验结果不符;当应力变化剧烈时,该理论的计算结果与试验结果相差较大,目前该方法已很少应用。

弹性徐变理论又称叠加法,是由苏联学者马斯洛夫和阿鲁秋年首先提出的。假定徐变作为一种弹性的延迟变形,在不同龄期下加荷的徐变曲线可以叠加。当荷载一定时,该理论对新、老混凝土的估计值与试验曲线符合程度较好。当应力单调增加且大的应力作用历时不长时,该方法的计算值同试验值基本相符。工程问题中,混凝土应力常常遇到衰减的情况。弹性徐变理论把应力衰减(或全部卸荷)状态下徐变的恢复取作与加荷曲线相同,进而得到老混凝土徐变完全可恢复的结果,这与试验结果不符。弹性徐变理论考虑到材料在加荷过程中的老化现象,材料的性质是龄期的复杂函数,所以在数学处理上比较麻烦。

对于可恢复徐变计算,Zienkiewicz 等建立了一个等步长的算法[61]。朱伯芳后来改进了这个方法,提出的一套隐式解法[62],使之适用于变步长的情况。该方法是基于初应变增量法,利用指数型徐变度函数建立递推算法,减少对应力历史的记录,计算速度大大加快。2001 年笔者以应力全量的形式提出一种徐变应力分析方法,并建立了有限元算法格式[63]。全量法的基本原理是把荷载全部作用于结构,然后逐级调整位移,直到平衡条件得到满足。对工程中遇到的大量非线性问题,如采用增量方法保持同样的精度必须根据非线性程度细分荷载增量,计算精度也不容易控制,而用全量法迭代即可实现精度的控制。

流动率法(Flow Rate Method)即弹性老化理论,它是弹性徐变理论和老化理论的结合。该理论将徐变函数分为弹性变形、滞后弹性变形、流动变形三部分,其中滞后弹性变形为可恢复变形,与加荷龄期无关。假定不同加荷龄期的流动变形曲线是平行的,即流动速率与加荷龄期无关。流动率法能较好地描述早龄期混凝土在卸荷状态下徐变部分可恢复的性质,对应力松弛问题的求解结果合理,而对老混凝土徐变规律的描述仍然不足,直到现在流动率法应用还很有限。

继效流动理论[64]也把徐变分成弹性变形、滞后弹性变形、流动变形三部分,但与弹性老化理论不同,该理论不再假定流动速率与加荷龄期无关,而采用流变模型来考虑流变变形。在应力部分减小和交替加卸荷时,继效流动理论计算的变形值与试验值较符合,对于应力衰减问题所得结果也更接近实际,但其计算过程比较繁复。

除了以上常见的基于线性理论建立的徐变模型,还可以采用弹簧、阻尼器等力学元件组合建立流变模型表达混凝土应力与徐变的本构关系。最基本的流变模型为 Maxwell 模型和 Kelvin 模型。流变模型将混凝土徐变现象用黏弹性行为描述,构建力学机制明晰,但由于混凝土徐变机制本身并不明晰,简单的流变模对混凝土徐变行为表达能力有限,而组合元件复杂和非线性流变参数的流变模型计算难度大,在应用上存在困难,还有待进一步研究。

参考文献

[1] 中华人民共和国住房和城乡建设部. 大体积混凝土施工规范:GB 50496—2009[S]. 北京:中国建筑工业出版社, 2009.

[2] 中华人民共和国住房和城乡建设部. 大体积混凝土施工标准:GB 50496—2018[S]. 北京:中国建筑工业出版社, 2018.

[3] 朱伯芳,王同生,丁宝瑛,等. 水工混凝土结构的温度应力与温度控制[M]. 北京:水利电力出版社, 1976.

[4] 陈宗梁. 托克托古尔水电站简介[J]. 水力发电, 1992 (7):67-70.

[5] Takayama H, Nonomura M, Masuda Y. Study on cracks control of tunnel lining concrete at an early age [C]// Proceedings of the 33rd ITA-AITES World Tunnel Congress - Underground Space - The 4th Dimension of Metropolises. Taylor and Francis/Balkema, 2007: 1409-1415.

[6] Salet T, Schlangen E. Early-age crack control in tunnels [A]. Proceedings of Euromat 97. Thomas Telford, 1997(V4): 367-377.

[7] Hue F, Bridge O. Temperature and cracking control of the deck slab concrete at early ages [J]. Automation in Construction, 2000 (9):437-445.

[8] Gokce A, Koyama F, Tsuchiya M, et al. The challenges involved in concrete works of mammary immersed tunnel with service life beyond 100 years[J]. Tunnel and Underground Space Technology, 2009 (24): 592-601.

[9] 刑林生. 我国水电站大坝事故分析与安全对策(二)[J]. 大坝与安全,2000,2:1-5.

[10] 柯书武. 大坳水利枢纽工程引水发电洞渐变段混凝土衬砌裂缝成因分析[J]. 小水电,2002,3:12-13.

[11] 袁群,曹雪玲,司马军,等. 陆浑水库泄洪洞混凝土衬砌裂缝原因浅析[J]. 人民黄河, 2002, 24(2): 39-40.

[12] 徐运汉. 小浪底工程导流洞混凝土衬砌裂缝成因及处理[J]. 人民黄河, 1999,21(3):31-33.

[13] 王焕. 尾水隧洞衬砌混凝土裂缝预防及治理[J]. 岩土力学,2004,25(S1):154-156.

[14] 中国人民共和国水利部. 水工混凝土施工规范:SL 677—2014[S]. 北京:中国水利水电出版社, 2014.

[15] 汪国权. 大体积混凝土裂缝及温度应力研究[D]. 合肥:合肥工业大学, 2006.

[16] 黄永刚. 大体积混凝土温度监测与裂缝控制[M]. 西安:西安建筑科技大学出版社, 2004.

[17] 郭登峰,刘红,刘准. 混凝土减水剂研究现状和进展[J]. 混凝土,2010(7):79-82.

[18] 陈应钦. 引气剂的作用及高性能混凝土引气剂的研究[J]. 新型建筑材料,2002(2):1-3.

[19] 韩建国,张闰,郝卫增. 水胶比和粉煤灰对混凝土绝热温升的影响[J]. 混凝土,2009(10):10-12.

[20] 王国杰,郑建岚. 水泥基材料绝热温升曲线特征及速率表达式[J]. 建筑材料学报,2014,17(5): 875-881.

[21] 孔祥明,张珍林. 高吸水性树脂对高强混凝土自收缩的减缩机理[J]. 硅酸盐学报,2014,42(2): 150-155.

[22] 朱伯芳. 大体积混凝土温度应力与温度控制[M]. 北京:中国电力出版社,1998.

[23] 廖波. 小浪底泄洪工程高标号混凝土裂缝产生的原因及防治[J]. 水利学报,2001,7:47-56.

[24] 段亚辉,方朝阳,樊启祥,等. 三峡永久船闸输水洞衬砌混凝土施工期温度现场试验研究[J]. 岩石

力学与工程学报. 2006(1): 128-135.

[25] 方朝阳,段亚辉. 三峡永久船闸输水洞衬砌施工期温度与应力监测成果分析[J]. 武汉大学学报(工学版),2003,36(5): 30-34.

[26] 张超然,等. 三峡水利枢纽混凝土工程温度控制研究[M]. 北京:中国水利水电出版社,2001.

[27] 许朴,朱岳明,贲能慧. 倒T型混凝土薄壁结构施工期温度裂缝控制研究[J]. 水利学报,2009,40(8):969-975.

[28] 马跃峰,朱岳明,刘有志,等. 闸墩"枣核形"裂缝成因机理和防裂方法研究[J]. 水电能源科学,2006,24(2):40-43.

[29] 竺慧珠. 渡槽[M]. 北京:中国水利水电出版社,2005.

[30] 李向辉,张晓玉. 南水北调中线漕河渡槽试验跨三向预应力施工[J]. 水利与建筑工程学报,2007,5(1):62-63,89.

[31] 王长德,冯晓波,朱以文,等. 水工渡槽的温度应力问题[J]. 武汉水利电力大学学报,1998,31(5):7-11.

[32] 程大业,张心斌,张忠. "动态设计养护"法在核电站筏基整浇养护中的应用[J]. 工业建筑,2010,40(1):27-30.

[33] Wilson E L. The determination of temperatures within mass concrete structures (UCB/SESM Report No. 68-17)[R]. University of California,1968:187-202.

[34] Tatro S, Schrader E. Thermal analysis for RCC-a practical approach[A]. Proceeding of conference of roller compacted concrete Ⅲ. ASCE,1992:389-406.

[35] Barrett P R, Foadian H, James R J, et al. Thermal structure analysis methods for RCC dams[A]. Proceeding of conference of roller compacted concrete Ⅲ. ASCE,1992:407-422.

[36] Zhu B F. Computation of thermal stresses in mass concrete with consideration of creep effect[A]. Fifteenth international congress on large dams. 1985:24-28.

[37] 朱伯芳. 多层混凝土结构仿真应力分析的并层算法[J]. 水力发电学报,1994,46(3):21-30,49.

[38] 朱伯芳,许平. 混凝土坝仿真计算的并层算法和分区异步长算法[J]. 水力发电, 1996(1):38-43.

[39] 刘宁,刘光廷. 大体积混凝土结构温度场的随机有限元算法[J]. 清华大学学报,1996,36(1):41-47.

[40] 黄达海,陈彦玉,王祥峰,等. 基于分布式光纤测温的特高拱坝温控预报研究[J]. 水利水电技术,2009(41):42-46.

[41] 黄达海,宋玉普,赵国藩. 碾压混凝土坝温度徐变应力仿真分析的进展[J]. 土木工程学报,2008,33(4):97-100.

[42] 李建华,张春生,王富强,等. 严寒地区大坝混凝土降温速率研究[J]. 水利水电技术,2015,46(12):17-22,28.

[43] 欧阳建树,徐庆,汪军,等. 河口村水库进水塔底板裂缝温控研究[J]. 人民黄河,2016,38(4):121-124.

[44] 韩燕,欧阳建树,黄达海. 大坝混凝土运输及浇筑过程中温度回升研究[J]. 水电能源科学,2010,28(11):100-102.

[45] 郭晓娜. 水工隧洞衬砌混凝土施工期温控防裂研究[D]. 武汉:武汉大学, 2004.

[46] 张晓飞. 大体积混凝土结构温度场和应力场仿真计算研究[D]. 西安:西安理工大学,2009.

[47] 武汉大学水资源与水电工程科学国家重点实验室. 溪洛渡水电站泄洪洞衬砌混凝土温控复核与模拟技术研究[R]. 2011.

[48] Bazant Z P. Prediction of concrete creep and shrinkage: Past, present and future[J]. Nuclear Engineer-

ing and Design, 2001, 203(1):27-38.

[49] 林南薰. 混凝土非线性徐变理论问题[J]. 土木工程学报, 1983(1):16-23.

[50] 赵祖武, 林南薰, 陈永春."混凝土非线性徐变理论问题"讨论[J]. 土木工程学报, 1984(1):85-90.

[51] 周履, 陈永春. 收缩徐变[M]. 北京:中国铁道出版社, 1994.

[52] Bazant Z P. Prediction of concrete creep effects using age adjusted effective modulus method[J]. ACI Journal ,1972 , 69 :212-217.

[53] 孙宝俊. 混凝土徐变理论的有效模量法[J]. 土木工程学报, 1993(3):66-68.

[54] 王勋文, 潘家英. 按龄期调整有效模量法中老化系数的取值问题[J]. 中国铁道科学, 1996, 17(3):12-23.

[55] 欧阳华江, 邬瑞锋. 考虑混凝土收缩徐变和钢筋松弛时预应力损失和起拱的计算[J]. 建筑结构学报, 1986(3):36-44.

[56] 陈永春. 混凝土徐变问题中的中值系数法[J]. 建筑科学报, 1991 (2):3-8.

[57] Wang W , Gong J . New relaxation function and age-adjusted effective modulus expressions for creep analysis of concrete structures[J]. Engineering Structures, 2019, 188(1):1-10.

[58] 范立础, 杜国华, 鲍卫刚. 桥梁结构徐变次内力分析[J]. 同济大学学报, 1991, 19(1):23-32.

[59] 张丽芳, 汪洁. 徐变计算理论及其在软件开发中的应用[J]. 西安建筑科技大学学报, 2005, 37(4):510-513.

[60] Whitney, Charles S. Plain and reinforced concrete arches[J]. ACI Journal, Proceedings 1932,28(7):479-519.

[61] Zienkiewicz O C. Some creep effects in stress analysis with particular reference to concrete pressure vessels[J]. Nucl. Engineering and Design,1966,4.

[62] 朱伯芳. 混凝土结构徐变应力分析的隐式解法[J]. 水利学报,1983,5:40-46.

[63] 高政国, 黄达海, 赵国藩. 混凝土结构徐变应力分析的全量方法[J]. 土木工程学报, 2001, 34(4): 10-14.

[64] 唐崇钊. 混凝土的继效流动理论[J]. 水利水运工程学报, 1980 (4):1-13.

第 2 章　混凝土温度场、应力场数值模拟理论

本章主要介绍准大体积混凝土温度场、应力场计算的基本原理和数值有限元方法。内容包括热传导问题的热平衡方程的建立过程、水化热热源及气温和水温等热学边界条件的计算模型与获取方法，以及在此基础上建立的温度场、应力场的有限元方程，并介绍了一个混凝土材料损伤分析的方法。本章内容是学习和理解混凝土温度场、应力场仿真分析的基础知识，也是自主开发的大体积混凝土结构温度场—应力场仿真软件(FZFX3D)的理论基础。

2.1　热传导基本方程

有限元法是当今工程分析中应用最为广泛的数值计算方法，是解决大体积混凝土的温度应力问题的有效工具。大体积混凝土结构中热传递的主要方式是热传导，可分为稳态和瞬态两类热传导问题。在讨论两类热传导问题有限元法之前，首先介绍热传导的基本方程。

取均匀、各向同性材料固体中的一个空间微元体(见图 2-1)，微元三个维度的尺寸分别为 dx、dy、dz。假设热流量 q(单位时间内通过单位面积的热量)在固体内沿着 x 方向流动。若在单位时间内从微元体左界面 dydz 流入的热量为 q_xdydz，经右界面流出的热量为 q_{x+dx}dydz，则流入微元体的净热量为 $(q_x - q_{x+dx})$dydz。

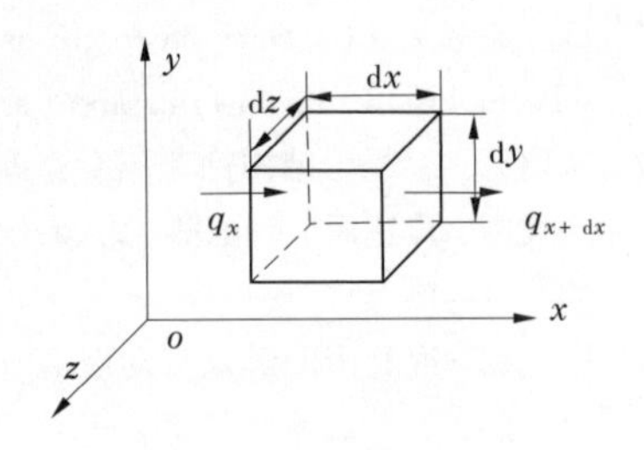

图 2-1　热传导微元体

设固体的温度场函数为 $T(x,y,z,\tau)$，其中 τ 为时间变量。由于热流量 q_x 与温度梯度$\frac{\partial T}{\partial x}$成正比，热流方向与温度梯度方向相反，则有

$$q_x = -\lambda \frac{\partial T}{\partial x} \tag{2-1}$$

式中　λ——导热系数，kJ/(m · h · ℃)。

由式(2-1)可知，热流量 q_x 是 x 的函数，将热流量展开成泰勒级数并只取前两项得

$$q_{x+dx} \approx q_x + \frac{\partial q_x}{\partial x}dx = -\lambda \frac{\partial T}{\partial x} - \lambda \frac{\partial^2 T}{\partial x^2}$$

于是，沿 x 方向流入微元的净热量为

$$(q_x - q_{x+dx})dydz = \lambda \frac{\partial^2 T}{\partial x^2}dxdydz$$

同理可得,沿 y 方向和 z 方向流入微元体的净热量分别表示为 $\lambda\dfrac{\partial^2 T}{\partial y^2}\mathrm{d}x\mathrm{d}y\mathrm{d}z$ 和 $\lambda\dfrac{\partial^2 T}{\partial z^2}\mathrm{d}x\mathrm{d}y\mathrm{d}z$ 。

对于早龄期混凝土,水泥水化起到热源作用。设热源密度函数为 $Q(\tau)$,即 τ 时刻单位质量混凝土生成的热量,混凝土材料密度为 ρ,则微元体内单位时间生成的热量为 $\rho Q\mathrm{d}x\mathrm{d}y\mathrm{d}z$。

因此,由于热量流入和内部水化热生成,微元体在单位时间内增加的总热量为

$$\left[\lambda\left(\frac{\partial^2 T}{\partial x^2}+\frac{\partial^2 T}{\partial y^2}+\frac{\partial^2 T}{\partial z^2}\right)+\rho Q\right]\mathrm{d}x\mathrm{d}y\mathrm{d}z$$

微元体温度 T 是时间 τ 的函数,则在 τ 时刻单位时间内温度变化$\dfrac{\partial T}{\partial \tau}$所吸收的热量为 $c\rho\dfrac{\partial T}{\partial \tau}\mathrm{d}x\mathrm{d}y\mathrm{d}z$ 。其中,c 为比热,kJ/(kg · ℃);ρ 为密度,kg/m^3;τ 为时间,h。

根据热量平衡原理,单位时间内微元体温度升高所吸收的热量必须等于从外面流入的净热量与内部水化热之和,即

$$c\rho\frac{\partial T}{\partial \tau}\mathrm{d}x\mathrm{d}y\mathrm{d}z=\left[\lambda\left(\frac{\partial^2 T}{\partial x^2}+\frac{\partial^2 T}{\partial y^2}+\frac{\partial^2 T}{\partial z^2}\right)+\rho Q\right]\mathrm{d}x\mathrm{d}y\mathrm{d}z$$

简化后得到固体中热传导方程如下

$$\frac{\partial T}{\partial \tau}=a\left(\frac{\partial^2 T}{\partial x^2}+\frac{\partial^2 T}{\partial y^2}+\frac{\partial^2 T}{\partial z^2}\right)+\frac{Q}{c} \tag{2-2}$$

式中　a——导温系数,$a=\lambda/c\rho$,m^2/h。

式(2-2)表达了有热源下的热平衡条件。

若微元体在绝热条件下,没有热量流入或流出,则有

$$\frac{\partial^2 T}{\partial x^2}+\frac{\partial^2 T}{\partial y^2}+\frac{\partial^2 T}{\partial z^2}=0$$

设微元体混凝土绝热温升为 θ,由式(2-2)可知

$$\frac{\partial \theta}{\partial \tau}=\frac{Q}{c} \tag{2-3}$$

由式(2-3),热传导方程可改写为

$$\frac{\partial T}{\partial \tau}=a\left(\frac{\partial^2 T}{\partial x^2}+\frac{\partial^2 T}{\partial y^2}+\frac{\partial^2 T}{\partial z^2}\right)+\frac{\partial \theta}{\partial \tau} \tag{2-4}$$

式(2-4)由绝热温升函数表达了热源作用。

对于平面热传导问题(温度沿 z 方向是常数,$\dfrac{\partial T}{\partial z}=0$),热传导方程可简化为

$$\frac{\partial T}{\partial \tau}=a\left(\frac{\partial^2 T}{\partial x^2}+\frac{\partial^2 T}{\partial y^2}\right)+\frac{\partial \theta}{\partial \tau} \tag{2-5}$$

对于一维热传导问题(温度沿 y、z 两个方向是常数,$\dfrac{\partial T}{\partial y}=\dfrac{\partial T}{\partial z}=0$),则热传导方程为

$$\frac{\partial T}{\partial \tau} = a\frac{\partial^2 T}{\partial x^2} + \frac{\partial \theta}{\partial \tau} \tag{2-6}$$

如采用圆柱坐标(r,φ,z),则热传导方程为

$$\frac{\partial T}{\partial \tau} = a\left(\frac{\partial^2 T}{\partial r^2} + \frac{1}{r}\frac{\partial T}{\partial r} + \frac{1}{r^2}\frac{\partial^2 T}{\partial \varphi^2} + \frac{\partial^2 T}{\partial z^2}\right) + \frac{\partial \theta}{\partial \tau} \tag{2-7}$$

同样,对于圆柱坐标系下轴对称平面问题($\frac{\partial T}{\partial \varphi} = \frac{\partial T}{\partial z} = 0$),热传导方程为

$$\frac{\partial T}{\partial \tau} = a\left(\frac{\partial^2 T}{\partial r^2} + \frac{1}{r}\frac{\partial T}{\partial r}\right) + \frac{\partial \theta}{\partial \tau} \tag{2-8}$$

当混凝土温度场稳定后,温度不随时间变化,同时水化热逐渐减弱消失,绝热温升趋于一个稳定值,则有$\frac{\partial T}{\partial \tau}=\frac{\partial \theta}{\partial \tau}=0$,由式(2-4)得稳定温度场的热传导方程为

$$\frac{\partial^2 T}{\partial x^2} + \frac{\partial^2 T}{\partial y^2} + \frac{\partial^2 T}{\partial z^2} = 0 \tag{2-9}$$

显然式(2-9)表达了一个无热源的稳定温度场的热平衡状态,适用于施工后稳定运行状态老混凝土的稳定温度场描述。

在其他工程问题中还存在一种有热源的稳定热平衡方程,即

$$a\left(\frac{\partial^2 T}{\partial x^2} + \frac{\partial^2 T}{\partial y^2} + \frac{\partial^2 T}{\partial z^2}\right) + \frac{Q}{c} = 0 \tag{2-10}$$

这种热传导平衡状态温度不随时间变化,热源密度函数 Q 为一个常数。

在施工阶段混凝土水化热作用随着龄期逐渐减弱,热源密度函数 Q 通常不能表达为一个常数,这个阶段混凝土温度场通常是非稳态的。

2.2 混凝土热学特性

2.2.1 混凝土的基本热学参数

混凝土温度应力计算中需要的基本热学参数可分为两类:一类是影响混凝土内温度传导和变化的性能参数,包括混凝土的比热容 c、导热系数 λ、导温系数 a 和密度 ρ;另一类是影响其温度变形的性能参数,包括线热膨胀系数 α。

混凝土的比热容是指单位质量的混凝土在温度升高或者降低 1 ℃时所吸收或释放的热量,用符号 c 表示,单位为 kJ/(kg·℃)。影响混凝土比热容的因素较多,主要是集料的种类、数量和温度的高低;混凝土的比热容一般为 0.84~1.05 kJ/(kg·℃)。

混凝土的导热系数是反映热量在混凝土内传导难易程度的一个系数。其物理意义是在单位温度梯度作用下,在单位时间内,经由单位面积上传导的热量。影响混凝土导热系数的主要因素有集料的用量、集料的热学性能、混凝土温度及其含水状态等。试验表明,潮湿状态混凝土的导热系数比干燥状态混凝土的导热系数要大。新浇混凝土由于含水量大,它的导热系数可达干燥时的 1.5~2 倍。导热系数还随混凝土的密度和温度的增大而

增大。导热系数用符号 λ 来表示，单位为 kJ/(m·h·℃)，普通混凝土的导热系数一般为 8.39~12.56 kJ/(m·h·℃)，可用式(2-11)来表示：

$$\lambda = \frac{Q\delta}{(T_1 - T_2)At} \tag{2-11}$$

式中　λ——混凝土导热系数，kJ/(m·h·℃)；

Q——通过厚度为 δ 的混凝土的热量，kJ；

δ——混凝土厚度，m；

T_1-T_2——温度差，°C；

A——面积，m^2；

t——时间，h。

混凝土的导温系数是反映混凝土在单位时间内热量扩散的一项综合指标，用符号 a 表示。混凝土导温系数越大，越有利于热量的扩散。普通混凝土的导温系数一般在 0.003~0.006 m^2/h，可由式(2-12)确定：

$$a = \frac{\lambda}{c\rho} \tag{2-12}$$

混凝土的线热膨胀系数是指在单位温度变化时单位长度的伸缩值，用符号 α 表示，单位为 1/℃；线热膨胀系数是一个变幅较大的物理量，一般混凝土的线热膨胀系数在 $(6\sim13)\times10^{-6}$/℃范围内，它的大小直接影响到混凝土的温度变形，在完全相同的温度和约束条件作用下，线热膨胀系数值小则温度应力就小，反之则相反。线热膨胀系数与集料本身的性质有关；集料品种不同，线热膨胀系数的变化也就比较大；对于重要工程的混凝土，线热膨胀系数应该由试验来确定。

2.2.2　混凝土的绝热温升

混凝土的绝热温升是影响大体积混凝土施工温度场的一个重要因素。混凝土绝热温升值可按现行业标准《水工混凝土试验规程》(DL/T 5150—2017)[1]中的相关规定通过试验得出。

混凝土绝热温升 θ 是龄期 τ 的函数，依据试验数据可拟合表示成指数形式[2]、双曲线形式[3]或复合指数[4,5]形式。

$$\theta(\tau) = \theta_0(1 - e^{-m\tau}) \tag{2-13}$$

$$\theta(\tau) = \frac{\theta_0\tau}{n + \tau} \tag{2-14}$$

$$\theta(\tau) = \theta_0(1 - e^{-a\tau^b}) \tag{2-15}$$

当无试验数据时，混凝土绝热温升可按照下式计算[6]：

$$\theta(\tau) = \frac{WQ}{c\rho}(1 - e^{-m\tau}) \tag{2-16}$$

式中　$\theta(\tau)$——混凝土龄期为 τ 的绝热温升，℃；

W——每立方米混凝土胶凝材料用量，kg/m^3；

c——混凝土比热容，kJ/(kg·°C)，可取 0.92~1.00 kJ/(kg·°C)；

ρ——混凝土的质量密度,kg/m³,可取 2 400~2 500 kg/m³;

m——与水泥品种、用量和入模温度等相关的单方胶凝材料对应系数。

系数 m 值可按照如下公式计算:

$$m = km_0$$
$$m_0 = AW + B \tag{2-17}$$
$$W = \lambda_0 W_c$$

式中　k——不同掺量掺和料水化热调整系数, $k = k_1 + k_2 - 1$, k_1、k_2 按表 2-1 取值;

W——每立方米等效硅酸盐水泥用量,kg;

A、B——与混凝土入模温度相关的参数,按表 2-2 取插值,当温度低于 10 ℃或高于 30 ℃时,按 10 ℃或 30 ℃选取;

W_c——每立方米其他水泥用量,kg;

λ_0——修正系数,见表 2-3。

表 2-1　不同掺量掺和料水化热调整系数

掺量(%)	0	10	20	30	40	50
粉煤灰 k_1	1	0.96	0.95	0.93	0.82	0.75
矿渣粉 k_2	1	1	0.93	0.92	0.84	0.79

表 2-2　不同入模温度对 m 的影响值

入模温度(℃)	10	20	30
A	0.002 3	0.002 4	0.002 6
B	0.045	0.515 9	0.987 1

表 2-3　不同硅酸盐水泥的修正系数

名称	硅酸盐水泥		普通硅酸盐水泥	矿渣硅酸盐水泥		火山灰质硅酸盐水泥	粉煤灰硅酸盐水泥	复合硅酸盐水泥
代号	P·Ⅰ	P·Ⅱ	P·O	P·S·A	P·S·B	P·P	P·F	P·C
λ_0	1	0.98	0.88	0.65	0.40	0.70	0.70	0.65

2.3　边界条件

2.3.1　边界条件分类

热传导方程建立了物体温度与时间、空间的关系,这是一个泛定方程,不同的初始条件和边界条件可以有很多不同形式的特解。为了确定需要的温度场,还必须给出初始条件和边界条件。

混凝土温度场的初始条件为在初始时刻混凝土内部的温度分布规律;边界条件为混凝土表面与周围介质(如空气或水)之间温度相互作用的规律。初始条件和边界条件合称为边值条件(或定解条件)。

在初始时刻,即当 $\tau=0$ 时,初始温度场为已知函数 $T_0(x,y,z)$。

$$T(x,y,z,0) = T_0(x,y,z) \tag{2-18}$$

在很多情况下,初始时刻的温度分布可以认为是常数,即当 $\tau=0$ 时

$$T(x,y,z,0) = T_0 = 常数 \tag{2-19}$$

在混凝土结构与岩土边界以及不同龄期新老混凝土之间的接触面上,初始温度往往是不连续的,初始温度场设定时需要做合理性的考虑[7]。

温度场的边界条件可用以下 4 种方式给出。

2.3.1.1　第一类边界条件

混凝土表面温度 T 是时间的已知函数,即

$$T(\tau) = f(\tau) \tag{2-20}$$

如混凝土与水接触,设定混凝土表面温度等于已知水温,属于这种边界条件。

2.3.1.2　第二类边界条件

混凝土表面的热流量是时间的已知函数,即

$$-\lambda \frac{\partial T}{\partial n} = f(\tau) \tag{2-21}$$

式中　n——表面外法线方向。

若表面是绝热的,则有

$$\frac{\partial T}{\partial n} = 0$$

2.3.1.3　第三类边界条件

第三类边界条件是热交换,假定流入、流出混凝土表面的热流量与混凝土表面温度 T 和气温 T_a 之差成正比,即

$$-\lambda \frac{\partial T}{\partial n} = \beta(T - T_a) \tag{2-22}$$

或

$$-a \frac{\partial T}{\partial n} = \frac{\beta}{c\rho}(T - T_a) \tag{2-23}$$

式中　β——表面放热系数,kJ/(m · h · ℃)。

当表面放热系数 β 趋于无限大时,$T=T_a$,即转化为第一类边界条件。当表面放热系数 $\beta=0$ 时,$\frac{\partial T}{\partial n}=0$,又转化为绝热条件。

第三类边界条件表示了固体与流体(如空气)接触时的传热条件。就固体与空气接触来说,在贴近固体表面存在厚度为 δ 的黏滞流(层流)边界层,边界层外空气流体温度近乎均匀为 T_a。在边界层内,温度分布近似为线性,固体表面温度 T 近似线性变化到气体温度 T_a。第三类边界条件可用图 2-2 说明。

在边界层中,热量的转移主要靠传导作用,边界层的厚度为 δ, 其中的温度梯度近似地等于 $-\dfrac{T-T_a}{\delta}$,因此边界层单位时间内传导热流量为 $\lambda_c \dfrac{T-T_a}{\delta}$,$\lambda_c$ 为流体的导热系数。

这一热流量应等于从固体表面传出的热流量 $\lambda \dfrac{\partial T}{\partial n}$,即

$$-\lambda \frac{\partial T}{\partial n} = \frac{\lambda_c}{\delta}(T - T_a) \tag{2-24}$$

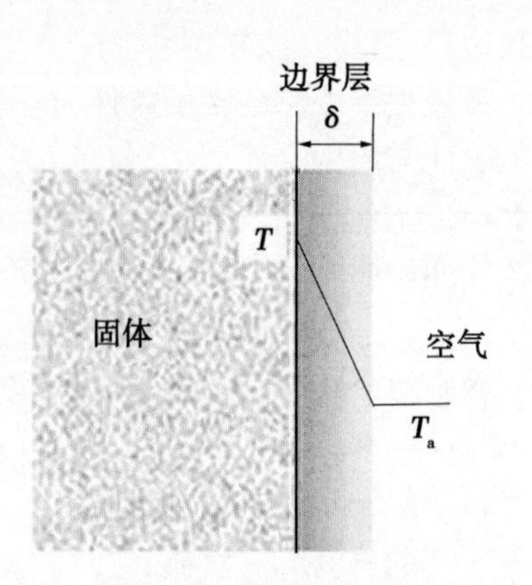

图 2-2 第三类边界条件

比较式(2-22)和式(2-24),固体表面放热系数可表示为

$$\beta = \lambda_c / \delta \tag{2-25}$$

流体的导热系数 λ_c 取决于流体的特性。边界层厚度 δ 取决于固体表面的粗糙度、流体的黏滞系数及流速。可见表面放热系数 β 与固体本身的材料性质无关,而取决于固体表面的粗糙度、流体的导热系数、黏滞系数、流速及流向等。第三类边界条件实质上是在物体边界上的热流量平衡条件,但热流量是有方向性的,在建立边界条件时必须充分注意这一点。

在大体积混凝土温度场有限元计算中,空气中固体的表面放热系数 β 可按照表 2-4 中的参数选取,也可按照式(2-25)选取[8]。

粗糙表面: $\beta = 23.90 + 14.50 v_a$

光滑表面: $\beta = 21.80 + 13.53 v_a$

式中 v_a——风速(见表 2-5),m/s。

表 2-4 空气中固体的表面放热系数 β [单位:kJ/(m²·h·°C)]

风速(m/s)	0.0	0.5	1.0	2.0	3.0	4.0	5.0	6.0	7.0	8.0	9.0	10.0
粗糙表面	21.06	31.36	38.64	53.00	67.57	82.23	96.71	110.99	124.89	138.46	151.73	165.13
光滑表面	18.46	28.68	35.75	49.40	63.09	76.70	90.14	103.25	116.06	128.57	140.76	152.69

表 2-5 不同风力等级风速[按照《风力等级》(GB/T 28591—2012)]

风力等级	0	1	2	3	4
风速(m/s)	0~0.2	0.3~1.5	1.6~3.3	3.4~5.4	5.5~7.9
风力等级	5	6	7	8	9
风速(m/s)	8.0~10.7	10.8~13.8	13.9~17.1	17.2~20.7	20.8~24.4
风力等级	10	11	12		
风速(m/s)	24.5~28.4	28.5~32.6	32.7~36.9		

2.3.1.4　第四类边界条件

当两种不同的固体接触时，如果接触良好，则在接触面上温度和热流量都是连续的，边界条件如下：

$$\left.\begin{aligned} T_1 &= T_2 \\ \lambda_1 \frac{\partial T_1}{\partial n} &= \lambda_2 \frac{\partial T_2}{\partial n} \end{aligned}\right\} \tag{2-26}$$

如果两固体之间接触不良，则温度是不连续的，$T_1 \neq T_2$，这时需要引入接触热阻的概念。假设接触缝隙中的热容量可以忽略，那么接触面上热流量应保持平衡，因此边界条件如下：

$$\lambda_1 \frac{\partial T_1}{\partial n} = \lambda_2 \frac{\partial T_2}{\partial n} = \frac{1}{R_c}(T_2 - T_1) \tag{2-27}$$

式中　R_c——因接触不良而产生的热阻，由试验确定。

2.3.2　气温边界

气温是大体积混凝土温度应力计算和温控措施制定依据的重要环境参数，可依据坝址附近的气象站或水文站取得的气温资料设定。

气温变化可描述为年变化、日变化，以及寒潮等气温突变。

2.3.2.1　气温年变化

气温年变化指一年内月平均（或旬平均）气温的变化，多数情况下可用余弦函数表示：

$$T_a = T_{am} + A_a \cos\left[\frac{\pi}{6}(\tau - \tau_0)\right] \tag{2-28}$$

式中　T_a——气温；

T_{am}——年平均气温；

A_a——气温年变幅；

τ——时间，月；

τ_0——气温最高的时间。

气温年变化是以一年为周期的周期性变化，我国通常在 7 月中旬气温最高，故 τ_0 为 6.5 月。通常 1 月平均气温最低，因此在气温函数选取时可取 $A_a = \frac{T_7 - T_1}{2}$，其中 T_7 为 7 月平均气温，T_1 为 1 月平均气温。当有足够的气温观测数据时，可根据气温观测数据拟合更为准确的气温函数。

2.3.2.2　气温日变化

气温日变化是指以 1 d 为周期的气温变化，主要由太阳辐射热的变化引起，因此晴天变幅大，阴天、雨天变幅小。一年之中，变幅也有所变化，气温日变化通常可根据气温观测数据用类似式(2-28)的余弦或正弦公式拟合表示。

2.3.2.3　寒潮(气温突变)

寒潮是自高纬度地区的寒冷空气，在特定的天气形势下迅速加强并向中低纬度地区侵入，造成沿途地区大范围剧烈降温。在我国，寒潮多由西伯利亚寒流南下引起，一次寒潮往往由西北向东南波及全国大部分地区。寒潮侵袭下日平均气温在数日(2~6 d)之内急剧下降(降幅超过 5 ℃)。施工期遭遇寒潮是引起大体积混凝土表面裂缝的主要原因之一。寒潮作用可通过降温温差、降温速率和环境风速设定气温函数模拟。

2.3.3　日照影响

日照对室外施工的混凝土结构温度场的影响很大。在温度场计算中,通常将日照的影响考虑为对周围空气的温度增高作用,应根据结构的朝向和表面吸热性质考虑日照的影响。

太阳到达地面的辐射能与日照角度及天空云量有关。日照越小(如早晨或傍晚),则在大气中经过的路程越长,被吸收的能量也越多。云量越大,被吸收的能量也越多。投射到物体表面的能量还与入射角(入射线与表面法线的角度)有关。

辐射能到达物体表面以后,一部分被反射,一部分被吸收。吸收系数与表面粗糙度有关,混凝土表面的吸收系数约为 0.65。辐射能随着建筑物的方位、纬度及季节的不同而不同。

如图 2-3 所示,单位时间内在单位面积上,设太阳辐射来的热量为 S,其中设被混凝土吸收的部分为 R,剩余被反射部分为 $S-R$,于是有

$$R = \alpha_s S \tag{2-29}$$

式中　α_s——吸收系数或称黑度系数,混凝土表面的 $\alpha_s \approx 0.65$。

考虑日照后的第三类边界条件

$$-\lambda \frac{\partial T}{\partial n} = \beta(T - T_a) - R \tag{2-30}$$

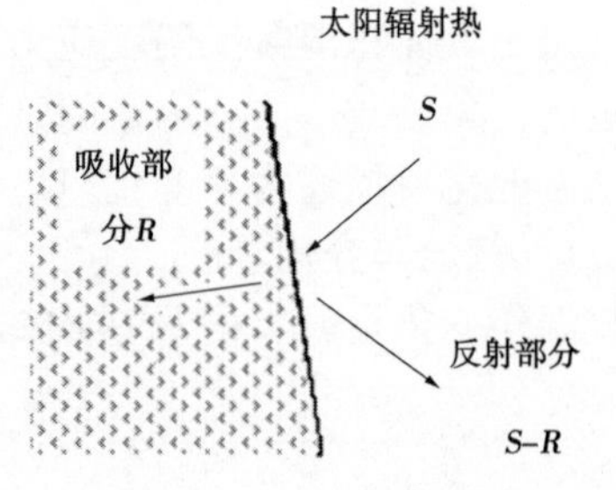

图 2-3　日照边界条件

或

$$-\lambda \frac{\partial T}{\partial n} = \beta\left[T - \left(T_a + \frac{R}{\beta}\right)\right] \tag{2-31}$$

比较式(2-30)和式(2-31),可见日照的影响相当于边界气温增高了:

$$\Delta T_a = R/\beta \tag{2-32}$$

由式(2-32)可知,日照的影响相当于边界气温增高了 $\Delta T_a = R/\beta$,其中 R 为物体表面吸收的辐射热,β 为物体表面放热系数。

太阳辐射热是随着时间而变化的。当混凝土表面吸收的年平均辐射热为 R 时,其影响相当于年平均气温增高了 $\frac{R}{\beta}$ ℃。当吸收辐射热的年变化幅度为 A_s,其影响相当于年气温变化幅度增加了 $\frac{A_s}{\beta}$ ℃。而辐射热每日变化接近于一个半波正弦函数。

计算大体积混凝土日照作用,难点在于获得太阳辐热 S 的实测资料。太阳辐射热 S 可由下式估算:

$$S = S_0(1 - kn) \tag{2-33}$$

式中　S_0——晴天太阳辐射热;

　　　n——云量;

k——地理纬度影响的系数。

晴天太阳辐射热 S_0 和云量 n 应由当地气象站观测数据获得。影响系数 k 可按表 2-6 选取。

表 2-6　影响系数 k 值

纬度(°)	75	70	65	60	55	50	45	40
k	0.45	0.50	0.55	0.60	0.62	0.64	0.66	0.67
纬度(°)	35	30	25	20	15	10	5	0
k	0.68	0.68	0.68	0.67	0.67	0.66	0.66	0.65

2.3.4　水温边界

在天然河道中,水流速度较大,由于水流的紊动,水温在河流断面中的分布近乎均匀。水库水温分布及变化规律是水温边界设定面临的主要问题。

水库具有水面宽广、水体大、水流迟缓、更新期较长等特点,加之水体受太阳辐射、对流混合和热量传输作用,以及地区的水文、气象条件和水库调度的影响,使水体具有特殊的水温结构。针对不同的水库规模、水库运行等特点,水库水温结构一般分为混合型、过渡型和分层型。混合型水库温度计算比较简单,库水温度近乎均匀分布,而且等于入库水流的温度。分层型多出现于容积较大、水流较缓的水库,水温在垂直方向大致可分为上、中、下三层,上层水温受气温和风的作用比较明显,为表温层。表温层以下为温跃层。其特征具有较大的梯度,它把表温层和滞温层分开,下层的水体受外界影响更小,温度变化比较平缓,水温比较均匀。这种水温分层的特点也会对水质产生不利的影响

大型或巨型深水库,一般来说都存在水温分层的问题。对于水库水温分层的问题,国内外已有许多研究并取得了很多成果。

2.3.4.1　水库分层评估

为了快速简易地判断水库是否分层及分层强度,我国现行的水库环境影响评价中普遍采用两种经验公式方法:α-β 法和密度弗劳德数法(density Froude number)。

α-β 法又称为库水交换次数法,其判别指标为

$$\alpha = \frac{\text{多年平均入库径流量}}{\text{总库容}} \tag{2-34}$$

$$\beta = \frac{\text{一次洪水总量}}{\text{总库容}} \tag{2-35}$$

当 $\alpha<10$ 时,为分层型;$10<\alpha<20$ 时,为过渡型;$\alpha>20$ 时,为混合型。对于分层型水库,如遇 $\beta>1$ 的洪水,则为临时性的混合型;如遇 $\beta<0.5$ 的洪水,则水库仍稳定分层;$1>\beta>0.5$ 的洪水的影响介于二者之间。

密度弗劳德数法是 1968 年美国 Norton 等提出用密度弗劳德数作为标准,来判断水库分层特性的方法,密度弗劳德数 Fr 是惯性力与密度差引起的浮力的比值,即

$$Fr = \frac{u}{\left(\frac{\Delta\rho}{\rho_0}gH\right)^{\frac{1}{2}}} \tag{2-36}$$

式中　u——断面平均流速；

H——平均水深；

$\Delta\rho$——水深 H 上的最大密度差；

ρ_0——参考密度，kg/m^3；

g——重力加速度，m/s^2。

当 $Fr<0.1$ 时，水库为强分层型；当 $0.1<Fr<1.0$ 时，则为弱分层型；当 $Fr>1.0$ 时，则为完全混合型。

我国绝大多数水库属于稳定分层型。

2.3.4.2　水库水温计算方法

水温预测方法大致可分为两大类：经验法和数学模型法。这两类方法各有特点，经验法具有简单实用的优点；数学模型法在理论上比较严密，随着计算科学的飞速发展，它越来越成为研究的主要手段和方法。

1. 经验法

到目前为止，国内提出了许多经验性水温估算方法，最具有代表性的几种经验性公式是：水利部东北勘测设计研究院（简称东勘院）张大发和中国水利水电科学研究院朱伯芳提出的方法，以及中国电建集团中南勘测设计研究院《水工建筑物荷载设计规范》编制组和水利水电科学研究院结构材料所提出的统计分析公式，以及西安理工大学李怀恩提出的幂函数公式。

1）东勘院法[9]

该方法是水利部东北勘测设计研究院张大发在总结国内实测水温资料的基础上于1984年提出的，该方法只需给定库底水温和库表水温就可计算各月垂向水温分布，而库底水温可由纬度水温相关估算，库表水温由气温相关或纬度相关推算。该法计算公式为

$$T_y = (T_o - T_b)e^{-\left(\frac{y}{x}\right)^n} + T_b \tag{2-37}$$

其中
$$n = \frac{15}{m^2} + \frac{m^2}{35};x = \frac{40}{m} + \frac{m^2}{3.37(1 + 0.1m)}$$

式中　T_y——水深 y 处的月平均水温；

T_o——月平均库表水温；

T_b——月平均库底水温；

m——月份。

2）朱伯芳法[10]

在混凝土拱坝设计中需要确定水库水温分布，朱伯芳于1985年提出了关于库表水温、库底水温、水温垂向分布的估算方法：

$$T(y,t)_y = T_m(y) + A(y)\cos\omega(t - t_0 - \varepsilon) \tag{2-38}$$

式中　y——水深，m；

t——时间，月；

$T(y,t)$——水深 y 处在时间 t 的温度，℃；

$T_m(y)$——水深 y 处的年平均温度，℃；

$A(y)$——水深 y 处的温度年变幅，℃；

ε——水温与气温变化的相位差，月；

$\omega = 2\pi/P$——温度变化的圆频率，P为温度变化的周期(12个月)。

3)统计法

利用最小二乘法等数理统计分析方法对朱伯芳公式中的各项参数提出了不同的计算方法。在各项参数中考虑了水库规模、水库运行方式等因素。

$$T(y,t)_y = T_m(y) + A(y)\cos\omega(t - t_0 - \varepsilon)$$

式中，$T_m(y) = ce^{-\alpha y}$；$A(y) = A_0 e^{-\beta y}$；$\varepsilon = d - fy$；$c = 7.7 + 0.75T_a$；T_a为气温，α、β、d、f根据水库的调节性和水库形态而改变。

4)李怀恩公式[11]

李怀恩在实际工作中发现，指数衰减公式不能很好地反映分层型水库的垂向水温变化规律，特别是三层式分布(同温层和滞温层水温变化很小，温跃层温度梯度很大)，因此提出了幂函数型经验公式。

$$T_z = T_c + A|h_c - z|^{\frac{1}{B}} sign(h_c - z) \tag{2-39}$$

$$sign(h_c - z) = \begin{cases} 1 & (h_c > z) \\ 0 & (h_c = z) \\ -1 & (h_c < z) \end{cases} \tag{2-40}$$

式中 T_z——水面下深度z处的水温；

T_c——温跃层中心点的温度；

h_c——温跃层中心点的水深；

A、B——经验系数，反映水库分层的强弱，分层越强，A值越大。

对于某一水库，当参数T_c、h_c、A、B确定后，即可由式(2-40)预测某一时期的垂向水温分布。确定参数，可根据实测资料情况采用不同的方法。

上述经验法公式都是在国内外多座水库实测资料的基础上综合得出的，用于水库的水温预测，解决生产实际问题。经验法应用非常简便，只需已知各月的库表、库底水温就可计算出各月的垂向水温分布。库底、库表水温可由气温、水温相关法或纬度水温相关法推算。前三种方法的共同点是估算出计算时段的库表及库底水温，然后推算垂向水温分布；不同点主要体现为估算垂向水温分布的公式形式不同，主要有指数函数和余弦函数两种。而统计法又比东勘院法和朱伯芳法在各项参数中多考虑了水库规模、水库运行方式等因素。李怀恩公式相比前三种经验公式能更好地反映水库典型的三层式分布，而公式中的参数意义更加明确。但经验法是根据实测资料综合统计出来的，反映的是水温变化的统计性规律，而没有从水温的形成过程探讨水温变化的内在规律，在应用上还有一定的局限性：一是对于一些具体问题，如水库形态，入流、出流流量，水库调度方式，泥沙异重流等对水温分布的影响难以考虑；二是较短时段如日、月内变化还无法解决；三是有些地区缺少或无水温观测资料，则经验公式就不能很好地反映这些地区的特点。

2.数学模型法

数学模型法按照模型所包含的数学变量可分为零维、一维、二维、三维数学模型法。自然界中任何水体在实际应用中都是三维的，水库水温也不例外，但是在处理某些具体问题时，在不影响结果精度的情况下，可以在一定假设基础上使用包含两个空间变量的二维模型或只含有一个空间变量的一维模型。数学模型则可以在一定程度上弥补经验法的不足,要深入研究水温变化规律,数学模型是一种可以借鉴的方法。

1)一维数学模型

一维数学模型是建立在热量交换和热量平衡原理的基础上的,因此称之为对流扩散模型。设向上为正,从高程 z 处取一垂向厚度无限小的水平单元,假设薄层内温度均匀分布,进行热量平衡分析。考虑入流、出流,垂向移流,扩散等引起的热输移及水体内部的太阳辐射,由热量平衡原理得

$$\frac{\partial T}{\partial t}+\frac{\partial}{\partial z}\left(\frac{TQ_z}{A}\right)=\frac{1}{A}\frac{\partial}{\partial z}\left(AD_z\frac{\partial T}{\partial Z}\right)+\frac{B}{A}(u_iT_i-u_oT)-\frac{1}{\rho AC_p}\frac{\partial(A\varphi_z)}{\partial z} \tag{2-41}$$

式中 T——单元层温度;

T_i——入流温度;

A——单元层水平面面积;

B——单元层平均宽度;

D_z——垂向扩散系数;

ρ——水体密度;

C_p——水体定压比热;

φ_z——太阳辐射通量;

u_i、u_o——入流速度、出流速度;

Q_z——通过单元上边界的垂向流量。

在众多研究中,还存在对入流速度、出流速度、水体密度、垂向扩散系数的不同处理意见。入流速度和出流速度一般采用均匀分布、三角形分布或正态分布。严格说来,水体密度、垂向扩散系数沿垂向会发生变化。有的研究中水体密度、垂向扩散系数按常数处理;有的研究中采用随时间和深度发生变化的,但对结果的影响并不明显。

2)二维数学模型

在二维水流、水温、水质数学模型计算中,一种简单的做法是先求解流速场,然后将解得的流速值代入水温方程中。这样的处理方式是使计算大大简化,并能反映水流、水温之间的一些主要影响;其缺点是没有同时考虑它们之间的彼此交互作用,在有些情况下会给模拟预测带来较大的误差,特别是对于水深较大的水库。在水体垂直密度分层明显、产生温差异重流时,非同时耦合求解得到的流速场和温度场与实际情况有较大的误差。

另一种方法是将考虑浮力的 k—ε 双方程模式引入描述水库水流运动中,并将水动力方程与水温水质方程耦合建模,求解水流、水温沿纵向和垂向的变化,合理考虑了水流运动与水温水质分布的相互影响。尤其是狭长河道型水库,水库水流和水温分布都具有明显的二维特性,由于河宽变化对水面热量交换和热量向水下传递都具有一定的影响,需要考虑宽度 B 的影响。

水动力学模型为:

连续性方程:

$$\frac{\partial}{\partial x}(Bu)+\frac{\partial}{\partial z}(Bw)=0 \tag{2-42}$$

u 方向动量平衡方程：

$$\frac{\partial}{\partial t}(Bu)+u\frac{\partial}{\partial x}(Bu)+w\frac{\partial}{\partial z}(Bu)=\frac{\partial}{\partial x}\left(Bv_{\mathrm{e}}\frac{\partial u}{\partial x}\right)+\frac{\partial}{\partial z}\left(Bv_{\mathrm{e}}\frac{\partial u}{\partial z}\right)-\frac{B}{\rho_{\mathrm{s}}}\frac{\partial P}{\partial x}+\frac{\partial}{\partial x}\left(Bv_{\mathrm{e}}\frac{\partial u}{\partial x}\right)+\frac{\partial}{\partial z}\left(Bv_{\mathrm{e}}\frac{\partial w}{\partial x}\right) \tag{2-43}$$

w 方向动量平衡方程：

$$\frac{\partial}{\partial t}(Bw)+u\frac{\partial}{\partial x}(Bw)+w\frac{\partial}{\partial z}(Bw)=\frac{\partial}{\partial x}\left(Bv_{\mathrm{e}}\frac{\partial w}{\partial x}\right)+\frac{\partial}{\partial z}\left(Bv_{\mathrm{e}}\frac{\partial w}{\partial z}\right)-\frac{B}{\rho_{\mathrm{s}}}\frac{\partial P}{\partial z}-\beta\Delta Tg+\frac{\partial}{\partial z}\left(Bv_{\mathrm{e}}\frac{\partial w}{\partial z}\right)+\frac{\partial}{\partial z}\left(Bv_{\mathrm{e}}\frac{\partial u}{\partial z}\right) \tag{2-44}$$

式中　u、w——纵向流速、垂向流速；
P——压强；
T——水温；
B——河宽；
v_{e}——分子黏性系数和紊动黏性系数之和；
β——热膨胀系数；
ΔT——温度变化，$\Delta T=T-T_{\mathrm{s}}$，$T_{\mathrm{s}}$ 为参考温度；
ρ_{s}——参考温度 T_{s} 时的水体密度。

在密度变化不大的浮力流问题中，Boussiensq 认为可以近似地只在重力项中考虑浮力的影响，而在控制方程的其他项中忽略浮力的作用。

水温模型公式为

$$\frac{\partial}{\partial t}(BT)+u\frac{\partial}{\partial x}(BT)+w\frac{\partial}{\partial z}(BT)=\frac{\partial}{\partial x}\left(\frac{Bv_{\mathrm{e}}}{\sigma_{\mathrm{T}}}\frac{\partial T}{\partial x}\right)+\frac{\partial}{\partial z}\left(\frac{Bv_{\mathrm{e}}}{\sigma_{\mathrm{T}}}\frac{\partial T}{\partial z}\right)+\frac{1}{\rho C_{\mathrm{p}}}\frac{\partial B\varphi_{\mathrm{z}}}{\partial z} \tag{2-45}$$

式中　u、w——纵向和垂向流速；
P——压强；
T——水温；
B——河宽；
v_{e}——分子黏性系数和紊动黏性系数之和；
ρ——水体密度；
C_{p}——水体定压比热；
φ_{z}——太阳辐射通量；
σ_{T}——温度普朗特数，一般取 0.9。

3）三维数学模型

三维水温模型基本方程组由纳维—斯托克斯方程水流方程、传热方程和状态方程组成：

$$\left.\begin{aligned}&\frac{1}{\rho c_{\mathrm{s}}^{2}}\frac{\partial p}{\partial t}+\frac{\partial u_j}{\partial x_j}=SS\\&\frac{\partial u_i}{\partial t}+\frac{\partial(u_iu_j)}{\partial x_j}+2\Omega_{ij}u_j=-\frac{1}{\rho}\frac{\partial p}{\partial x_j}+g_i+\frac{\partial}{\partial x_j}\left[\nu_T\left\{\frac{\partial u_i}{\partial x_j}+\frac{\partial u_j}{\partial x_i}\right\}-\frac{2}{3}\delta_{ij}k\right]+u_iSS\end{aligned}\right\} \tag{2-46}$$

$$\frac{\partial T}{\partial t}+\frac{\partial}{\partial x_j}(Tu_j)=\frac{\partial}{\partial x_j}\left(D_T\frac{\partial T}{\partial x_j}\right)+SS \tag{2-47}$$

$$\rho=f(p,T) \tag{2-48}$$

式中　t——时间；

ρ——水的密度；

c_s——水的状态系数；

u_i——x_i 方向的速度分量；

Ω_{ij}——柯氏张量；

p——压力；

g_i——重力矢量；

ν_T——湍动黏性系数；

δ——克罗奈克函数（当 $i=j$ 时，$\delta_{ij}=1$，当 $i\neq j$ 时，$\delta_{ij}=0$）；

k——湍动能；

T——温度；

D_T——温度扩散系数；

C_p——等压比热；

SS——源汇项。

温度是密度和压力的函数，对于不可压缩的水体来说，忽略压力对密度的影响，密度和温度的函数关系可近似为

$$\rho=(0.102\,027\,692\times10^{-2}+0.667\,737\,262\times10^{-7}\times T-0.905\,345\,843\times10^{-8}\times T^2+0.864\,372\,185\times10^{-10}\times T^3-0.642\,266\,188\times10^{-12}\times T^4+0.105\,164\,434\times10^{-17}\times T^7-0.104\,868\,827\times10^{-19}\times T^8)\times9.8\times10^5 \tag{2-49}$$

目前，三维模型建立及预测成为研究的主要目标。但由于水动力模型，温度模型和水文、水质模型，地质特性等不同因素之间的相互关系复杂，很难真实准确地预测，加之技术限制，目前的研究还处于初级阶段。

2.4　水温边界模拟算例

本例针对某水利枢纽工程水库环境条件，结合水坝混凝土结构设计需求进行库水温度分布与变化规律的计算模拟，计算库水坝前水温特征值，为混凝土结构温度场仿真计算分析提供水温边界。

2.4.1　工程概况

某水利枢纽工程平面图见图 2-4。该水利枢纽工程规划建设高 230 m 的混凝土拱坝和消力、泄水、排沙、防渗工程以及装机 9 万 kW 的地下发电系统，水库库容 32.76 亿 m^3。水库特性指标见表 2-7。

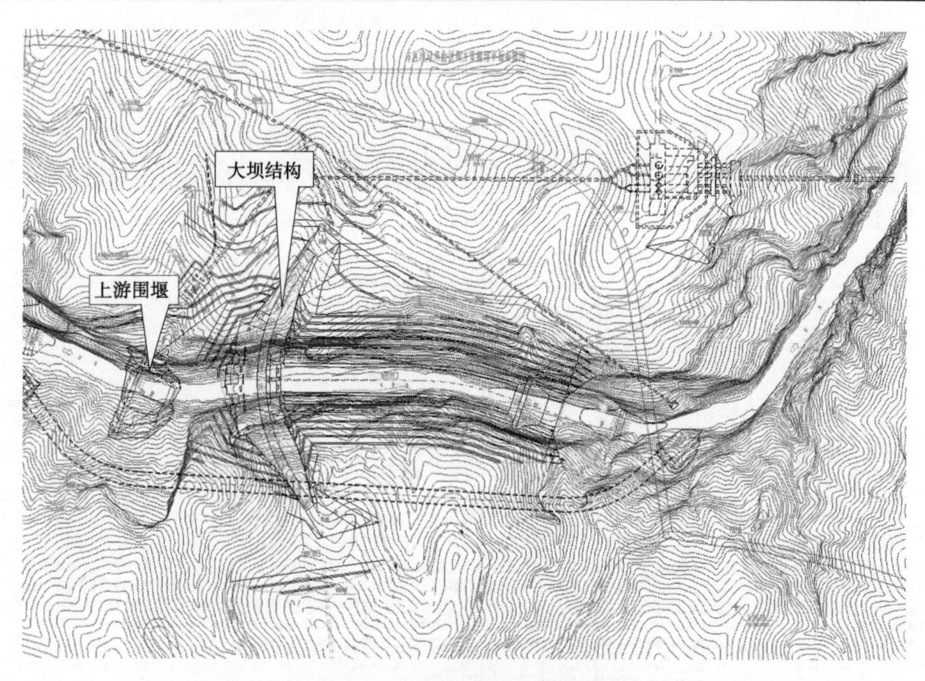

图 2-4　水利枢纽工程平面图

表 2-7　水库特性指标

序号	指标名称	单位	指标
1	正常蓄水位	m	789
2	死水位	m	756
3	防洪高水位	m	796.22
4	汛限水位	m	780
5	设计洪水位	m	799.21
6	设计洪水位对应下游水位	m	619.21
7	设计洪水入库洪峰流量(P=0.1%)	m^3/s	22 900
8	设计洪水时下泄流量	m^3/s	7 810
9	校核洪水位	m	803.29
10	校核洪水位对应下游水位	m	622.04
11	设计洪水入库洪峰流量(P=0.02%)	m^3/s	29 600
12	校核洪水时下泄流量	m^3/s	9 500
13	总库容	亿 m^3	32.76
14	调节库容	亿 m^3	5.78
15	死库容	亿 m^3	14.37
16	死水位下泄流量	m^3/s	3 450
17	最大坝高	m	230

2.4.1.1　混凝土拱坝结构与蓄水水位

拱坝上游立面图见图 2-5，拱坝结构与蓄水水位见图 2-6。

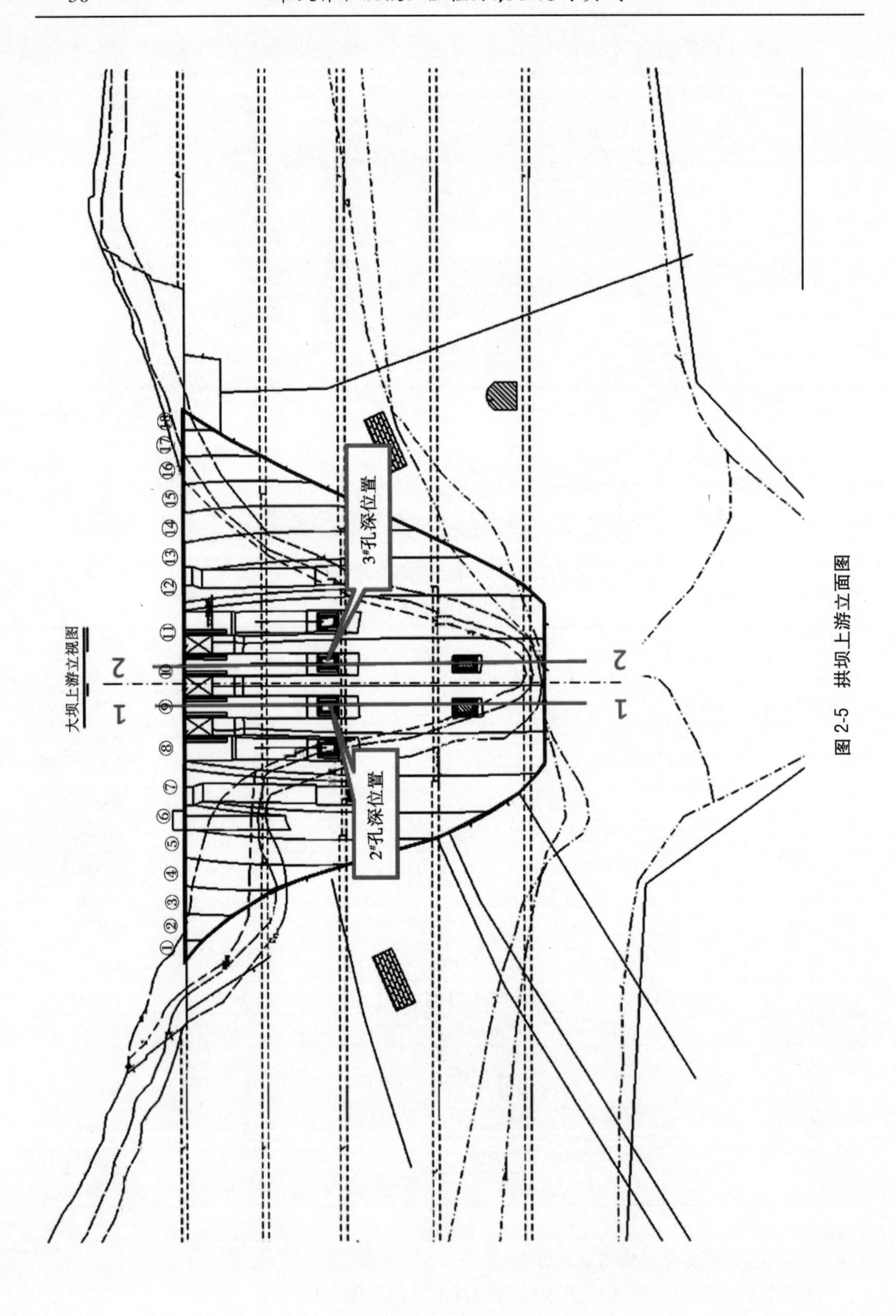

图 2-5　拱坝上游立面图

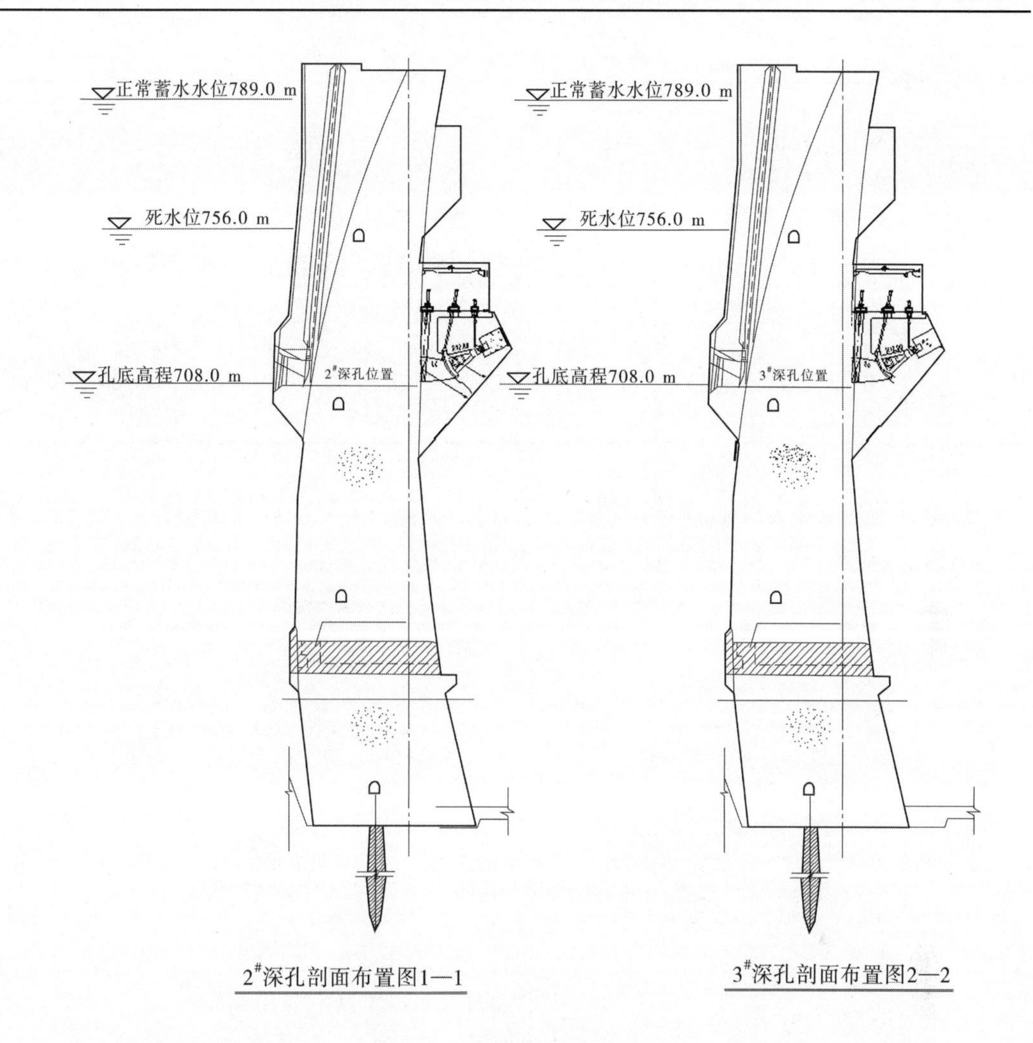

图 2-6　拱坝结构与蓄水水位

2.4.1.2　水库库底形态

该水库库区为峡谷河道，两岸山高林密，人烟稀少，蜿蜒曲折，河床为基岩河床，天然河床比降较大，平均比降 22‰，水流湍急，挟沙能力大。库尾上游距坝约 78 km 处有一条支流三水河，三水河多年平均水量 0.83 亿 m^3，多年平均沙量 200 万 t，无其他支流汇入。

水库进入正常运用期后，主汛期一般情况下在汛限水位 780 m 和死水位 756 m 之间调水调沙运用，来洪水时防洪运用（见表 2-8）。因此，水库正常运用期的冲淤平衡形态将会出现两种极端状态，一种为在水库降低水位至死水位排沙时达到平衡后形成的对应于坝前死水位 756 m 的深槽状态，另一种为在水库调水调沙运用和防洪运用过程中平衡河槽逐渐淤高形成的对应于汛限水位 780 m 的高槽状态。

表 2-8　水库原始库容成果

高程(m)	590	650	700	720	740	756	770	780	789	803. 29
原始库容(亿 m^3)	0	0. 51	3. 87	6. 60	10. 38	14. 37	18. 69	22. 30	25. 95	32. 76
面积(km^2)	0	2. 93	11. 39	16. 17	22. 17	27. 78	33. 98	38. 33	43. 00	52. 12

借鉴其他水利枢纽工程库区淤积形态设计经验,采用《泥沙设计手册》[12](中国水利水电出版社,2006 年 5 月)推荐的水库淤积形态计算方法,设计的淤积形态如图 2-7 所示。

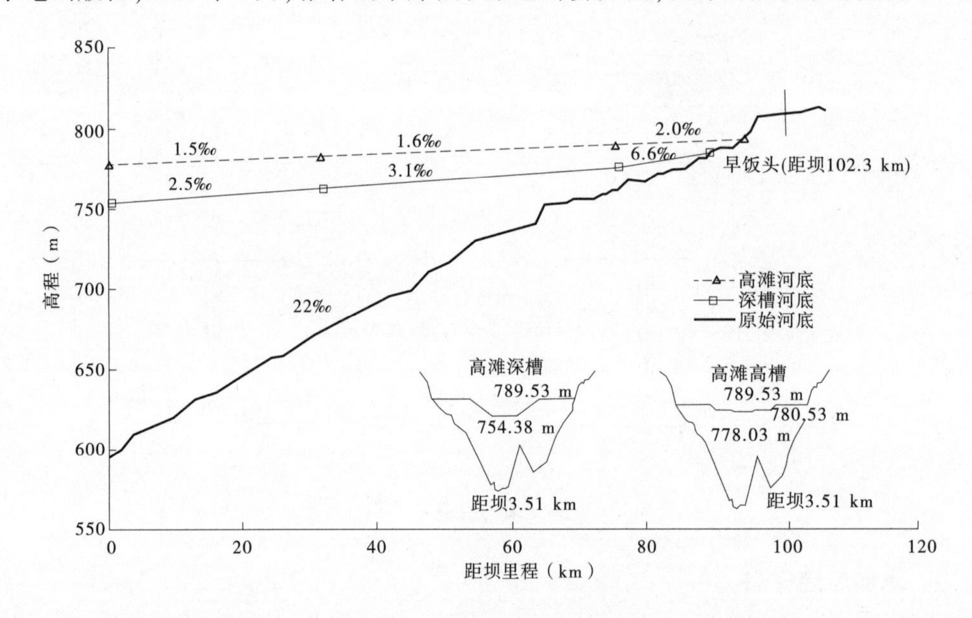

图 2-7　水库冲淤平衡形态

2. 4. 2　流体与固体材料物理参数

库水按照不可压缩流体进行模拟。考虑温度变化对库水影响,按照库水的密度随温度的变化作为浮力在流体力中考虑。淤泥沉积库底按照流体、固体界面进行温度场的耦合模拟。

工程地质模型和库水模型材料物理力学参数依据相关资料选取如下。

2. 4. 2. 1　库水物理力学参数

库水物理力学参数及变量见表 2-9、表 2-10。

表 2-9　库水物理力学参数

参数名称	取值	单位
比热率	1.0	—

注:比热率为等压热容和等体热容两者之比,对不可压缩流体,比热率为 1.0。

表 2-10　库水物理力学参数变量

参数名称	变量符号	单位
动力黏度	*eta*	Pa·s
恒压热容	C_p	J/(kg·K)
密度	*rho*	kg/m^3
导热系数	*k*	W/(m·K)

注:表中参数变量为随温度变化的函数。

1. 水的动力黏度 *eta*

随温度变化函数为(绝对温度 T 单位为 K)

$$eta(T) = 1.3799566804 - 0.021224019151 \times T + 1.3604562827 \times 10^{-4} \times T^2 - 4.6454090319 \times 10^{-7} \times T^3 + 8.9042735735 \times 10^{-10} \times T^4 - 9.0790692686 \times 10^{-13} \times T^5 + 3.8457331488 \times 10^{-16} \times T^6 \quad (273.15 < T \leqslant 413.15)$$

$$eta(T) = 1.3799566804 - 0.021224019151 \times T + 1.3604562827 \times 10^{-4} \times T^2 - 4.6454090319 \times 10^{-7} \times T^3 + 8.9042735735 \times 10^{-10} \times T^4 - 9.0790692686 \times 10^{-13} \times T^5 + 3.8457331488 \times 10^{-16} \times T^6 \quad (413.15 < T < 553.75)$$

2. 水的恒压热容 C_p

随温度变化函数为(绝对温度 T 单位为 K)

$$C_p(T) = 12010.1471 - 80.4072879 \times T + 0.309866854 \times T^2 - 5.38186884 \times 10^{-4} \times T^3 + 3.62536437^{-7} \times T^4 \quad (273.15 < T < 553.75)$$

3. 水的密度 *rho*

随温度变化函数为(绝对温度 T 单位为 K)

$$rho(T) = 838.466135 + 1.40050603 \times T - 0.0030112376 \times T^2 + 3.71822313^{-7} \times T^3 \quad (273.15 < T < 553.75)$$

4. 水的导热系数 k

随温度变化函数为(绝对温度 T 单位为 K)

$$k(T) = -0.869083936 + 0.00894880345 \times T - 1.58366345 \times 10^{-5} \times T^2 + 7.97543259 \times 10^{-9} \times T^3 \quad (273.15 < T < 553.75)$$

2.4.2.2　库底岩土物理力学参数

岩土物理力学参数及变量见表 2-11、表 2-12。

表 2-11　岩土物理力学参数

参数名称	取值	单位
恒压热容	840	J/(kg·K)
密度	2 500	kg/m^3

表 2-12　岩土物理力学参数变量

参数名称	表达符号	单位
导热系数	k	W/(m·K)

注：表中参数变量为随温度变化的函数。

导热系数 k 随温度变化函数为(绝对温度 T 单位为 K)

$$k(T) = 6.774\ 721 - 0.015\ 029\ 79 \times T + 1.075\ 254 \times 10^{-5} \times T^2 \quad (293.0 < T < 543.0)$$

2.4.2.3　**库底淤积土物理力学参数**

库底淤泥土物理力学参数及变量见表 2-13、表 2-14。

表 2-13　淤泥土物理力学参数

参数名称	取值	单位
密度	2 500	kg/m^3

表 2-14　淤泥土物理力学参数变量

参数名称	表达符号	单位
导热系数	k	W/(m·K)
恒压热容	C_p	J/(kg·K)

注：表中参数变量为随温度变化的函数。

1. 导热系数 k

随温度变化函数为(绝对温度 T 单位为 K)

$$k(T) = 0.074\ 763\ 8 + 1.451\ 056 \times 10^{-4} \times T \quad (293.0 < T \leqslant 475.0)$$

$$k(T) = 139.215\ 2 - 1.028\ 413 \times T + 0.002\ 851\ 159 \times T^2 - 3.513\ 043 \times 10^{-6} \times T^3 + 1.623\ 188 \times 10^{-9} \times T^4 \quad (475.0 < T < 525.0)$$

2. 恒压热容 C_p

随温度变化函数为(绝对温度 T 单位为 K)

$$C_p(T) = 2.320\ 236 + 0.019\ 211\ 73 \times T \quad (293.0 < T \leqslant 525.0)$$

$$C_p(T) = 90.807\ 82 - 0.149\ 333\ 3 \times T \quad (525.0 < T \leqslant 550.0)$$

$$C_p(T) = -0.128\ 124\ 5 + 0.016 \times T \quad (550.0 < T < 600.0)$$

2.4.2.4　大坝混凝土物理力学参数

大坝混凝土物理力学参数见表 2-15。

表 2-15　大坝混凝土物理力学参数

参数名称	取值	单位
恒压热容	970	J/(kg·K)
密度	2 500	kg/m^3
导热系数	1.28	W/(m·K)

2.4.3　环境气温、水温与太阳辐射

气象条件按照当地气象站多年平均气象资料数据给定(见表 2-16),在模型计算中加入的气象因素为气温、日照时数、相对湿度、风速、风向。

表 2-16　气象环境参数

月份	1 月	2 月	3 月	4 月	5 月	6 月	7 月	8 月	9 月	10 月	11 月	12 月
气温(°C)	-3.3	-0.5	4.8	11.8	16.7	21.0	23.0	21.9	16.6	10.7	3.9	-1.6
相对湿度(%)	58.0	58.0	63.0	62.0	64.0	64.0	74.0	76.0	78.0	74.0	69.0	60.0
日照时数(h)	5.4	5.1	5.0	6.4	7.1	7.1	7.1	6.9	5.3	5.1	5.3	5.6
风速(m/s)	1.6	1.9	2.2	2.1	2	2	1.9	1.9	1.5	1.6	1.7	1.7
风向	NNW	NNW	NNW	NNW	NNW	NW	E	NNW	WNW	NNW	NNW	NNW

气温变化曲线见图 2-8。

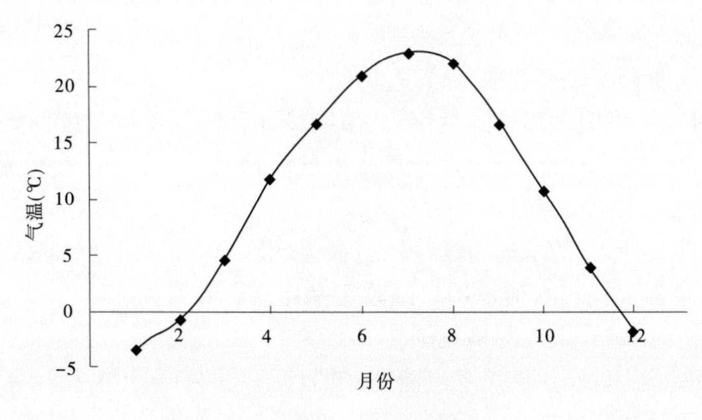

图 2-8　气温变化曲线

依据气温资料,对库水与空气边界进行一年四季的温度变化边界条件的施加。热交

换系数等参数参照工程资料与相关专业文献资料选取。

上游来水水温过程见表 2-17,上游来水水温变化曲线见图 2-9。

依据资料,对模型相关边界条件进行施加。

表 2-17　上游来水水温过程　　（单位:℃）

月份	1月	2月	3月	4月	5月	6月	7月	8月	9月	10月	11月	12月
水温	0.1	3.6	8.5	14.5	17.9	22.0	22.7	21.7	18.5	14.1	4.5	0.8

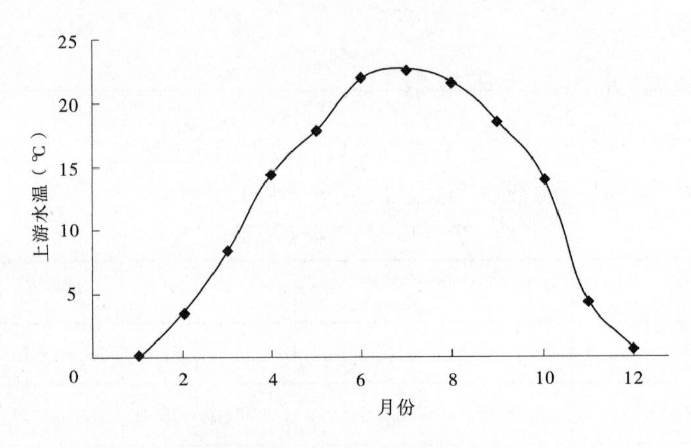

图 2-9　上游来水水温变化曲线

2.4.4　数值计算模型及参数选择

采用多物理场有限元分析工具进行库水流速场、温度场、泥沙淤积多物理场的计算模拟。按照所提供工程资料,建立二维库水流场与温度场、泥沙淤积模拟的数值有限元模型,进行库水温度分布与变化规律的计算分析。

由于库水长度 100 km,坝前库水深度不足 300 m,计算区域狭长,因此分别设计全足尺区域模型、全区域缩尺模型(水库长度按照 1/100 比例)进行流速场、温度场的耦合计算,根据计算结果检验分析模型选取的合理性。

由于库水温度与库水流动传热高度耦合,温度场计算时间单位尺度为天(d),库水流速单位为米/秒(m/s),温度与流场对流方式属于低流速环境,按照自然对流进行温度流场耦合计算。

库水含沙量不同对库水的水动力学特性有显著的影响。设计含沙量变化后库水温度热浮力参数(格拉晓夫数)变化,通过用户函数定义建立影响系数。

水库计算区域及区域有限元网格见图 2-10~图 2-13。

选取全尺寸库水流速场、比例尺缩尺流速场两种不同的有限元模型计算库水流速场、温度场的分布,对比计算结果。

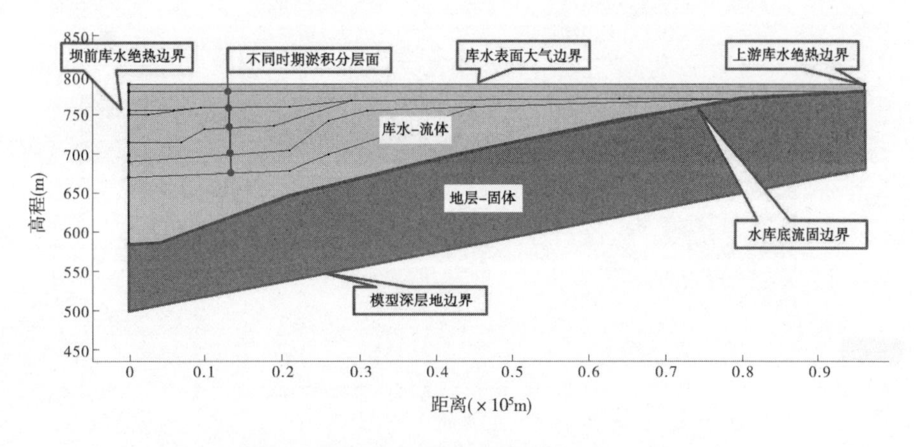

图 2-10　水库全足尺计算区域(长度 100 km)

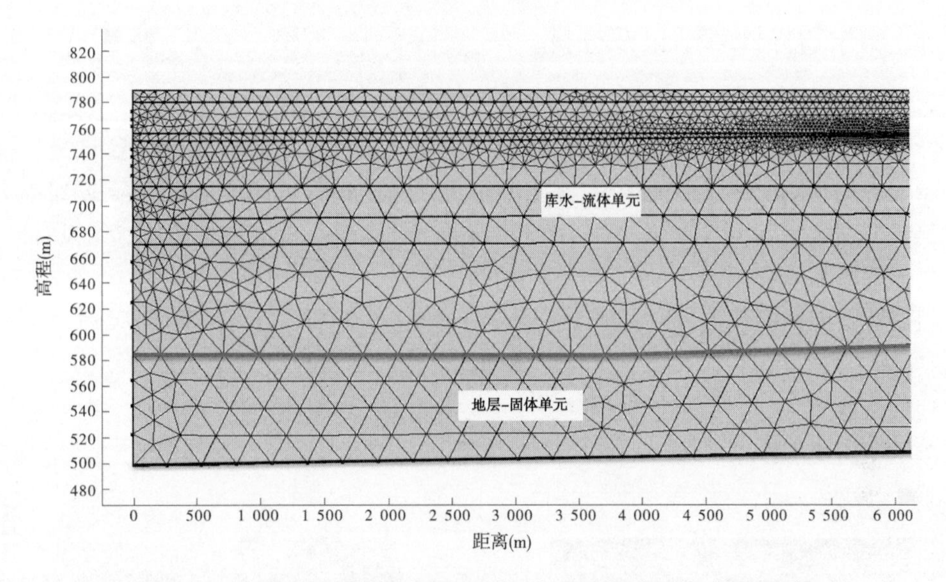

图 2-11　水库全足尺区域有限元网格(仅显示坝前 6 km 长度区域)

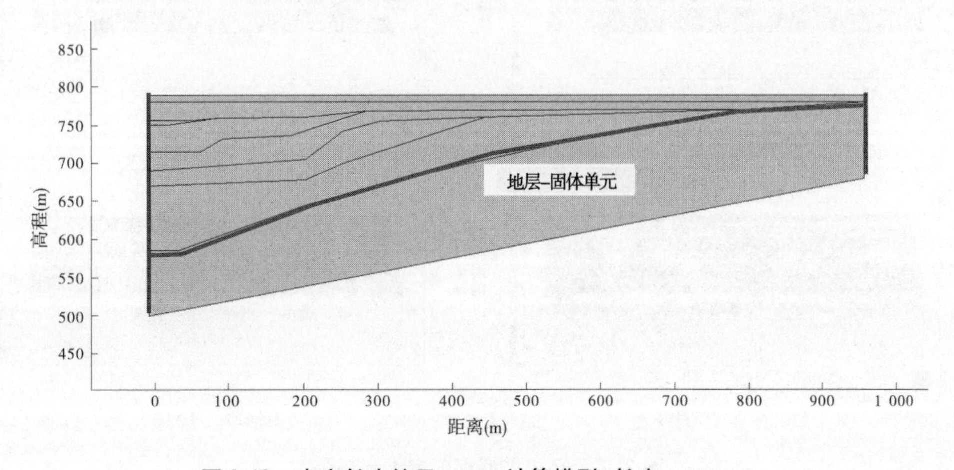

图 2-12　水库长度缩尺 1/100 计算模型(长度 1 000 m)

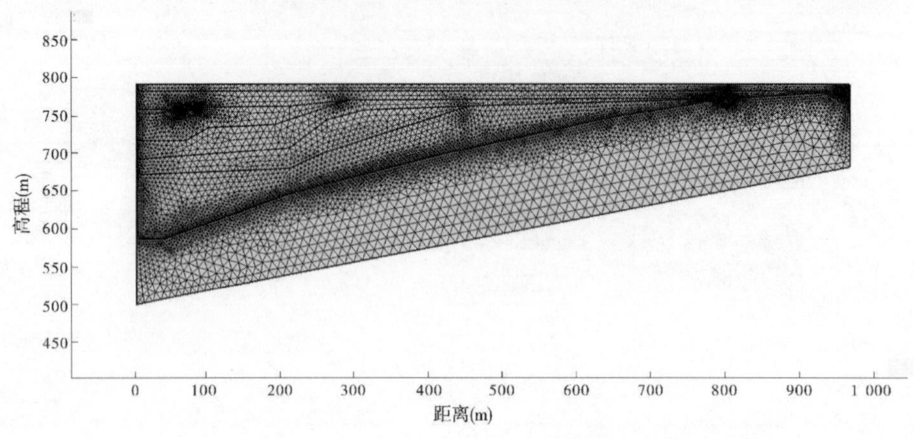

图 2-13　水库长度缩尺 1/100 模型有限元网格(长度 1 000 m)

2.4.5　库水边界计算结果及分析

2.4.5.1　库水垂向水温结构

针对全库长度方向 1/100 缩尺计算模型、坝前区域库水足尺模型和全区域足尺模型进行库水流场水温变化规律的模拟,为混凝土大坝温度场分析提供水温边界;同时因为全区域足尺模型规模巨大,通过与缩尺模型和坝前区计算较小规模模型的计算结果对比,验证缩尺计算模型的适用性。

根据资料提供的气温、地温边界条件,进行长达 5 年的东庄水利枢纽工程库水流速场、温度场的数值模拟,得到第 5 年稳定后的四季水温变化规律和库水水温结构。

1. 坝前模型

足尺模型坝前库水水温分布见图 2-14。

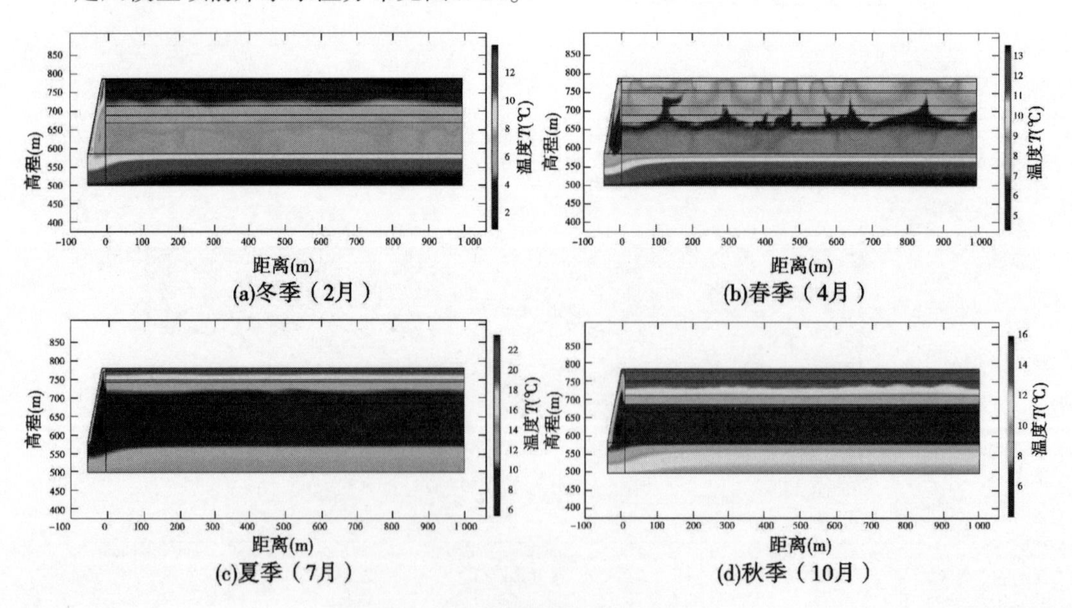

图 2-14　足尺模型坝前库水水温分布

选取坝前 100 m 垂直截面,提取水温变化数据,分析垂直水温结构(见图 2-15)。

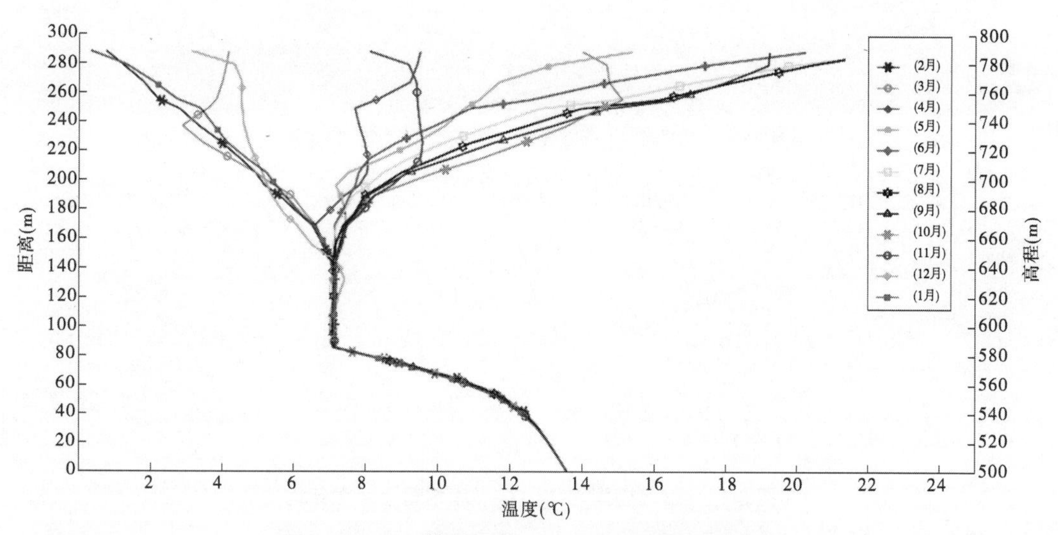

图 2-15　足尺模型坝前 100 m 库水垂直水温结构

2. 缩尺模型

缩尺模型库水水温分布见图 2-16。

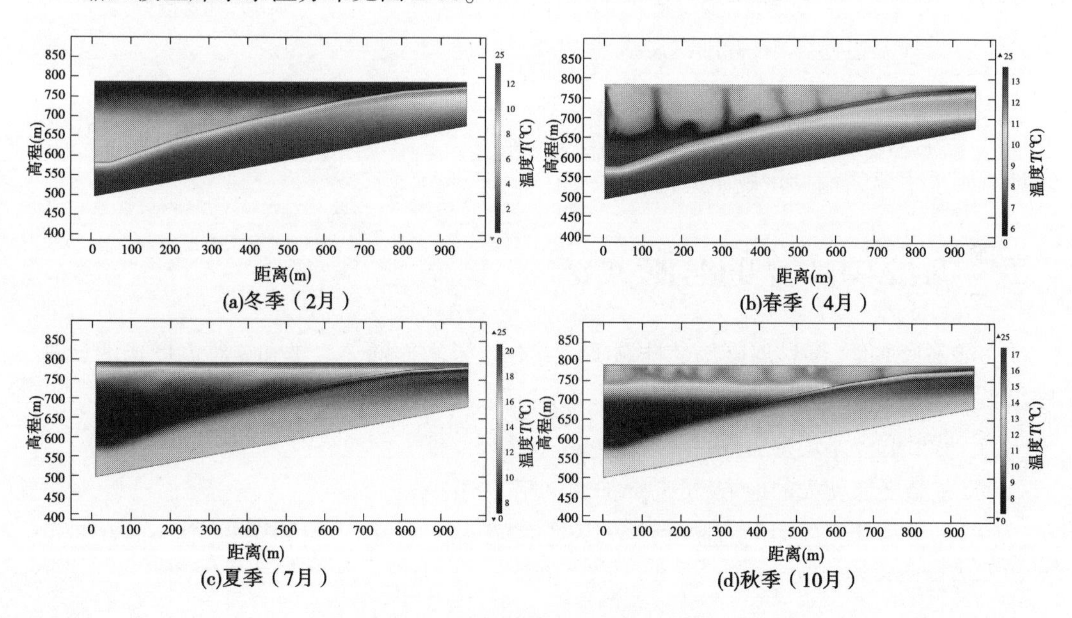

图 2-16　缩尺模型库水水温分布

选取坝前 100 m 垂直截面,提取水温变化数据,分析垂直水温结构(见图 2-17)。

2.4.5.2　结果分析

由全库水计算结果可以看出,库水水温一年四季变化同样呈现稳定的变化规律。

(1)随着季节变化,6~9 月库水升温过程,呈现出显著的分层趋势。高温水层在上,低温水层在下。

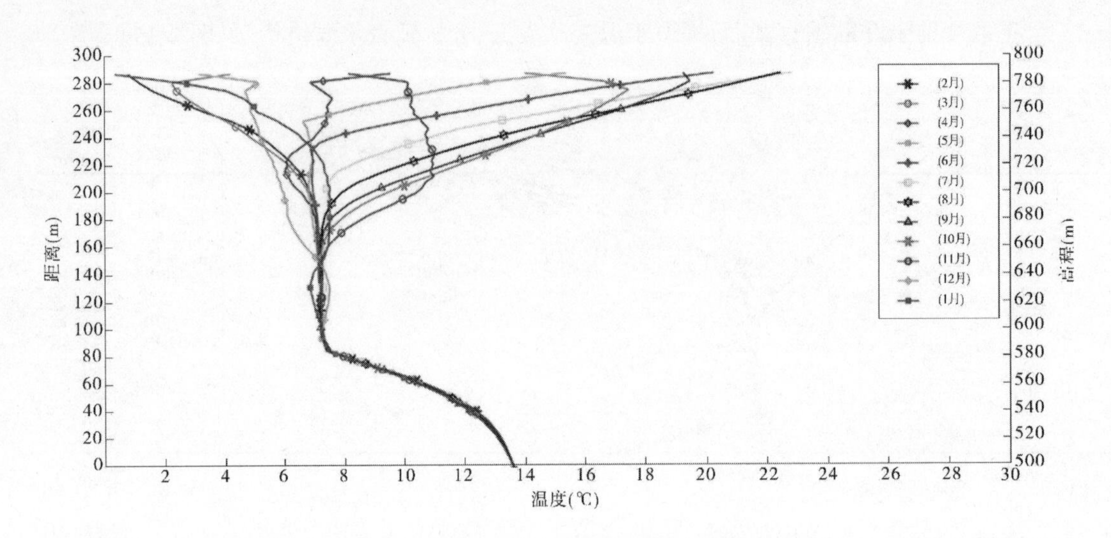

图 2-17　缩尺模型坝前 100 m 库水垂直水温结构

(2)在气温较低的降温季节,水温分层结构被打破,冷水下沉,库水流动出现显著的紊流现象。

(3)库水底层温度趋于稳定,在坝前库水 640 m 高程以下,水温逐步稳定在 7.1 ℃。上部水层受气温边界影响,并随深度逐步减弱。

(4)低温季节库水的紊流现象显著,低温季节温度跃迁范围大于高温季节。

对比两种计算模型结果可以看出,得到的结果一致。采用缩尺模型可代替足尺模型对坝前库水水温结构变化规律进行有效模拟。

2.5　温度场计算的有限元法

实践经验表明,一维温度场的计算采用差分法是方便的。二维和三维温度场的计算,则以采用有限元法为宜。与差分法相比,有限元法具有下列优点:

(1)易于适应不规则边界。

(2)在温度梯度大的地方,可局部加密网格。

(3)容易与计算应力的有限元法程序配套,将温度场、应力场和徐变变形三者纳入一个统一的程序进行计算。

2.5.1　稳态温度场有限元方程

2.5.1.1　平衡方程与边界条件

大体积混凝土稳态温度场问题通常是无热源的,第一类和第三类温度边界作用。第一类边界如恒定的水温、深处地基恒定的地温等;第三类边界如恒定气温边界。

在求解域 R 内,采用热传导方程[式(2-9)]考虑三维稳定温度场平衡条件,并且引入边界条件。

在第一类边界 C_1 上　　$$T = T_b \tag{2-50}$$

在第三类边界 C_3 上　　$$-a\frac{\partial T}{\partial n} = \frac{\beta}{c\rho}(T - T_a) \tag{2-51}$$

为求解上述热传导问题的数值解,根据变分原理,这个问题等价于泛函的极值问题。取泛函

$$I(T) = \frac{a}{2}\iiint_R\left[\left(\frac{\partial T}{\partial x}\right)^2 + \left(\frac{\partial T}{\partial y}\right)^2 + \left(\frac{\partial T}{\partial z}\right)^2\right]\mathrm{d}x\mathrm{d}y\mathrm{d}z - \iint_{C_3}\frac{\beta}{c\rho}\left(T_a - \frac{1}{2}T\right)T\mathrm{d}s \tag{2-52}$$

可以验证,上述泛函驻值条件 $\delta I = 0$ 得到泛函的欧拉方程就是三维稳态热传导问题的微分方程[式(2-9)]和 C_3 边界条件式(2-51),并且在求解过程中在边界 C_1 上应令 $T = T_b$,即可得到与微分方程和边界条件等效的解答。

2.5.1.2　有限元基本方程建立

将求解域划分为有限个单元,在每个单元内任一点的温度 $T(x,y,z)$,可近似地用单元节点温度插值得到。设单元的节点个数为 p,单元节点温度为 $T_1, T_2, T_3, \cdots, T_p$,则有

$$\begin{aligned} T(x,y,z) &= \sum_{i=1}^{p} N_i(x,y,z)T_i \\ &= [N_1 \quad N_2 \quad N_3 \quad \cdots \quad N_p]\begin{Bmatrix} T_1 \\ T_2 \\ T_3 \\ \vdots \\ T_p \end{Bmatrix} = [N]\{T\}^e \end{aligned} \tag{2-53}$$

式中:$[N]$为形函数矩阵,$\{T\}^e$ 为单元节点温度列阵。

$$[N] = [N_1 \quad N_2 \quad N_3 \quad \cdots \quad N_p] \tag{2-54}$$

$$\{T\}^e = [T_1 \quad T_2 \quad T_3 \quad \cdots \quad T_p]^{\mathrm{T}} \tag{2-55}$$

$N_i(x,y,z)$为节点 i 的形函数,在节点 j 位置(x_j, y_j, z_j)具有如下性质:

$$N_i(x_j, y_j, z_j) = \begin{cases} 0 & (\text{当 } j \neq i \text{ 时}) \\ 1 & (\text{当 } j = i \text{ 时}) \end{cases} \tag{2-56}$$

并且 $\sum_{i=1}^{p} N_i(x,y,z) = 1$。

将泛函[式(2-52)]改写成单元积分总和的形式,将式(2-53)代入,进行有限元离散,得

$$I(T) = \sum_e I_e = \sum_e \frac{a}{2}\iiint_{R^e}\left[\left(\frac{\partial T}{\partial x}\right)^2 + \left(\frac{\partial T}{\partial y}\right)^2 + \left(\frac{\partial T}{\partial z}\right)^2\right]\mathrm{d}x\mathrm{d}y\mathrm{d}z - \sum_e \iint_{C_3^e}\frac{\beta}{c\rho}\left(T_a - \frac{1}{2}T\right)T\mathrm{d}s$$

取泛函极值的必要条件

$$\frac{\partial I}{\partial T_i} = \sum_e \frac{\partial I_e}{\partial T_i} = 0 \quad (i = 1,2,3,\cdots,m) \tag{2-57}$$

式中：m 为温度自由度数，即未知节点温度个数。

对于每个单元，可以得到稳态热传导问题的有限元基本方程

$$\frac{\partial I_e}{\partial T_i} = [K]^e\{T\}^e + [H]^e\{T\}^e - \{P\}^e = 0 \tag{2-58}$$

式中　$[K]^e$——单元热传导矩阵；

$[H]^e$——第三类边界条件 C_3 对热传导矩阵的修正；

$\{T\}^e$——单元节点温度列阵，是待求的未知量；

$\{P\}^e$——单元温度荷载列阵。

$[K]^e$、$[H]^e$ 和 $\{P\}^e$ 的元素分别表示如下：

$$K_{ij}^e = \iiint_{R^e} a\left[\frac{\partial N_i}{\partial x}\frac{\partial N_j}{\partial x} + \frac{\partial N_i}{\partial y}\frac{\partial N_j}{\partial y} + \frac{\partial N_i}{\partial z}\frac{\partial N_j}{\partial z}\right]\mathrm{d}x\mathrm{d}y\mathrm{d}z \tag{2-59}$$

$$H_{ij}^e = \iint_{C_3^e} \frac{\beta}{c\rho}N_i N_j \mathrm{d}s \tag{2-60}$$

$$P_i^e = \iint_{C_3^e} \frac{\beta}{c\rho}N_i T_{\mathrm{a}} \mathrm{d}s \tag{2-61}$$

按照式(2-58)，将各单元集成，得到整体有限元方程

$$[K]\{T\} = \{P\} \tag{2-62}$$

其中

$$K_{ij} = \sum_e K_{ij}^e + \sum_e H_{ij}^e \tag{2-63}$$

$$P_i = \sum_e P_i^e \tag{2-64}$$

式(2-62)就是混凝土三维稳态温度场分析常用的有限元基本方程。

2.5.2　瞬态温度场有限元方程

2.5.2.1　平衡方程与边界条件

瞬态温度场与稳态温度场的主要差别是瞬态温度场的场函数温度既是求解空间域的函数，又是时间域的函数。早龄期混凝土瞬态温度场问题通常考虑混凝土水化热热量的生成，并考虑第一类和第三类温度边界作用。第一类边界如水温、深处地基地温等；第三类边界如气温边界。这些温度边界可以是随时间变化的函数。

根据空间瞬态温度场的热传导平衡、初始条件和边界条件，利用变分原理，可建立这个热传导问题的等价泛函极值问题。

温度 $T(x,y,z,\tau)$ 在 $\tau=0$ 时取给定的初始温度 $T_0(x,y,z)$，在第一类边界 C' 上取给定的边界温度 T_{b}，并使下列泛函取极小值：

$$I(T) = \iiint_R \left\{\frac{a}{2}\left[\left(\frac{\partial T}{\partial x}\right)^2 + \left(\frac{\partial T}{\partial y}\right)^2 + \left(\frac{\partial T}{\partial z}\right)^2\right] - \left(\frac{\partial \theta}{\partial \tau} - \frac{\partial T}{\partial \tau}\right)T\right\}\mathrm{d}x\mathrm{d}y\mathrm{d}z +$$

$$\iint_{C_3} \frac{\beta}{c\rho}\left(\frac{1}{2}T^2 - T_a T\right) \mathrm{d}s \tag{2-65}$$

式(2-65)右边第一大项是在求解域 R 内的体积分，第二大项是在第三类边界 C_3 上的面积分。

2.5.2.2　**有限元基本方程建立**

同样，将求解域划分为有限个单元，在每个单元内任一点的温度 $T^e(x,y,z,\tau)$，可近似地用单元节点温度插值得到。单元的节点个数为 p，设单元节点温度为 $T_1(\tau)$，$T_2(\tau)$，$T_3(\tau)$，$\cdots$，$T_p(\tau)$，则有

$$T^e(x,y,z,\tau) = \sum_{i=1}^{p} N_i(x,y,z) T_i(\tau)$$

$$= [N_1 \ N_2 \ N_3 \ \cdots \ N_p] \begin{Bmatrix} T_1 \\ T_2 \\ T_3 \\ \vdots \\ T_p \end{Bmatrix} = [N]\{T\}^e \tag{2-66}$$

在式(2-66)中，形函数 $N_i(x,y,z)$ 是坐标 x,y,z 的函数，与稳态温度场不同，这里节点温度 $T_i(\tau)$ 是时间 τ 的函数。

将泛函[式(2-65)]表示为单元积分总和的形式，e 作为求解域 R 的一个子域 ΔR，在这个子域内的泛函值为

$$I(T) = \sum_e I^e(T) = \sum_e \iiint_{R^e} \left\{ \frac{1}{2}\left[\left(\frac{\partial T}{\partial x}\right)^2 + \left(\frac{\partial T}{\partial y}\right)^2 + \left(\frac{\partial T}{\partial z}\right)^2\right] - \frac{1}{a}\left(\frac{\partial \theta}{\partial \tau} - \frac{\partial T}{\partial \tau}\right) T \right\} \mathrm{d}x\mathrm{d}y\mathrm{d}z + \sum_e \iint_{\Delta C} \frac{\beta}{c\rho}\left(\frac{1}{2}T^2 - T_a T\right) \mathrm{d}s \tag{2-67}$$

取泛函极值的必要条件：

$$\frac{\partial I}{\partial T_i} = \sum_e \frac{\partial I_e}{\partial T_i} = 0 \quad (i = 1,2,3,\cdots,m) \tag{2-68}$$

其中，m 是温度自由度数，即未知节点温度个数。

对于每个单元，可以得到瞬态热传导问题的有限元基本方程：

$$\frac{\partial I_e}{\partial T_i} = [K]^e\{T\}^e + [C]^e\left\{\frac{\partial T}{\partial \tau}\right\}^e + [H]^e\{T\}^e - \{P\}^e = 0 \tag{2-69}$$

式中　$[K]^e$——单元热传导矩阵；

$[H]^e$——第三类边界条件 C_3 对热传导矩阵的修正；

$\{T\}^e$——单元节点温度列阵，是待求的未知量；

$[C]^e$——非稳态导致的附加项，称作热容矩阵；

$\{P\}^e$——单元温度荷载列阵。

$[K]^e$、$[H]^e$、$[C]^e$ 和 $\{P\}^e$ 的元素分别表示如下：

$$K_{ij}^e = \iiint_{R^e} a\left[\frac{\partial N_i}{\partial x}\frac{\partial N_j}{\partial x} + \frac{\partial N_i}{\partial y}\frac{\partial N_j}{\partial y} + \frac{\partial N_i}{\partial z}\frac{\partial N_j}{\partial z}\right]\mathrm{d}x\mathrm{d}y\mathrm{d}z \tag{2-70}$$

$$C_{ij}^e = \iiint_{R^e} N_i N_j \mathrm{d}x\mathrm{d}y\mathrm{d}z \tag{2-71}$$

$$H_{ij}^e = \iint_{C_3^e} \frac{\beta}{c\rho} N_i N_j \mathrm{d}s \tag{2-72}$$

$$P_i^e = \iiint_{R^e} N_i \frac{\partial \theta}{\partial \tau}\mathrm{d}x\mathrm{d}y\mathrm{d}z + \iint_{C_3^e} \frac{\beta}{c\rho} N_i T_{\mathrm{a}} \mathrm{d}s \tag{2-73}$$

式(2-73)第一项是热源引起的温度荷载,第二项是气温边界引起的温度荷载。根据式(2-68)集成单元,得到瞬态温度场整体有限元基本方程:

$$[C]\left\{\frac{\partial T}{\partial \tau}\right\} + [K]\{T\} = \{P\} \tag{2-74}$$

其中

$$C_{ij} = \sum_e C_{ij}^e, K_{ij} = \sum_e K_{ij}^e + \sum_e H_{ij}^e, P_i = \sum_e P_i^e$$

2.6　温度应力的有限元计算方法

当固体温度变化时,由于材料具有热胀冷缩会产生热应变。当物体受到约束或物体内温度变化不均匀时,热应变不能自由发展而产生应力。这种由温度变化引起的应力称作热应力或温度应力。大体积混凝土结构温度应力由温度场变化引起,当计算获得温度场后,可以进一步求出结构的温度应力。

固体热胀冷缩会产生热应变,剪切分量为零。由温度变化产生的热应变作用在温度应力计算中通常当作初应变引入,然后按照材料力学有限元方法计算应力场。

2.6.1　热应变

以三维问题为例,当计算得到求解域的温度场后,可以得到每个单元节点的温度变化值ΔT_i^e,其中i为节点号。单元内任一点(x,y,z)的温度变化值ΔT可以通过形函数插值得到。

$$\Delta T = \sum_{i=1}^{p} N_i(x,y,z)\Delta T_i^e$$

$$= [N_1 \quad N_2 \quad \cdots \quad N_p]\begin{Bmatrix}\Delta T_1\\ \Delta T_2\\ \vdots \\ \Delta T_p\end{Bmatrix}^e = [N]\{\Delta T\}^e \tag{2-75}$$

材料的热膨胀系数为α,该点的热应变为

$$\{\varepsilon_0\} = \alpha\Delta T\{1 \quad 1 \quad 1 \quad 0 \quad 0 \quad 0\}^{\mathrm{T}}$$

$$
= \alpha \begin{bmatrix} N_1 & N_2 & & N_p \\ N_1 & N_2 & & N_p \\ N_1 & N_2 & \cdots & N_p \\ 0 & 0 & & 0 \\ 0 & 0 & & 0 \\ 0 & 0 & & 0 \end{bmatrix} \begin{Bmatrix} \Delta T_1 \\ \Delta T_2 \\ \vdots \\ \Delta T_p \end{Bmatrix}^e = [A]\{\Delta T\}^e \tag{2-76}
$$

2.6.2　应力场有限元基本方程建立

2.6.2.1　基本变量

弹性力学有限元的基本未知变量是节点自由度位移$\{\delta\}$。对于三维空间实体单元，每个单元有 p 个节点，每个节点有 3 个自由度，节点 i 的位移变量可表示为

$$
\{\delta_i\} = \begin{Bmatrix} u_i \\ v_i \\ w_i \end{Bmatrix} \quad (i = 1,2,\cdots,p) \tag{2-77}
$$

式中　u_i、v_i、w_i——节点 i 沿 x、y、z 方向的三个位移分量。

设$\{\delta\}^e$ 表示单元 e 全部节点自由度位移所构成的列阵，共 $3\times p$ 个分量，是$\{\delta\}$中的一部分。

$$
\{\delta\}^e = \begin{bmatrix} \delta_1 \\ \delta_2 \\ \vdots \\ \delta_p \end{bmatrix} = \begin{bmatrix} u_1 \\ v_1 \\ w_1 \\ u_2 \\ v_2 \\ w_2 \\ \vdots \end{bmatrix} \tag{2-78}
$$

单元内部任一点的位移$\{\Delta\}$可用形函数和单元节点位移插值得到

$$
\{\Delta\} = \begin{Bmatrix} u \\ v \\ w \end{Bmatrix} = [N]\{\delta\}^e \tag{2-79}
$$

2.6.2.2　平衡微分方程、几何方程、本构方程

与热平衡一样，在应力场求解域内任意一个微元体同样处于力平衡状态，这种力平衡状态由方程表达为

$$
\left.\begin{aligned}
\frac{\partial \sigma_x}{\partial x} + \frac{\partial \tau_{xy}}{\partial y} + \frac{\partial \tau_{xz}}{\partial z} + q_x = 0 \\
\frac{\partial \tau_{yx}}{\partial x} + \frac{\partial \sigma_y}{\partial y} + \frac{\partial \tau_{yz}}{\partial z} + q_y = 0 \\
\frac{\partial \tau_{zx}}{\partial x} + \frac{\partial \tau_{zy}}{\partial y} + \frac{\partial \sigma_z}{\partial z} + q_z = 0
\end{aligned}\right\} \tag{2-80}
$$

式(2-80)为平衡微分方程,表达了材料内部任意一点应力$\{\sigma\}$与外力处处平衡的一种状态。而应力$\{\sigma\}$与应变$\{\varepsilon\}$的关系,则通过本构方程建立:

$$\{\sigma\} = [D]\{\varepsilon\}$$

式中　$[D]$——弹性本构矩阵,对于各向同性材料

$$[D] = -\frac{E(1-\mu)}{(1+\mu)(1-2\mu)}\begin{bmatrix} 1 & \frac{\mu}{1-\mu} & \frac{\mu}{1-\mu} & 0 & 0 & 0 \\ & 1 & \frac{\mu}{1-\mu} & 0 & 0 & 0 \\ & & 1 & 0 & 0 & 0 \\ & \text{对} & & \frac{1-2\mu}{2(1-\mu)} & 0 & 0 \\ & & & & \frac{1-2\mu}{2(1-\mu)} & 0 \\ & & & \text{称} & & \frac{1-2\mu}{2(1-\mu)} \end{bmatrix} \tag{2-81}$$

其中,E、μ分别为材料的杨氏模量和泊松比,反映了材料物理属性,本构方程也称作物理方程。

引入热应变ε_0作为初应变,材料弹性本构方程变为

$$\{\sigma\} = [D]\{(\varepsilon - \varepsilon_0)\} \tag{2-82}$$

应变与位移的关系可由几何方程表达

$$\{\varepsilon\} = [L]\{\Delta\} \tag{2-83}$$

其中,$[L]$为微分算子矩阵

$$[L] = \begin{bmatrix} \frac{\partial}{\partial x} & 0 & 0 \\ 0 & \frac{\partial}{\partial y} & 0 \\ 0 & 0 & \frac{\partial}{\partial z} \\ \frac{\partial}{\partial y} & \frac{\partial}{\partial x} & 0 \\ 0 & \frac{\partial}{\partial z} & \frac{\partial}{\partial y} \\ \frac{\partial}{\partial z} & 0 & \frac{\partial}{\partial x} \end{bmatrix} \tag{2-84}$$

将式(2-79)代入式(2-83),可得到由节点位移$\{\delta\}^e$表达的单元e内任一点应变

$$\{\varepsilon\} = [B]\{\delta\}^e \tag{2-85}$$

其中$[B]$为几何矩阵

$$[B] = [B_1 \quad B_2 \quad \cdots \quad B_p]$$

$$[B_i] = \begin{bmatrix} \frac{\partial N_i}{\partial x} & 0 & 0 \\ 0 & \frac{\partial N_i}{\partial y} & 0 \\ 0 & 0 & \frac{\partial N_i}{\partial z} \\ \frac{\partial N_i}{\partial y} & \frac{\partial N_i}{\partial x} & 0 \\ 0 & \frac{\partial N_i}{\partial z} & \frac{\partial N_i}{\partial y} \\ \frac{\partial N_i}{\partial z} & 0 & \frac{\partial N_i}{\partial x} \end{bmatrix} \qquad (1 = 1,2,\cdots,p)$$

2.6.2.3　利用虚位移原理建立有限元基本方程

下面利用虚位移原理建立初应变的有限元基本方程。

设给定任意虚位移，节点自由度上的虚位移列向量为$\{\bar{\delta}\}$，则单元内任意一点的虚应变为

$$\{\bar{\varepsilon}\} = [B]\{\bar{\delta}\}^e \tag{2-86}$$

式中　$\{\bar{\delta}\}^e$——单元 e 内节点自由度虚位移列阵，是$\{\bar{\delta}\}$中的一部分。

1. 建立整体求解域内虚功 U 的表达式

单元 e 域内待求的应力$\{\sigma\}$在虚应变$\{\bar{\varepsilon}\}$下所做的内虚功可用积分形式建立：

$$U^e = \int_{R^e} \{\bar{\varepsilon}\}^{\mathrm{T}} \{\sigma\} \mathrm{d}v \tag{2-87}$$

将式(2-82)和式(2-86)分步代入，整理得到

$$\begin{aligned} U^e &= \int_{R^e} \{\bar{\varepsilon}\}^{\mathrm{T}} [D](\{\varepsilon\} - \{\varepsilon_0\}) \mathrm{d}v \\ &= \{\bar{\delta}\}^{e\mathrm{T}} \int_{R^e} [B]^{\mathrm{T}}[D][B]\{\delta\}^e \mathrm{d}v - \{\bar{\delta}\}^{e\mathrm{T}} \int_{R^e} [B]^{\mathrm{T}}[D]\{\varepsilon_0\} \mathrm{d}v \end{aligned} \tag{2-88}$$

将全部单元内虚功求和，得到整体求解域的内虚功表达：

$$U = \sum_e U^e = \{\bar{\delta}\}^{\mathrm{T}} \left(\sum_e \int_{R^e} [B]^{\mathrm{T}}[D][B] dv \right) \{\delta\} - \{\bar{\delta}\}^{\mathrm{T}} \left(\sum_e \int_{R^e} [B]^{\mathrm{T}}[D]\{\varepsilon_0\} \mathrm{d}v \right) \tag{2-89}$$

2. 建立求解域外虚功 V 的表达式

已知在节点位移自由度上施加的外力集中荷载为$\{P_c\}$，则外力荷载所做的外虚功为

$$V = \{\bar{\delta}\}^{\mathrm{T}} \{P_c\} \tag{2-90}$$

根据虚位移原理，内外虚功相等

$$U = V \tag{2-91}$$

将式(2-89)、式(2-90)代入式(2-91)，有

$$\{\bar{\delta}\}^{\mathrm{T}} \left(\sum_e \int_{R^e} [B]^{\mathrm{T}}[D][B] \mathrm{d}v \right) \{\delta\} - \{\bar{\delta}\}^{\mathrm{T}} \left(\sum_e \int_{R^e} [B]^{\mathrm{T}}[D]\{\varepsilon_0\} \mathrm{d}v \right) = \{\bar{\delta}\}^{\mathrm{T}} \{P_c\}$$

将上式左乘$\{\bar{\delta}\}$,并整理得到有限元基本公式

$$[K]\{\delta\} = \{Q\} + \{P_c\} \tag{2-92}$$

其中

$$[K] = \sum_e \int_{R^e} [B]^{\mathrm{T}}[D][B]\mathrm{d}v \tag{2-93}$$

$$\{Q\} = \sum_e \int_{R^e} [B]^{\mathrm{T}}[D]\{\varepsilon_0\}\mathrm{d}v \tag{2-94}$$

式中 $[K]$——刚度矩阵;

$\{P_c\}$——外力引起的节点集中荷载列向量;

$\{Q\}$——以初应变$\{\varepsilon_0\}$形式建立的等效荷载列阵。

当以初应力形式$\{\sigma_0\}$引入时,由于$\{\sigma_0\}=[D]\{\varepsilon_0\}$,等效荷载列阵可表达为

$$\{Q\} = \sum_c \int_{R^e} [B]^{\mathrm{T}}\{\sigma_0\}\mathrm{d}v \tag{2-95}$$

当初应变$\{\varepsilon_0\}$由温度场变化引起时,将式(2-76)代入式(2-94)得到节点温度变化引起的等效荷载列阵表达式:

$$\{Q\} = \sum_e \int_{R^e} [B]^{\mathrm{T}}[D][A]\{\Delta T\}^e\mathrm{d}v \tag{2-96}$$

2.7 混凝土的正交异性损伤本构模型研究

材料的损伤是混凝土应力场非线性计算中一个典型的问题。这里以碾压混凝土材料为例介绍一种混凝土正交异性损伤本构模型[13]。

高碾压混凝土拱坝结构设计面临的一个主要问题是如何有效地消散坝体在建造期间与运行期间的温度应力。目前,工程师倾向于在坝体中设置少量的伸缩缝(包括横缝与诱导缝),通过对带缝碾压混凝土拱坝进行数值仿真计算和物理模型试验,分析坝体的受力规律与破坏机制,以期有组织地解决温度应力问题。由于碾压混凝土材料的配合比选择、组分比例和成型方法与常规混凝土有很大的不同,其温度特性、变形特性和强度特性也与常规混凝土有较大的不同。因此,对于碾压混凝土材料,有必要研究其受荷后的破坏机制,建立合理的本构模型,为碾压混凝土拱坝进行数值计算服务。

2.7.1 碾压混凝土材料损伤本构模型

为了分析弹性材料的各向异性损伤,Sidoroff[14]等提出了能量等效假设,认为受损材料的弹性余能和无损材料的弹性余能在形式上相同。只需将其中的 Cauchy 应力 σ 换为等效应力 $\tilde{\sigma}$。在此基础上,提出了一种各向异性损伤模型:

$$\varepsilon = \frac{1+\nu}{E}\sigma\cdot(I-D)^{-2} - \frac{\nu}{E}(I-D)^{-1}tr[\sigma\cdot(I-D)^{-1}] \tag{2-97}$$

$$Y = \frac{1+\nu}{E}\sigma^2\cdot(I-D)^{-3} - \frac{\nu}{E}(I-D)^{-1}tr[\sigma\cdot(I-D)^{-1}] \tag{2-98}$$

基于式(2-97),建立碾压混凝土材料的应力—应变关系为(在主轴系内)

$$\{\sigma\} = [E^*(D)]\{\varepsilon\} \tag{2-99}$$

$$[E^*(D)] = \begin{bmatrix} (\lambda + 2G)(1 - D_1)^2 & \lambda(1 - D_1)(1 - D_2) & \lambda(1 - D_1)(1 - D_3) \\ \text{对} & (\lambda + 2G)(1 - D_2)^2 & \lambda(1 - D_2)(1 - D_3) \\ & \text{称} & (\lambda + 2G)(1 - D_3)^2 \end{bmatrix}$$

式中　λ——拉梅系数,$\lambda=E(t)/(1+\mu)(1-2\mu)$,$\mu$ 为泊松比;

G——剪切模量,$G=E(t)/2(1+\mu)$;

$E(t)$——材料的弹性模量,是时间的函数;

D_i——i 主应变方向的损伤度。

将主轴坐标系下的本构关系转换到总体坐标系下,得到总体坐标系下的应力—应变关系矩阵:

$$[D'] = [R]^{\mathrm{T}}[E^*(D)][R] \tag{2-100}$$

式中　$[R]$——局部坐标与整体坐标之间的转换矩阵[15],即

$$[R] = \begin{bmatrix} l_1^2 & m_1^2 & n_1^2 & l_1m_1 & m_1n_1 & n_1l_1 \\ l_2^2 & m_2^2 & n_2^2 & l_2m_2 & m_2n_2 & n_2l_2 \\ l_3^2 & m_3^2 & n_3^2 & l_3m_3 & m_3n_3 & n_3l_3 \\ 2l_1l_2 & 2m_1m_2 & 2n_1n_2 & l_1m_2 + l_2m_1 & m_1n_2 + m_2n_1 & n_1l_2 + n_2l_1 \\ 2l_2l_3 & 2m_2m_3 & 2n_2n_3 & l_2m_3 + l_3m_2 & m_2n_3 + m_3n_2 & n_2l_3 + n_3l_2 \\ 2l_3l_1 & 2m_3m_1 & 2n_3n_1 & l_3m_1 + l_1m_3 & m_3n_1 + m_1n_3 & n_3l_1 + n_1l_3 \end{bmatrix}$$

其中:$l_i,m_i,n_i(i=1,2,3)$分别为各主应力方向在总体坐标系中的方向余弦。

2.7.2　碾压混凝土的正交异性损伤演化方程

在初始状态,大体积混凝土材料被认为是各向同性的线弹性体,随着承载后材料的损伤,表现出明显的正交异性特征。大量的碾压混凝土的单向拉伸与压缩试验破坏特征表明,拉伸时混凝土开裂方向与拉力垂直,其损伤与拉力方向相同,可称为“直接损伤”;压缩时混凝土开裂方向与压力平行,其损伤与压力方向垂直,可称为“传递损伤”。当混凝土处于复杂应力状态时,不同的应力比对应力应变之间的函数关系发生显著影响。在大连理工大学土木系结构室所做的双轴应力状态下碾压混凝土的力学特性研究试验中,双轴拉压状态下,一个方向压应力的增大可明显地降低另一方向的抗拉强度;而在双轴拉状态下,一个方向的拉应力对另一方向的抗拉强度影响很小[16]。基于以上的试验研究结果,可假定:①碾压混凝土材料在拉应变方向发生损伤的同时,与之正交方向的压应变对拉应变方向的损伤有影响;②压应变方向损伤不受其他正交方向应变状态的影响;③受拉方向对其他正交方向的损伤无影响。

2.7.2.1　**损伤“传递”模型**

首先将下文中所用的符号变量集中说明如下:

ω 为损伤变量值;

ω'为裂缝扩展后损伤变量值；

A 为无损状态时的横截面面积；

$\tilde{A}$为受损后有效承载面面积；

A'_0 为初始损伤面积；

A'_{0i} 为初始损伤时材料内每一小裂纹或缺陷等效圆形区域面积；

d 为圆形区域 A'_{0i} 的直径；

A'为裂纹扩展后损伤区域的面积；

A'_i 为裂缝扩展后材料内每一小裂纹或缺陷等效圆形区域的面积；

d'为裂缝扩展后长度损伤区域 A'_i 的直径；

w_c为裂缝扩展临界状态时的裂缝宽度；

w 为裂缝扩展后的宽度；

K、K'为材料参数。

材料在某一方向的劣化可认为是材料的微缺陷与内部裂纹导致的有效承载面面积减小，损伤变量 $\omega=\dfrac{A-\tilde{A}}{A}$；$A'_0=A-\tilde{A}$。这里，材料的微缺陷与内部裂纹描述为如图 2-18 所示模型：材料中存在许多的微小裂纹与微小缺陷，这些微小裂纹与微小缺陷对某一方向 x 的损伤可等效为许多的微小圆形裂开区域 A'_{0i}，使得这一方向上的有效承载面面积减小。材料在 x 方向的初始损伤面积 $A'_0=\sum A'_{0i}$。

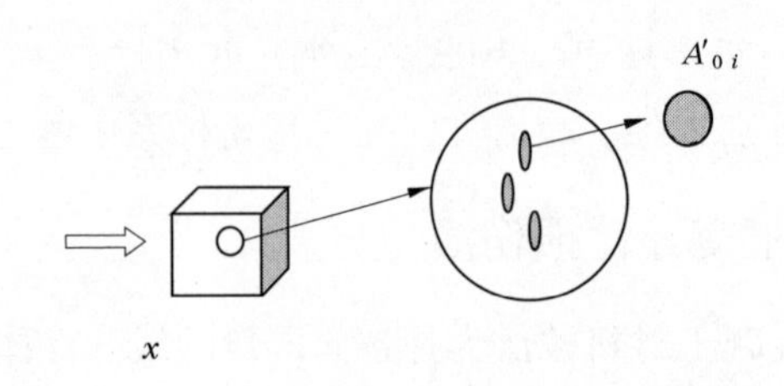

图 2-18 x 方向的材料微缺陷与内部裂纹模型

假定材料在 z 方向受到压应变，考虑压应变对损伤区域 A'_{0i} 的作用。按照线弹性断裂力学分析，在一个含有椭圆裂纹的无限介质中，当受到单向压缩时，在平行于加载方向的裂纹尖端将产生切向拉应力，使裂纹扩展。这里，按照应变作用方式描述裂纹的扩展[17]。如图 2-19 所示，在 z 方向压应变作用下，损伤面张开。当裂纹张开达到一定的宽度时，裂纹便发生新的扩展，使 x 方向有效承载面面积减小，造成新的损伤。

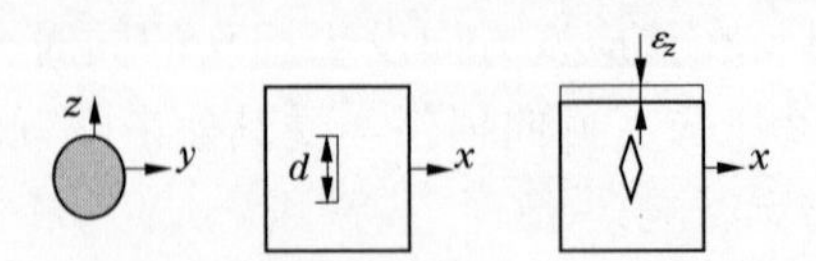

图 2-19 压应变作用下的裂纹张开示意图

设某一微损伤区域 A'_{0i} 的直径为 d，在损伤面张开时，裂缝张开宽度达到一定的值时

裂缝 w_c 将发生扩展:这里,w_c 为临界状态裂缝宽度。对于碾压混凝土材料,可参照常规混凝土裂缝宽度 w 与裂缝长度 d 为线性关系[18]:$w=Kd$,K 为材料参数。

下面由 z 方向压应变确定裂缝宽度 w。直径为 d 的微损伤区域 A'_{0i} 在 z 方向应变 ε_z 作用下直径变为 $d(1-\varepsilon_z)$。由图 2-20 所示几何关系,可算得裂缝宽度 w。

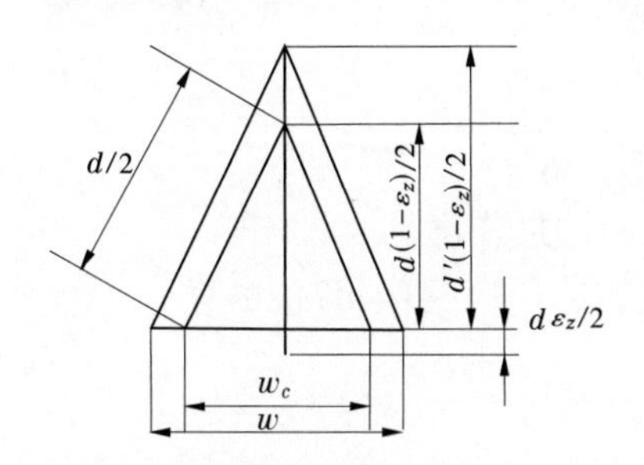

图 2-20　裂缝宽度与裂缝长度的关系

$$w = \sqrt{-\varepsilon_z(2+\varepsilon_z)}\,d \quad (\varepsilon_z < 0) \tag{2-101}$$

当 $w>w_c$ 时,裂缝长度扩展为 d',而$\dfrac{w_c}{w}=\dfrac{d}{d'}$,所以再由式(2-101)得

$$d' = \frac{d\sqrt{-\varepsilon_z(2+\varepsilon_z)}}{K} \quad (\varepsilon_z < 0) \tag{2-102}$$

微损伤区域面积由 A'_{0i} 扩展为 A'_i

$$A'_i = A'_{0i}\frac{-\varepsilon_z(2+\varepsilon_z)}{K^2} = A'_{0i}\frac{-\varepsilon_z(2+\varepsilon_z)}{K'} \quad (\varepsilon_z < 0)$$

则在 x 方向上材料的总损伤面积 A' 为

$$A' = \sum A'_i = \frac{-\varepsilon_z(2+\varepsilon_z)}{K'}\sum A'_{0i} = \frac{-\varepsilon_z(2+\varepsilon_z)}{K'}A'_0 \quad (\varepsilon_z < 0) \tag{2-103}$$

新的损伤变量值为

$$\omega' = \frac{A'}{A} = \omega\frac{-\varepsilon_z(2+\varepsilon_z)}{K'} \quad (\varepsilon_z < 0) \tag{2-104}$$

由于损伤导致有效承载面面积减小,有效应力随之升高。定义有效应力张量为

$$\tilde{\sigma}_{ij} = \frac{\sigma_{ij}}{1-\omega} \tag{2-105}$$

Lemaitre[19] 于 1971 年提出了等效应变假设,认为受损材料的变形可以只通过有效应力来体现,即损伤材料的本构关系可以采用无损形式,只要将其中的应力 σ_{ij} 替换为有效应力 $\tilde{\sigma}_{ij}$。损伤体现为把无损时的弹性模量 E 减小为损伤后的弹性模量 $\tilde{E}=(1-\omega)E$。以割线模量的变化定义损伤 D,表示为

$$D = 1 - \frac{\tilde{E}}{E} \tag{2-106}$$

因此,D 可用损伤变量 ω 来定义

$$D=\omega \tag{2-107}$$

z 方向压应变对 x 方向损伤的作用表示为

$$D=A_{\mathrm{p}}D_0=\frac{-\varepsilon_z(2+\varepsilon_z)}{K'}D_0 \quad (\varepsilon_z<0) \tag{2-108}$$

$$A_{\mathrm{p}}=\frac{-\varepsilon_z(2+\varepsilon_z)}{K'} \quad (\varepsilon_z<0) \tag{2-109}$$

D_0 为未考虑传递损伤时 x 方向的损伤度。

同样,另一方向(y 方向)也为压应变作用时,也有

$$A'_{\mathrm{p}}=\frac{-\varepsilon_y(2+\varepsilon_y)}{K'} \quad (\varepsilon_y<0) \tag{2-110}$$

此时 x 方向的损伤为

$$D=A_{\mathrm{p}}A'_{\mathrm{p}}D_0 \quad (\varepsilon_z<0,\varepsilon_y<0) \tag{2-111}$$

显然,式(2-109)、式(2-110)还必须有,当 $A_{\mathrm{p}}<1, A'_{\mathrm{p}}<1$ 时,令 $A_{\mathrm{p}}=1, A'_{\mathrm{p}}=1$。

2.7.2.2 损伤演化模型

在损伤演化模型中,选择 Mazars 一维损伤演化模型[20]描述受拉方向 x 的“初始损伤”D_0。在单轴受拉状态时 Mazars 一维损伤演化方程为

$$\left.\begin{aligned} &D_0=0 && (0\leqslant\varepsilon\leqslant\varepsilon_{\mathrm{p}})\\ &D_0=1-\frac{\varepsilon_{\mathrm{p}}(1-A_{\mathrm{t}})}{\varepsilon}-\frac{A_{\mathrm{t}}}{\exp[B_{\mathrm{t}}(\varepsilon-\varepsilon_{\mathrm{p}})]} && (\varepsilon>\varepsilon_{\mathrm{p}})\end{aligned}\right\} \tag{2-112a}$$

在单轴受压状态时 Mazars 一维损伤演化方程为

$$\left.\begin{aligned} &D_0=0 && (0\geqslant\varepsilon\geqslant\varepsilon_{\mathrm{p}})\\ &D_0=1-\frac{\varepsilon_{\mathrm{p}}(1-A_{\mathrm{c}})}{\varepsilon}-\frac{A_{\mathrm{c}}}{\exp[B_{\mathrm{c}}(\varepsilon-\varepsilon_{\mathrm{p}})]} && (\varepsilon<\varepsilon_{\mathrm{p}})\end{aligned}\right\} \tag{2-112b}$$

所以,考虑损伤传递效应的损伤演化方程定义为

在受拉方向

$$\left.\begin{aligned} &D=0 && (0\leqslant\varepsilon\leqslant\varepsilon_{\mathrm{p}})\\ &D=\left\{1-\frac{\varepsilon_{\mathrm{p}}(1-A_{\mathrm{t}})}{\varepsilon}-\frac{A_{\mathrm{t}}}{\exp[B_{\mathrm{t}}(\varepsilon-\varepsilon_{\mathrm{p}})]}\right\}A_{\mathrm{p}}A'_{\mathrm{p}} && (\varepsilon>\varepsilon_{\mathrm{p}})\end{aligned}\right\} \tag{2-113a}$$

$$A_p=\frac{-\varepsilon_z(2+\varepsilon_z)}{K'} \quad (\varepsilon_z<0) \qquad A'_{\mathrm{p}}=\frac{-\varepsilon_y(2+\varepsilon_y)}{K'} \quad (\varepsilon_y<0)$$

在受压方向

$$\left.\begin{aligned} &D_0=0 && (0\geqslant\varepsilon\geqslant\varepsilon_{\mathrm{p}})\\ &D_0=1-\frac{\varepsilon_{\mathrm{p}}(1-A_{\mathrm{c}})}{\varepsilon}-\frac{A_{\mathrm{c}}}{\exp[B_{\mathrm{c}}(\varepsilon-\varepsilon_{\mathrm{p}})]} && (\varepsilon<\varepsilon_{\mathrm{p}})\end{aligned}\right\} \tag{2-113b}$$

A_{t}、B_{t}、A_{c}、B_{c} 为材料常数,ε_{p} 为损伤阈值。当 $A_{\mathrm{p}}<1, A'_{\mathrm{p}}<1$ 时,令 $A_{\mathrm{p}}=1, A'_{\mathrm{p}}=1$,式(2-113a)、式(2-113b)退化为式(2-112a)、式(2-112b)。

2.7.2.3 参数标定

损伤演变方程[式(2-113a)、式(2-113b)]的未知参数需要试验所得到的应力、应变资料来确定。材料常数 A_t、B_t、A_c、B_c 采用选择初值试算方法通过碾压混凝土单轴拉和单轴压状态应力—应变关系曲线确定。选定碾压混凝土材料常数 $A_t=1.105$,$B_t=5\ 100$,$A_c=0.74$,$B_c=400$。对应的应力—应变关系曲线如图2-21、图2-22所示。

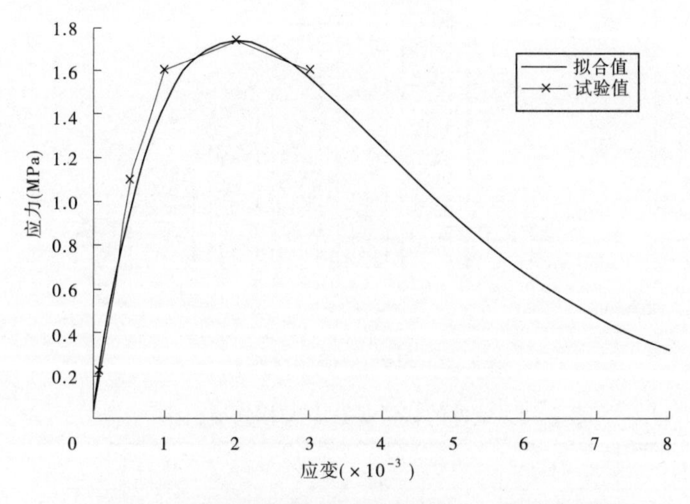

图2-21 单轴拉状态碾压混凝土应力—应变关系曲线

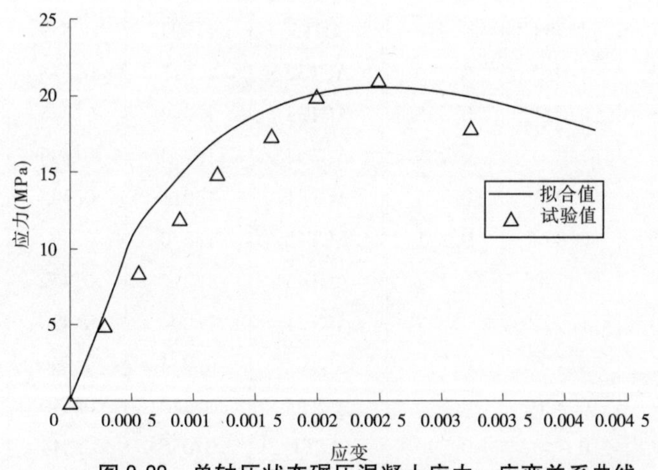

图2-22 单轴压状态碾压混凝土应力—应变关系曲线

按式(2-113a)确定各试件的参数 K'。采用反复试算的方法计算得各试件的 K' 值如表2-18所示。由于混凝土材料试验结果有较大的随机性和模糊性,确定 K' 不应简单地取各试件的均值。参数 K' 值频度统计规律见图2-23,对于碾压混凝土可选择 $K'=1.5\times10^{-3}\sim1.8\times10^{-3}$。取 $K'=1.8\times10^{-3}$,由式(2-113a)算得的各试件在达到极限强度时的拉应变方向损伤度 D 见表2-18。

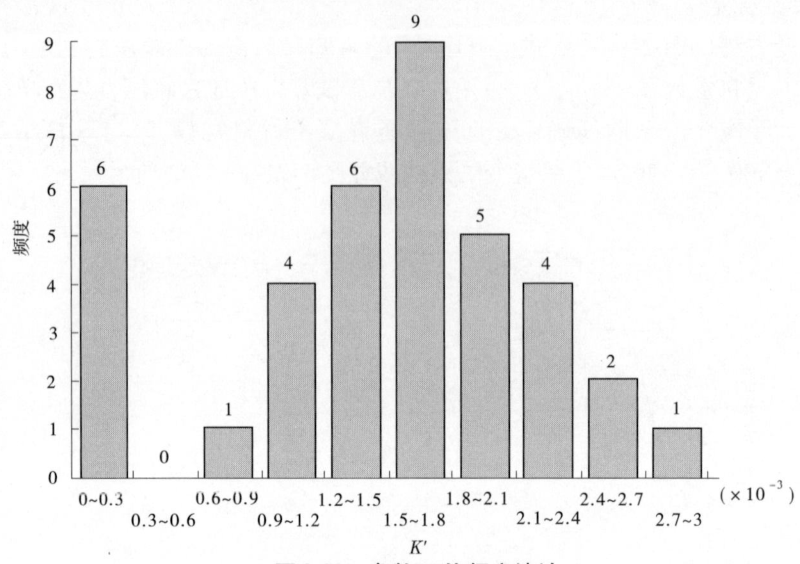

图 2-23　参数 K' 值频度统计

表 2-18　试件的材料参数 K' 与损伤度 D、D^*

编号	$K'(\times10^{-3})$	D	D^*	编号	$K'(\times10^{-3})$	D	D^*
ACC41	1.845	0.592	0.578	ACT3	1.419	0.617	0.666
ACC44	2.259	0.838	0.667	ACT4	1.977	0.822	0.748
ACC45	2.603	1.000	0.730	ACT5	1.426	0.500	0.624
ACC46	2.481	0.983	0.713	ACT6	1.504	0.539	0.646
ACC21	2.813	1.000	0.850	ACT32	1.515	0.548	0.651
ACC22	2.055	0.843	0.738	ACT33	1.349	0.455	0.607
ACC23	2.347	1.000	0.781	ACT34	1.773	0.699	0.709
ACC24	2.262	0.973	0.774	ACT41	1.011	0.345	0.501
ACC25	2.066	0.850	0.741	ACT42	1.340	0.492	0.600
ACC31	1.858	0.802	0.777	ACT43	1.218	0.452	0.561
ACC32	2.314	1.000	0.859	ACT21	1.004	0.420	0.491
ACC34	1.765	0.756	0.756	ACT22	0.954	0.396	0.468
ACC11	1.743	0.820	0.820	ACT23	1.384	0.549	0.626
ACC33	1.677	0.740	0.740	ATT1	0.056	0.214	0.243
ACC35	1.892	0.834	0.794	ATT2	0.075	0.330	0.355
ACC12	1.796	0.806	0.806	ATT3	0.103	0.478	0.501
ACC15	1.721	0.799	0.799	ATT4	0.076	0.313	0.458
ACC13	1.700	0.783	0.783	ATT5	0.072	0.294	0.426
ACT1	0.703	0.311	0.358	ATT6	0.069	0.281	0.415
ACT2	0.920	0.452	0.492				

注：D 为用正交异性损伤模型计算的损伤度值；D^* 为用 Mazars 损伤模型计算的损伤度值。

用 Mazars 损伤模型同正交异性损伤模型进行比较。在三维情况下 Mazars 损伤演化方程为

$$\left.\begin{array}{c} D_0 = 0 \\ D_0 = 1 - \dfrac{\varepsilon_p(1 - A_t)}{\varepsilon_e} - \dfrac{A_t}{\exp[B_t(\varepsilon_e - \varepsilon_p)]} \end{array}\right\} \quad \begin{array}{c} (0 \leqslant \varepsilon_e \leqslant \varepsilon_p) \\ (\varepsilon_e > \varepsilon_p) \end{array} \tag{2-114}$$

$\varepsilon_e = \sqrt{<\varepsilon_1>^2 + <\varepsilon_2>^2 + <\varepsilon_3>^2}$ 为等效应变，$< >$ 符号为取正号，有：$<X> = \begin{cases} X, X \geqslant 0 \\ 0, X < 0 \end{cases}$。

Mazars 损伤演化方程计算得到的各试件的损伤度 D^* 见表 2-18。

显然，在三维情况下，Mazars 损伤模型同正交异性损伤模型有很大的区别：

（1）正交异性损伤模型具有方向性，整个单元体的损伤用主应变三个正交方向上的损伤度值来描述。

（2）Mazars 损伤模型中，在双向或三向拉应变情况下等效应变值较大，相应的双向拉压或多向拉压应变情况下等效应变值小，因此双向或三向拉应变损伤度较大；而正交异性损伤模型与此正好相反，某一方向的拉应变对其他正交方向的损伤没有影响。双向拉压或多向拉压应变情况下会使得受拉方向上的损伤增大。

对于碾压混凝土材料，试验证实，双轴拉压状态下，一个方向压应力的增大可明显地降低另一方向的抗拉强度；而在双轴拉状态下，一个方向的拉应力对另一方向的抗拉强度影响很小。因此，应用正交异性损伤模型进行碾压混凝土的计算分析是合适的。

2.7.3　正交损伤本构模型计算结果与试验比较

应用上文建立的正交损伤本构模型对碾压混凝土双轴拉压试验结果进行计算对比，结果见图 2-24～图 2-28（a 为应力比），上文给出的本构模型与试验结果符合较好。

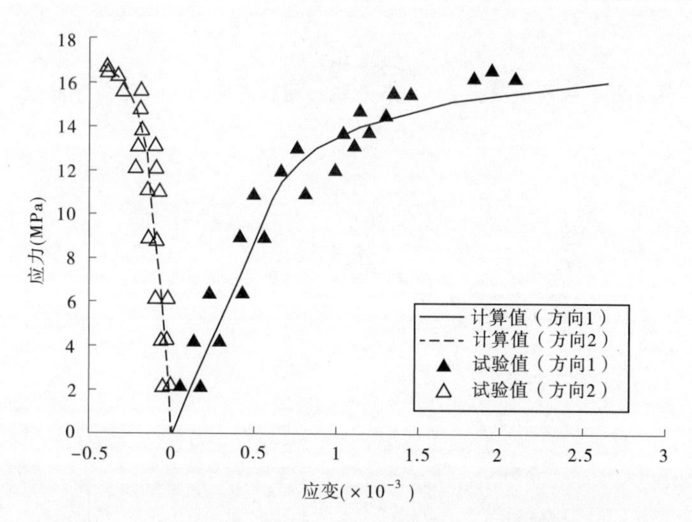

图 2-24　碾压混凝土单轴受压状态应力—应变关系曲线

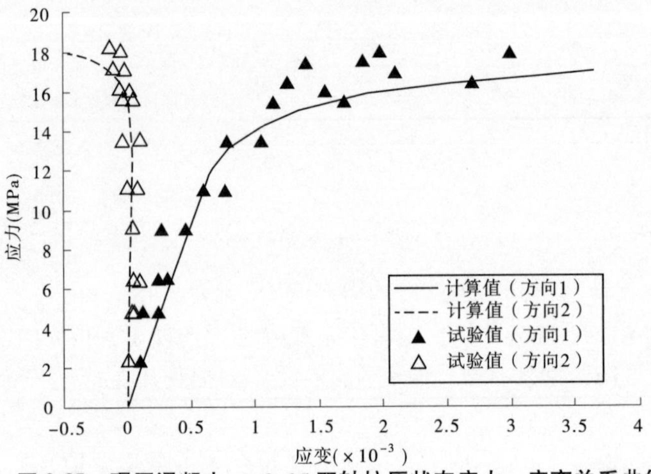

图 2-25 碾压混凝土 $a=0.25$ 双轴拉压状态应力—应变关系曲线

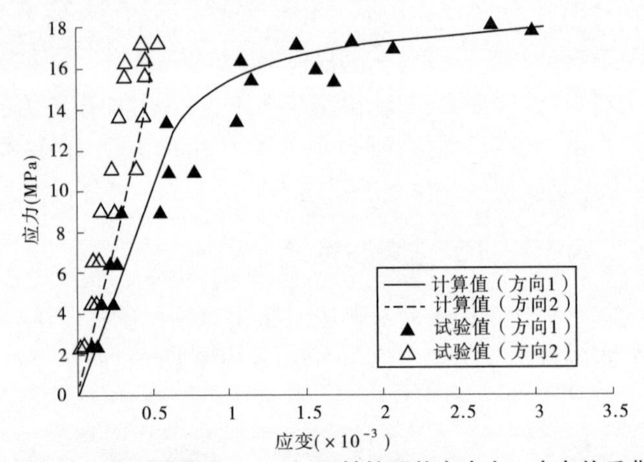

图 2-26 碾压混凝土 $a=0.75$ 双轴拉压状态应力—应变关系曲线

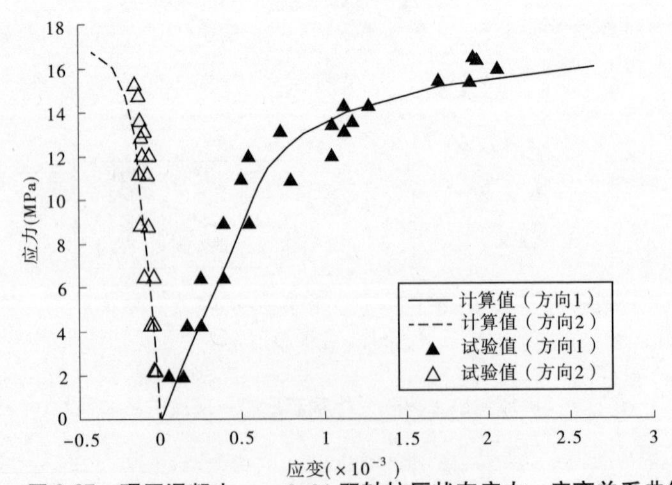

图 2-27 碾压混凝土 $a=-0.01$ 双轴拉压状态应力—应变关系曲线

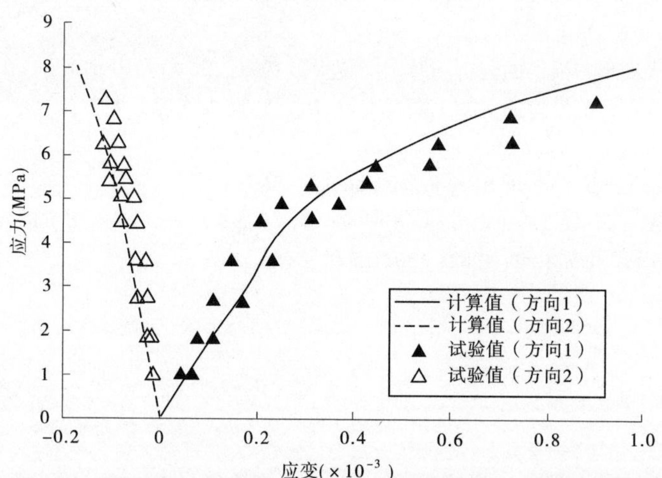

图 2-28　碾压混凝土 $a=-0.1$ 双轴拉压状态应力—应变关系曲线

本节利用大连理工大学土木系结构室多年来在碾压混凝土材料物理力学性能方面所做的理论及试验方面的工作,以 Sidoroff 各向异性损伤理论为基础,建立了碾压混凝土正交异性损伤本构模型,标定了该模型中的有关参数。用该模型的计算值与试验值进行了比较,结果符合得较好。

参 考 文 献

[1] 南京水利科学研究院. 水工混凝土试验规程[S]. 北京: 中国电力出版社, 2002.

[2] 朱伯芳. 水工混凝土结构的温度应力与温度控制[M]. 北京:水利电力出版社, 1976.

[3] 蔡正咏. 混凝土性能[M]. 北京:中国建筑工业出版社, 1979.

[4] 朱伯芳. 混凝土的弹性模量、徐变度与应力松驰系数[J]. 水利学报, 1985(9):54.

[5] 姜福田. 碾压混凝土[M]. 北京:中国铁道出版社, 1991.

[6] 中华人民共和国住房和城乡建设部. 大体积混凝土施工标准[S]:GB 50496—2018. 北京:中国计划出版社, 2018.

[7] 黄达海, 杨生虎. 碾压混凝土上下层结合面上初始温度赋值方法研究[J]. 水力发电学报, 1999(3):25-34.

[8] 朱伯芳. 大体积混凝土温度应力与温度控制[M]. 北京:中国电力出版社, 1999.

[9] 张大发. 水库水温分析及估算[J]. 水文, 1984(1):21-29.

[10] 朱伯芳. 库水温度估算[J]. 水利学报,1985(2):14-23.

[11] 李怀恩. 分层型水库的垂向水温分布公式[J]. 水利学报,1993(2):43-49.

[12] 涂启华,杨赉斐. 泥沙设计手册(精)[M]. 北京:中国水利水电出版社, 2006.

[13] 高政国, 黄达海, 赵国藩. 碾压混凝土的正交异性损伤本构模型研究[J]. 水利学报, 2001(5):58-64.

[14] Sidoroff F. Description of anisotropic damage application to elasticity [J]. Physical Non-Linearities in Structural Analysis. Springer Berlin Heidelberg, 1981,237-244.

[15] 江见鲸. 钢筋混凝土结构非线性有限元分析[M]. 西安:陕西科学技术出版社, 1994.
[16] Peng J, Zhao G, Zhu Y. Studies of multiaxial shear strength for roller-compacted Concrete[J]. Structural Journal, 1997, 94(2): 114-123.
[17] 高路彬. 混凝土变形与损伤的分析[J]. 力学进展, 1993, 23(4): 510-519.
[18] 王金来. 基于虚拟裂缝模型的混凝土断裂参数[D]. 大连:大连理工大学, 1999.
[19] Lemaitre J. Evalution of dissipation and damage in metals submitted to dynamic loading[C]// International Conference of Mechanical Behavior of Materials. 1971.
[20] Mazars J. Mechanical damage and fracture of concrete structure, advances in fracture mechanics[D]. Francoic Pergamon, Oxford. 4, 1982, 1502-1509.

第3章　混凝土徐变理论

混凝土徐变与应力历史密切相关,是一种受龄期影响具有延迟效应的本构行为。在早龄期混凝土温度应力中徐变作用不可忽视,同时与历史应力相关的特性使徐变问题成为混凝土温度应力仿真及计算的难点。本章主要内容包括混凝土徐变的基本概念和理论模型,以及常用的徐变计算的增量法与全量法,同时介绍了混凝土双功能徐变函数和徐变连续阻尼谱等一些理论研究。本章内容为混凝土徐变计算方法研究和应用提供基础。

3.1　混凝土的徐变

混凝土材料在长期荷载作用下,变形会随时间延长而增加,这种现象称为徐变(金属材料的这种现象通常称作蠕变)。混凝土的徐变通常表现为前期增长较快,而后逐渐变缓,经过2~5年后趋于稳定。一般认为,引起混凝土徐变的原因主要有两个:一是外荷载引起的应力较大时,混凝土材料包含具有黏性流动性质的水泥凝胶体,在荷载长期作用下产生黏性流动;二是外荷载引起的应力较大时,混凝土中微裂缝在荷载长期作用下持续延伸和发展。

单向受力条件下,混凝土材料的总应变 $\varepsilon(t)$ 可表达为随时间 t 变化的函数[1]:

$$\varepsilon(t)=\varepsilon^{e}(t)+\varepsilon^{c}(t)+\varepsilon^{s}(t)+\varepsilon^{T}(t)+\varepsilon^{0}(t) \tag{3-1}$$

式中　$\varepsilon^{e}(t)$——应力引起的瞬时应变,当应力与强度之比不超过0.5时,它是线弹性的;

$\varepsilon^{c}(t)$——徐变应变(简称徐变),它与应力水平、加荷龄期及荷载持续时间有关;

$\varepsilon^{s}(t)$——干缩应变,它是混凝土中水分损失所引起的变形;

$\varepsilon^{T}(t)$——温度应变,由温度变化引起;

$\varepsilon^{0}(t)$——混凝土的自生体积变形。

在式(3-1)所表达的总应变中,$\varepsilon^{e}(t)$ 和 $\varepsilon^{c}(t)$ 与应力相关,$\varepsilon^{s}(t)$、$\varepsilon^{T}(t)$ 和 $\varepsilon^{0}(t)$ 与应力无关。

混凝土的徐变会显著影响结构的受力性能。徐变带来的应力松弛能缓解结构的局部应力集中,支座沉陷引起的结构应力也会因材料的徐变作用而减小,这通常对混凝土结构安全是有利的。同时,徐变对混凝土结构也有不利影响,如徐变也可使结构的变形增大;徐变带来的应力松弛还会导致预应力构件的预应力损失。

3.1.1　常应力作用下混凝土的徐变

在混凝土龄期为 τ 时施加单向应力荷载 $\sigma(\tau)$ 并保持不变。加载瞬时产生的弹性应变[见图3-1(a)]为

$$\varepsilon^{e}(\tau)=\frac{\sigma(\tau)}{E(\tau)} \tag{3-2}$$

式中　$E(\tau)$——混凝土龄期为 τ 时的弹性模量。

在应力值 $\sigma(\tau)$ 恒定不变条件下，随着时间的延长，应变还将不断增加，这一部分随着时间而增加的应变即为徐变。试验资料表明，当应力不超过强度的一半时，徐变与应力之间保持线性关系，徐变可表达为

$$\varepsilon^c(t)=\sigma(\tau)C(t,\tau) \tag{3-3}$$

式中　$C(t,\tau)$——徐变度，其物理含义是混凝土龄期为 τ 时施加单位应力，在时间 t 时产生的徐变。徐变度的量纲为 MPa^{-1}。

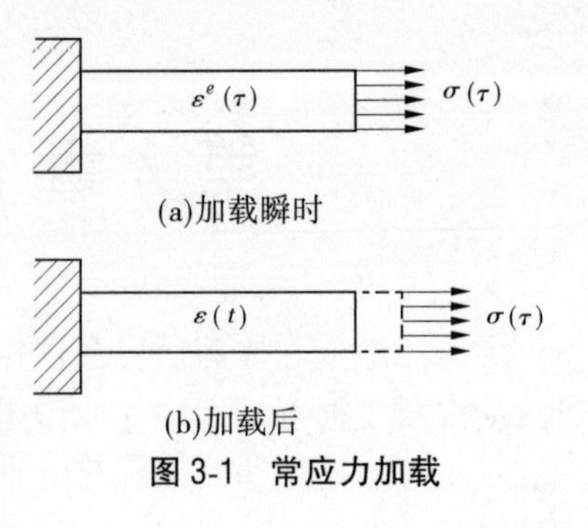

图 3-1　常应力加载

由弹性应变和徐变引起的混凝土的总应变[见图 3-1(b)]可表达为

$$\varepsilon(t)=\varepsilon^e(\tau)+\varepsilon^c(t)=\frac{\sigma(\tau)}{E(\tau)}+\sigma(\tau)C(t,\tau)=\sigma(\tau)J(t,\tau) \tag{3-4}$$

其中

$$J(t,\tau)=\frac{1}{E(\tau)}+C(t,\tau) \tag{3-5}$$

$J(t,\tau)$ 称为徐变柔量，其量纲为 MPa^{-1}。

混凝土徐变柔量 $J(t,\tau)$ 也可表示为

$$J(t,\tau)=\frac{1+\varphi(t,\tau)}{E(\tau)} \tag{3-6}$$

其中

$$\varphi(t,\tau)=E(\tau)C(t,\tau)=\frac{C(t,\tau)}{1/E(\tau)} \tag{3-7}$$

式中　$\varphi(t,\tau)$——徐变系数，它表达了徐变度与单位应力下弹性应变的比值。

徐变柔量的倒数称为持续弹性模量或有效弹性模量，记作 $E^*(t,\tau)$：

$$E^*(t,\tau)=\frac{1}{J(t,\tau)}=\frac{E(\tau)}{1+\varphi(t,\tau)}=\frac{E(\tau)}{1+E(\tau)C(t,\tau)} \tag{3-8}$$

徐变系数 $\varphi(t,\tau)$ 与有效弹性模量 $E^*(t,\tau)$ 的关系可表示为

$$\varphi(t,\tau)=\frac{E(\tau)}{E^*(t,\tau)}-1 \tag{3-9}$$

3.1.2　常应变作用下混凝土的应力松弛

混凝土的应力松弛是指在维持恒定的变形条件下材料应力随时间延长而逐渐衰减的现象[2]。混凝土的应力松弛与徐变在本质上是相同的，可以把应力松弛看作应力不断降低的“多级”徐变(见图 3-2)。

设混凝土试件在龄期 τ 时受到强制边界约束作用，并维持恒定的应变为 $\varepsilon(\tau)$。施加约束瞬时如图 3-3(a)所示，产生的弹性应力为

$$\sigma(\tau)=E(\tau)\varepsilon(\tau) \tag{3-10}$$

混凝土试件受到强迫变形后，在恒定应变 $\varepsilon(\tau)$ 的作用下，混凝土中的应力 $\sigma(t)$ 将随着时间的延长而逐渐衰减，如图3-3(b)所示，任意时间 t 时的松弛应力为

$$\sigma(t) = R(t,\tau)\varepsilon(\tau) \tag{3-11}$$

式中　$R(t,\tau)$——混凝土的松弛模量，其物理含义是混凝土龄期为 τ 时施加单位应变，在时间 t 时刻的应力。

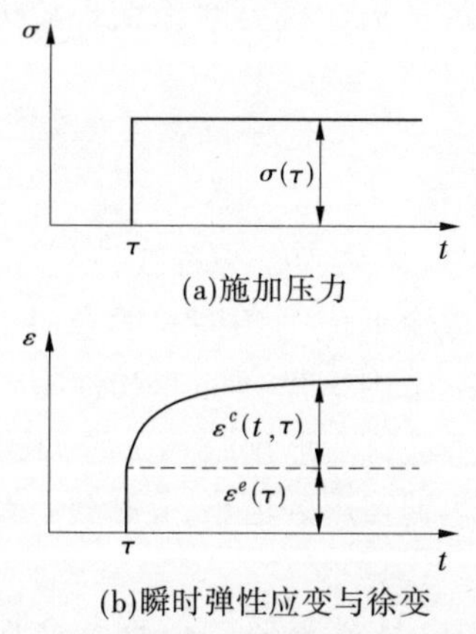

图3-2　常应力作用下混凝土的徐变

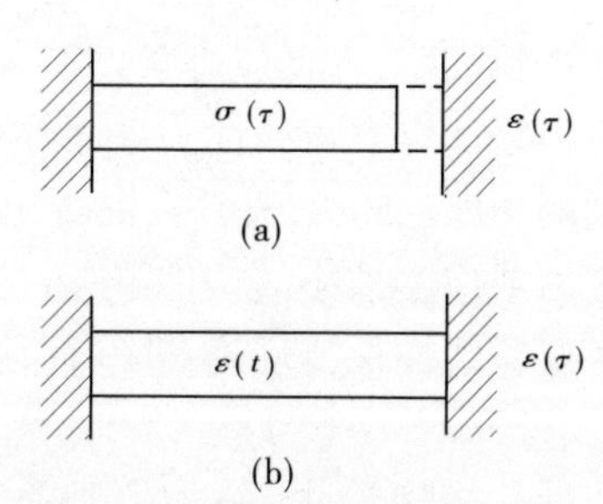

图3-3　施加常应变强制边界约束

松弛模量 $R(t,\tau)$ 与弹性模量 $E(\tau)$ 的比值称为松弛系数 $K(t,\tau)$，计算如下：

$$K(t,\tau) = \frac{R(t,\tau)}{E(\tau)} \tag{3-12}$$

将式(3-11)与式(3-10)两端做比值，可以得到

$$\frac{\sigma(t)}{\sigma(\tau)} = \frac{R(t,\tau)}{E(\tau)} \tag{3-13}$$

对比式(3-12)，显然 $\sigma(t)$ 与 $\sigma(\tau)$ 的比值也是松弛系数，即

$$K(t,\tau) = \frac{\sigma(t)}{\sigma(\tau)} \tag{3-14}$$

松弛模量 $R(t,\tau)$ 和松弛系数 $K(t,\tau)$，可以直接由混凝土温度试验机的松弛试验获得(温度试验机方法详见本书第4章)。方法原理主要是在龄期 τ 时加载，使混凝土产生应变 $\varepsilon(\tau)$(见图3-4)，然后不断调整荷载，使应变保持为常量，试件中的应力逐渐减小，$\sigma(t)$ 与 $\sigma(\tau)$ 的比值即为松弛系数。松弛试验系统比较复杂，温度试验机对加载及位移控制系统要求较高，而徐变试验系统相对要易于实现。因此，可以通过徐变试验获得数据，再通过计算求出松弛模量和松弛系数。

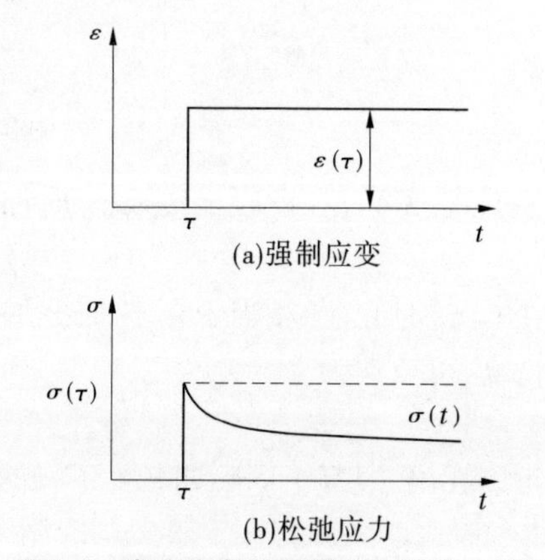

图3-4　常应变条件下混凝土的应力松弛

3.2 混凝土徐变的计算理论

在实际工程中，应力水平常常会发生变化，混凝土的徐变特性也会随着龄期发生改变，使得混凝土的徐变现象十分复杂。当前混凝土徐变在机制上仍缺乏足够深入的认识，相关的理论研究主要是基于徐变试验数据基础，建立数学力学模型对徐变现象进行唯象的解释。

3.2.1 叠加原理

试验资料表明，在低应力条件下，混凝土徐变可近似地认为是一种线性变形，即徐变变形与应力之间存在着线性关系，服从叠加原理[3]。这个低应力条件一般指应力低于混凝土强度的40%~50%，通常在混凝土的工作应力范围之内。徐变的非线性特性通常发生在高应力或应变减小的条件下，需要非线性徐变模型进行变形预测。目前，工程上应用较多的主要是线性徐变理论，非线性徐变理论还没有达到实用的地步，有待进一步研究深入。

在线性徐变理论中，叠加原理是最基本的原理，也是最重要的原理。叠加原理如图3-5所示。

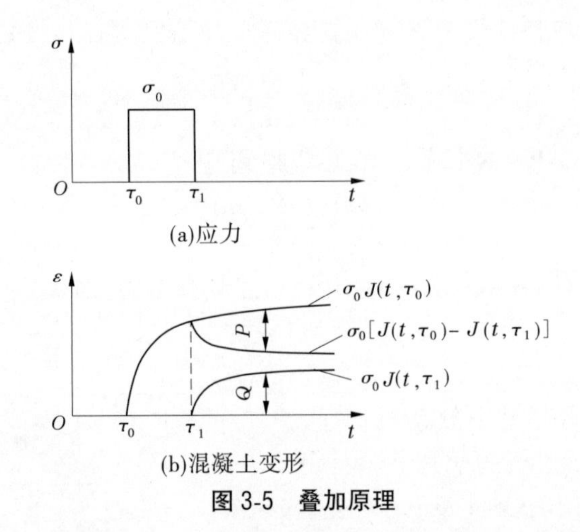

(a)应力

(b)混凝土变形

图3-5 叠加原理

根据式(3-4)，在混凝土龄期 τ_0 时加载常应力 σ_0，在时间 t 的总应变为

$$\varepsilon(t) = \sigma_0 J(t, \tau_0)$$

在 $t=\tau_1$ 时卸荷，相当于在 τ_1 时叠加应力增量 $-\sigma_0$，按照叠加原理，卸载后的应变称作徐变恢复，可表达为

$$\sigma_0[J(t,\tau_0) - J(t,\tau_1)] \tag{3-15}$$

可以看出，混凝土同龄期条件下，卸载或加载相同的应力增量，引起的应变变化值大小相等，即

$$P = Q \tag{3-16}$$

因此，基于叠加原理可以建立混凝土徐变和应力松弛过程的物理方程。

3.2.1.1　混凝土徐变过程

混凝土徐变过程可通过应力增量叠加的方式计算变应力情况下的混凝土的总应变。

设混凝土在龄期内的应力变化函数为 $\sigma(t)$,在 τ 时刻 $\mathrm{d}\tau$ 时间间隔内的应力增量

$$\mathrm{d}\sigma(\tau)=\sigma'(\tau)\mathrm{d}\tau \tag{3-17}$$

应力增量 $\mathrm{d}\sigma(\tau)$ 引起的应变增量可表达为

$$\mathrm{d}\varepsilon(\tau)=J(t,\tau)\mathrm{d}\sigma(\tau)=J(t,\tau)\sigma'(\tau)\mathrm{d}\tau \tag{3-18}$$

按照积分原理,龄期从 τ_0 到 t 的混凝土,累积的应变增量为

$$\int_{\tau_0}^{t}\mathrm{d}\varepsilon(\tau)=\int_{\tau_0}^{t}J(t,\tau)\mathrm{d}\sigma(\tau)=\int_{\tau_0}^{t}J(t,\tau)\sigma'(\tau)\mathrm{d}\tau \tag{3-19}$$

若 τ_0 时刻的初始应力 $\sigma(\tau_0)$ 不为零,则初始应力 $\sigma(\tau_0)$ 引起的应变为

$$\sigma(\tau_0)J(t,\tau_0) \tag{3-20}$$

若考虑存在与应力无关的应变 $\varepsilon_0(t)$,则混凝土总应变可表示为

$$\begin{aligned}\varepsilon(t)-\varepsilon_0(t)&=\sigma(\tau_0)J(t,\tau_0)+\int_{\tau_0}^{t}J(t,\tau)\mathrm{d}\sigma(\tau)\\&=\sigma(\tau_0)J(t,\tau_0)+\int_{\tau_0}^{t}J(t,\tau)\sigma'(\tau)\mathrm{d}\tau\end{aligned} \tag{3-21}$$

式(3-21)为基于叠加原理建立的混凝土线性徐变的物理方程。通过不同的徐变柔量 $J(t,\tau)$ 形式,可建立不同的线性徐变理论模型。

3.2.1.2　应力松弛过程

混凝土徐变与应力松弛的物理本质相同,可采用类似的方法建立变应变条件下的混凝土应力松弛过程。

设混凝土在龄期内的应变变化函数为 $\varepsilon(t)$,在 τ 时刻 $\mathrm{d}\tau$ 时间间隔内的应变增量

$$\mathrm{d}\varepsilon(\tau)=\varepsilon'(\tau)\mathrm{d}\tau \tag{3-22}$$

应变增量 $\mathrm{d}\varepsilon(\tau)$ 引起的应力松弛变化量可表达为

$$\mathrm{d}\sigma(\tau)=R(t,\tau)\mathrm{d}\varepsilon(\tau)=R(t,\tau)\varepsilon'(\tau)\mathrm{d}\tau \tag{3-23}$$

按照积分原理,龄期从 τ_0 到 t 的混凝土,累积的应力松弛总量为

$$\int_{\tau_0}^{t}\mathrm{d}\sigma(\tau)=\int_{\tau_0}^{t}R(t,\tau)\mathrm{d}\varepsilon(\tau)=\int_{\tau_0}^{t}R(t,\tau)\varepsilon'(\tau)\mathrm{d}\tau \tag{3-24}$$

若 τ_0 时刻的初始应变 $\varepsilon(\tau_0)$ 不为零,则初始应变 $\varepsilon(\tau_0)$ 引起的应力为 $\varepsilon(\tau_0)R(t,\tau_0)$。则混凝土总应力可表示为

$$\begin{aligned}\sigma(t)&=\varepsilon(\tau_0)R(t,\tau_0)+\int_{\tau_0}^{t}R(t,\tau)\mathrm{d}\varepsilon(\tau)\\&=\varepsilon(\tau_0)R(t,\tau_0)+\int_{\tau_0}^{t}R(t,\tau)\varepsilon'(\tau)\mathrm{d}\tau\end{aligned} \tag{3-25}$$

式(3-25)为基于叠加原理建立的混凝土应力松弛过程的物理方程。

3.2.2　徐变柔量与松弛模量的关系

由于混凝土徐变与应力松弛在物理本质上是相同的,因此徐变柔量 $J(t,\tau)$ 与应力松弛模量 $R(t,\tau)$ 是对应关系,只要确定其中一个,另一个也可以被确定。

按照应力松弛模量的定义[式(3-11)],混凝土试件在龄期 τ 时受到强制边界约束作用,并维持恒定的应变为 $\varepsilon(\tau)=1$ 条件下,在任意时刻 t 的应力为

$$\sigma(t)=R(t,\tau) \tag{3-26}$$

用式(3-2)和式(3-21)表达这一状态,忽略与应力无关的应变 $\varepsilon_0(t)$,有

$$\varepsilon(\tau_0)=\frac{\sigma(\tau_0)}{E(\tau_0)}=1 \tag{3-27}$$

$$\varepsilon(t)=\sigma(\tau_0)J(t,\tau_0)+\int_{\tau_0}^{t}J(t,\tau)\sigma'(\tau)\mathrm{d}\tau=1 \tag{3-28}$$

随着时间延长,第一项应变逐渐增加,第二项应变逐渐减小,应力函数应该是逐步减小的,即 $\sigma'(\tau)<0$。

$$\mathrm{d}\varepsilon(t,\tau)=J(t,\tau)\sigma'(\tau)\mathrm{d}\tau$$

式中　$\mathrm{d}\varepsilon(t,\tau)$——由 τ 时刻加载 $\sigma'(\tau)\mathrm{d}\tau$,$t$ 时刻的混凝土应变增量。

此时,$\sigma'(\tau)\mathrm{d}\tau$ 为在龄期 τ 时刻的应力增量,这一刻的应力函数可以由初始时刻应力函数计算

$$\sigma(\tau)=R(\tau,\tau_0)\varepsilon(\tau_0)=R(\tau,\tau_0)$$

$$\sigma(\tau_0)=R(\tau_0,\tau_0)\varepsilon(\tau_0)=E(\tau_0)$$

将式(3-26)和式(3-27)代入式(3-28),有

$$E(\tau_0)J(t,\tau_0)+\int_{\tau_0}^{t}J(t,\tau)\frac{\mathrm{d}R(\tau,\tau_0)}{\mathrm{d}\tau}\mathrm{d}\tau=1 \tag{3-29}$$

根据式(3-29),给定徐变柔量 $J(t,\tau)$,可求出松弛模量 $R(t,\tau)$。

类似地,若定义 $\sigma(\tau)=1$,利用式(3-26),可以建立另一种关系形式:

$$\frac{R(t,\tau_0)}{E(\tau_0)}+\int_{\tau_0}^{t}R(t,\tau)\frac{\mathrm{d}J(\tau,\tau_0)}{\mathrm{d}\tau}\mathrm{d}\tau=1 \tag{3-30}$$

根据式(3-30),给定松弛模量 $R(t,\tau)$,可求出徐变柔量 $J(t,\tau)$。

松弛模量 $R(t,\tau)$ 和徐变柔量 $J(t,\tau)$ 的关系方程(3-29)和方程(3-30)难以直接求解,只能借助于数值方法求出。

3.2.3　常用的徐变计算方法

最早的徐变计算方法是 1916 年 McMillan 提出的有效模量法,后来研究者在此基础上进行了改进,提出了老化理论、弹性老化理论及弹性徐变理论等徐变理论计算方法。这些方法基本是通过使用徐变柔量或徐变度的形式进行混凝土的徐变分析。

混凝土的徐变现象还可以通过材料力学的黏弹性行为直接模拟。用弹簧、黏滞器等力学元件组合模拟混凝土的应力应变关系,如徐变系数的广义麦克斯韦模型或广义开尔文模型等。

基于弹性徐变理论计算方法的难点在于徐变物理方程(3-21)包含对历史的积分,算法过程需要记录应力历史,计算难度大。如何避免或减少对应力历史信息的存储,提高计算效率是徐变计算理论与计算方法研究面对的主要问题。下面介绍一下常见的徐变计算理论与方法。

3.2.3.1　龄期调整的有效模量法

龄期调整的有效模量法(age-adjusted effective modulus method,即AEMM法)也称TB法(Trost-bazant),是由Trost于1967年建立的,后来Bazant进行了改进。龄期调整的有效模量法可以与有限元法相结合,使得混凝土结构的徐变计算更为实用。龄期调整的有效模量法的建立过程如下。

按照式(3-21),不考虑其他非应力变形,混凝土徐变的物理方程表达为

$$\varepsilon(t)=\sigma(\tau_0)J(t,\tau_0)+\int_{\tau_0}^{t}J(t,\tau)\mathrm{d}\sigma(\tau) \tag{3-31}$$

由于公式中包含对历史应力的积分,不方便工程计算。利用式(3-6)对式(3-31)进行改写,可以得到

$$\varepsilon(t)=\sigma(\tau_0)\frac{1+\varphi(t,\tau_0)}{E(\tau_0)}+\int_{\tau_0}^{t}\frac{1+\varphi(t,\tau)}{E(\tau)}\mathrm{d}\sigma(\tau) \tag{3-32}$$

然后利用积分中值定理得到

$$\varepsilon(t)=\sigma(\tau_0)\frac{1+\varphi(t,\tau_0)}{E(\tau_0)}+[\sigma(t)-\sigma(\tau_0)]\frac{1+\varphi(t,\xi)}{E(\xi)} \tag{3-33}$$

式(3-33)中,$\tau_0\leqslant\xi\leqslant t$,即$0\leqslant\varphi(t,\xi)\leqslant\varphi(t,\tau_0)$,引入一个中值系数$\chi(t,\tau_0)$,使得

$$\frac{1+\varphi(t,\xi)}{E(\xi)}=\frac{1+\chi(t,\tau_0)\varphi(t,\tau_0)}{E(\tau_0)}$$

$\chi(t,\tau_0)$是与时间t有关的函数,称为老化函数。将上式代入式(3-33),得到

$$\varepsilon(t)=\sigma(\tau_0)\frac{1+\varphi(t,\tau_0)}{E(\tau_0)}+[\sigma(t)-\sigma(\tau_0)]\frac{1+\chi(t,\tau_0)\varphi(t,\tau_0)}{E(\tau_0)} \tag{3-34}$$

再定义

$$E_{\varphi}(t,\tau_0)=\frac{E(\tau_0)}{1+\chi(t,\tau_0)\varphi(t,\tau_0)} \tag{3-35}$$

代入式(3-34)并整理,最终得到混凝土徐变的物理方程

$$\varepsilon(t)=\sigma(\tau_0)\frac{1+\varphi(t,\tau_0)}{E(\tau_0)}+\frac{[\sigma(t)-\sigma(\tau_0)]}{E_{\varphi}(t,\tau_0)} \tag{3-36}$$

其中,$E_{\varphi}(t,\tau_0)$称为按龄期调整的有效模量。这样,中值定理改进后的方程(3-36)只与当前应力$\sigma(t)$和初始应力$\sigma(\tau_0)$有关,与应力历史无关。按龄期调整的有效模量法用于有限元分析时,不需要建立考虑应力历史的算法程序,大大节约了计算的时间成本,降低了计算难度。

按龄期调整的有效模量法是用老化函数$\chi(t,\tau_0)$来考虑混凝土老化对最终徐变值的影响,计算的精度取决于老化函数的选取是否合理[4]。

下面讨论老化函数$\chi(t,\tau_0)$的选取问题。由物理方程(3-34),可得

$$\chi(t,\tau_0)=\frac{\left[\varepsilon(t)-\sigma(\tau_0)\dfrac{1+\varphi(t,\tau_0)}{E(\tau_0)}\right]E(\tau_0)}{[\sigma(t)-\sigma(\tau_0)]\varphi(t,\tau_0)}-\frac{1}{\varphi(t,\tau_0)} \tag{3-37}$$

用徐变柔量表达为

$$\chi(t,\tau_0)=\frac{[\varepsilon(t)-\sigma(\tau_0)J(t,\tau_0)]E(\tau_0)}{[\sigma(t)-\sigma(\tau_0)][J(t,\tau_0)E(\tau_0)-1]}-\frac{1}{J(t,\tau_0)E(\tau_0)-1} \tag{3-38}$$

可近似地假定应力历史 $\sigma(t)$ 来确定老化函数 $\chi(t,\tau_0)$。

例如,对于外荷载稳定的服役状态混凝土结构,变形无显著变化的情况,可根据式(3-38)用应力松弛过程应力确定老化函数 $\chi(t,\tau_0)$。

假定应变 $\varepsilon(\tau_0)=\varepsilon(t)=1$,则相应的 $\sigma(\tau_0)=E(\tau_0)$,$\sigma(t)=R(t,\tau_0)$,代入式(3-38),得

$$\chi(t,\tau_0)=\frac{[1-E(\tau_0)J(t,\tau_0)]E(\tau_0)}{[R(t,\tau_0)-E(\tau_0)][J(t,\tau_0)E(\tau_0)-1]}-\frac{1}{J(t,\tau_0)E(\tau_0)-1} \tag{3-39}$$

可通过确定松弛模量 $R(t,\tau)$ 和徐变柔量 $J(t,\tau)$ 来选取应力松弛条件下的老化函数 $\chi(t,\tau_0)$。Trost 利用应力松弛条件近似确定了 $\chi(t,\tau_0)=0.5\sim1$,建议取用 0.8。

有效模量法适用于应力变化不明显的老混凝土结构。对于施工期的早龄期混凝土计算误差较大。对于变化应力情况,应力递增会高估徐变变形,应力递减会低估徐变变形。

3.2.3.2 老化徐变理论

老化徐变理论又叫徐变速率法,它假设混凝土的徐变曲线具有(沿 ε 轴)"平行"的性质。如图 3-6 所示,$C(t,\tau)$ 是龄期 τ 时刻加荷持续到当前 t 时刻的徐变度;$C(t,\tau_0)$ 是龄期 τ_0 时刻加荷持续到当前 t 时刻的徐变;$C(\tau,\tau_0)$ 是由龄期 τ_0 时刻加荷持续到 τ 时刻的徐变。老化徐变曲线的"平行"关系可表达为

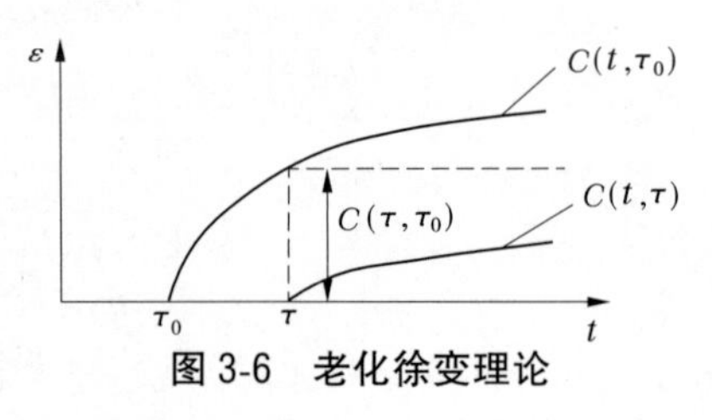

图 3-6 老化徐变理论

$$C(t,\tau)=C(t,\tau_0)-C(\tau,\tau_0) \tag{3-40}$$

对式(3-40)求导,有

$$\frac{\mathrm{d}C(t,\tau)}{\mathrm{d}t}=\frac{\mathrm{d}C(t,\tau_0)}{\mathrm{d}t} \tag{3-41}$$

可以看出,徐变度函数 $C(t,\tau)$ 曲线切线斜率(速率)只与 t 相关,与龄期 τ 无关,只需要定义一条关于时间 t 的徐变曲线 $C(t)$ 即可确定不同龄期的徐变度函数。

$$C(t,\tau)=C(t)-C(\tau) \tag{3-42}$$

按照老化徐变理论,徐变柔量函数为

$$J(t,\tau)=\frac{1}{E(\tau)}+C(t)-C(\tau) \tag{3-43}$$

应力函数 $\sigma(t)$ 作用下,总应变 $\varepsilon(t)$ 为

$$\varepsilon(t)=\sigma(\tau_0)\left[\frac{1}{E(\tau_0)}+C(t)\right]+\int_{\tau_0}^{t}\left[\frac{1}{E(\tau)}+C(t)-C(\tau)\right]\mathrm{d}\sigma(\tau) \tag{3-44}$$

整理得到

$$\varepsilon(t)=\sigma(\tau_0)\left[\frac{1}{E(\tau_0)}+C(t)\right]+\left[\sigma(t)-\sigma(\tau_0)\right]C(t)+$$

$$\int_{\tau_0}^{t}\left[\frac{1}{E(\tau)}-C(\tau)\right]\mathrm{d}\sigma(\tau)$$

$$=\frac{\sigma(\tau_0)}{E(\tau_0)}+\sigma(t)C(t)+\int_{\tau_0}^{t}\left[\frac{1}{E(\tau)}-C(\tau)\right]\mathrm{d}\sigma(\tau) \tag{3-45}$$

式(3-45)右端第二项表达了 t 时刻施加应力 $\sigma(t)$ 同时产生的徐变,因此

$$\sigma(t)C(t)=0 \tag{3-46}$$

将式(3-45)右端第三项做分部积分,得

$$\begin{aligned}&\int_{\tau_0}^{t}\left[\frac{1}{E(\tau)}-C(\tau)\right]\mathrm{d}\sigma(\tau)\\&=\left\{\left[\frac{1}{E(\tau)}-C(\tau)\right]\sigma(\tau)\right\}_{\tau_0}^{t}-\int_{\tau_0}^{t}\sigma(\tau)\frac{\mathrm{d}}{\mathrm{d}\tau}\left[\frac{1}{E(\tau)}-C(\tau)\right]\\&=\frac{\sigma(t)}{E(t)}-\frac{\sigma(\tau_0)}{E(\tau_0)}-\int_{\tau_0}^{t}\sigma(\tau)\frac{\mathrm{d}}{\mathrm{d}\tau}\left[\frac{1}{E(\tau)}-C(\tau)\right]\mathrm{d}\tau\end{aligned} \tag{3-47}$$

将式(3-47)和式(3-46)代入式(3-45)得到

$$\varepsilon(t)=\frac{\sigma(t)}{E(t)}-\int_{\tau_1}^{t}\sigma(\tau)\frac{\mathrm{d}}{\mathrm{d}\tau}\left[\frac{1}{E(\tau)}-C(\tau)\right]\mathrm{d}\tau \tag{3-48}$$

这是老化徐变理论的基本物理方程,可简写为

$$\varepsilon(t)=\frac{\sigma(t)}{E(t)}+\int_{\tau_1}^{t}\sigma(\tau)\xi(\tau)\mathrm{d}\tau \tag{3-49}$$

积分核 $\xi(\tau)$ 为

$$\xi(\tau)=-\frac{\mathrm{d}}{\mathrm{d}\tau}\left[\frac{1}{E(\tau)}-C(\tau)\right] \tag{3-50}$$

老化徐变理论的优势是其物理方程积分项中的被积函数不包含时间 t,对很多简单问题都可以求出解析解,当混凝土应力单调减小且变化不大时,该理论可计算得到较好的结果。但老化徐变理论模型没有可恢复徐变,这与试验结果不符;当应力变化剧烈时,该理论的计算结果与试验结果相差较大,目前该方法已很少应用。

3.2.3.3　弹性徐变计算的增量法与全量法

在混凝土工程有限元模拟中,最常用的徐变算法是增量法与全量法。

1. 增量法

增量法是将荷载以增量的形式作用于结构,将荷载增量引起的变形进行叠加,得到最终的变形结果。增量法的算法是基于应力增量表达的徐变物理方程建立的。

式(3-21)是基于应力增量表达的徐变物理方程,不考虑非应力应变的影响,总应变表达为

$$\begin{aligned}\varepsilon(t)&=\sigma(\tau_0)J(t,\tau_0)+\int_{\tau_0}^{t}J(t,\tau)\sigma'(\tau)\mathrm{d}\tau\\&=\varepsilon_0(t)+\Delta\varepsilon(t)\end{aligned} \tag{3-51}$$

式中　$\sigma(\tau_0)J(t,\tau_0)$——初始应力引起的 t 时刻的应变;

$\int_{\tau_0}^{t}J(t,\tau)\sigma'(\tau)\mathrm{d}\tau$——历史应力引起的 t 时刻的应变增量。

按积分定义,积分项可表达为

$$
\begin{aligned}
&\int_{\tau_0}^{t} J(t,\tau)\sigma'(\tau)\mathrm{d}\tau \\
&=\lim_{n\to\infty}\sum_{i=1}^{n} J\left[t,\tau_0+\frac{i}{n}(t-\tau_0)\right]\sigma'\left[\tau_0+\frac{i}{n}(t-\tau_0)\right]\frac{(t-\tau_0)}{n} \\
&=\lim_{\substack{n\to\infty\\ \Delta\tau\to 0}}\sum_{i=1}^{n} J(t,\tau_i)\sigma'(\tau_i)\Delta\tau \\
&=\lim_{\substack{n\to\infty\\ \Delta\sigma\to 0}}\sum_{i=1}^{n} J(t,\tau_i)\Delta\sigma_i
\end{aligned}
\tag{3-52}
$$

式(3-52)表达了应力增量取无限小时积分公式的理论解。当时间增量 $\Delta\tau$ 取为有限小时,即 n 趋近一个大值 N,应力增量 $\Delta\sigma_i$ 可计算为有限小。$\Delta\tau$ 也可取为不等步长的 $\Delta\tau_i$。时间增量 $\Delta\tau_i$ 内徐变柔量和应力可用中值龄期 $\bar{\tau}_i=(\tau_i+\tau_{i-1})/2\tau_i$ 的值近似,建立增量法表达

$$
\varepsilon(t)=\sigma(\tau_0)J(t,\tau_0)+\sum_{i=1}^{N} J(t,\bar{\tau}_i)\sigma'(\bar{\tau}_i)\Delta\tau_i \tag{3-53}
$$

图 3-7 以应力增量累加的形式表达了应力函数 $\sigma(\tau)$ 在 $[\tau_0,t]$ 内的变化。可以看出,增量法中总应变是按照应力增量 $\Delta\sigma(\tau_i)$ 引起的应变进行累加得到的。

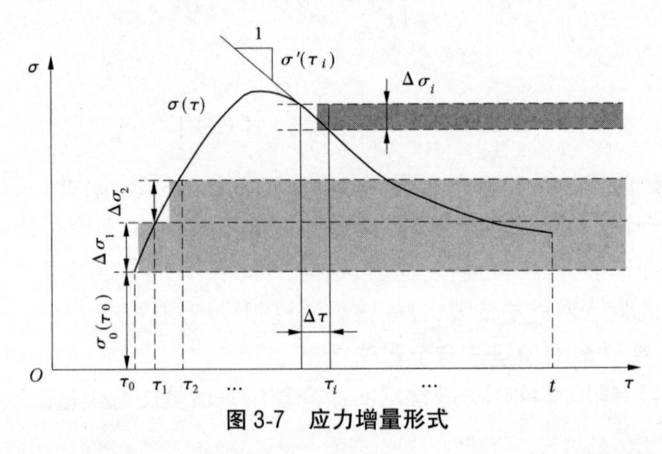

图 3-7　应力增量形式

增量法表达式(3-53)中包含历史应力,在徐变计算中,每一步计算中都要计算历史应力带来的徐变。为避免大规模存储历史应力,将徐变度函数采用指数形式表达,可建立一组徐变增量的递推表达式,避免存储历史应力,以降低计算难度。增量法的递推算法将在下一节详细介绍。

2. 全量法

全量理论的基本原理是把荷载全部作用于结构,然后基于徐变柔量随龄期的变化调整位移变化,最终得到徐变变形结果。全量法是基于应力全量(冲量)表达的徐变物理方程建立的。

首先根据式(3-21)建立应力全量(冲量)表达的徐变物理方程。

$$
\varepsilon(t)-\varepsilon^0(t)=\sigma(\tau_0)J(t,\tau_0)+\int_{\tau_0}^{t} J(t,\tau)\mathrm{d}\sigma(\tau) \tag{3-54}
$$

将式(3-54)右端积分项进行分部积分,得到

$$\varepsilon(t)-\varepsilon^0(t)=\sigma(\tau_0)J(t,\tau_0)+\sigma(t)J(t,t)-\sigma(\tau_0)J(t,\tau_0)-\int_{\tau_0}^{t}\sigma(\tau)\frac{\partial J(t,\tau)}{\partial\tau}\mathrm{d}\tau$$

其中,$J(t,t)=\dfrac{1}{E(t)}$,代入整理得到

$$\varepsilon(t)-\varepsilon^0(t)=\frac{\sigma(t)}{E(t)}-\int_{\tau_0}^{t}\sigma(\tau)\frac{\partial J(t,\tau)}{\partial\tau}\mathrm{d}\tau \tag{3-55}$$

记$\dfrac{\partial J(t,\tau)}{\partial\tau}=-L(t,\tau)$,则有

$$\varepsilon(t)-\varepsilon^0(t)=\frac{\sigma(t)}{E(t)}+\int_{\tau_0}^{t}\sigma(\tau)L(t,\tau)\mathrm{d}\tau \tag{3-56}$$

这里 $L(t,\tau)$代表单位应力冲量在时间 t 引起的应变,可被称为应力冲量记忆函数。式(3-55)或式(3-56)即为应力全量(冲量)表达的徐变物理方程。

忽略其他非应力变形,对于龄期很大的混凝土,$E(t)=E,L(t,\tau)=L(t-\tau)$,方程(3-56)退化为

$$\varepsilon(t)=\frac{\sigma(t)}{E}+\int_{\tau_0}^{t}\sigma(\tau)L(t-\tau)\mathrm{d}\tau \tag{3-57}$$

这就是著名的鲍尔茨曼(L. Boltzmann)继效方程。

不考虑非应力应变的影响,式(3-55)改写为

$$\varepsilon(t)=\frac{\sigma(t)}{E(t)}-\int_{\tau_0}^{t}\sigma(\tau)\frac{\partial J(t,\tau)}{\partial\tau}\mathrm{d}\tau \tag{3-58}$$

式中　$\dfrac{\sigma(t)}{E(t)}$——t 时刻应力引起的弹性应变;

$-\displaystyle\int_{\tau_0}^{t}\sigma(\tau)\frac{\partial J(t,\tau)}{\partial\tau}\mathrm{d}\tau$—— 历史应力引起的 t 时刻的应变调整。

按积分定义,积分项表达为

$$\begin{aligned}&\int_{\tau_0}^{t}\sigma(\tau)\frac{\partial J(t,\tau)}{\partial\tau}\mathrm{d}\tau\\&=\lim_{n\to\infty}\sum_{i=1}^{n}\sigma\left[\tau_0+\frac{i}{n}(t-\tau_0)\right]\frac{\partial J\left[t,\tau_0+\frac{i}{n}(t-\tau_0)\right]}{\partial\tau}\frac{(t-\tau_0)}{n}\\&=\lim_{\substack{n\to\infty\\\Delta\tau\to0}}\sum_{i=1}^{n}\sigma(\tau_i)\frac{\partial J(t,\tau_i)}{\partial\tau}\Delta\tau\\&=\lim_{\substack{n\to\infty\\\Delta\sigma\to0}}\sum_{i=1}^{n}\sigma(\tau_i)\Delta J(t,\tau_i)\end{aligned}$$

式(3-58)表达了持续时间趋于 0 的应力全量(冲量)下,徐变柔量变化带来的变形调整。类似于式(3-53),当时间增量 $\Delta\tau$ 取有限小时,即 n 趋近一个大值 N,可建立应用于数值计算的全量法表达

$$\varepsilon(t)=\frac{\sigma(t)}{E(t)}-\sum_{i=1}^{n}\sigma(\bar{\tau}_i)\frac{\partial J(t,\bar{\tau}_i)}{\partial\tau}\Delta\tau_i \tag{3-59}$$

图 3-8 是以应力全量(冲量)的形式表达了应力函数 $\sigma(\tau)$ 在 $[\tau_0,t]$ 内的变化。可以看出,全量法中总应变是通过累加历史应力冲量 $\sigma(\tau_i)$ 引起的应变不断调整当前时刻应力 $\sigma(t)$ 引起的应变得到的。

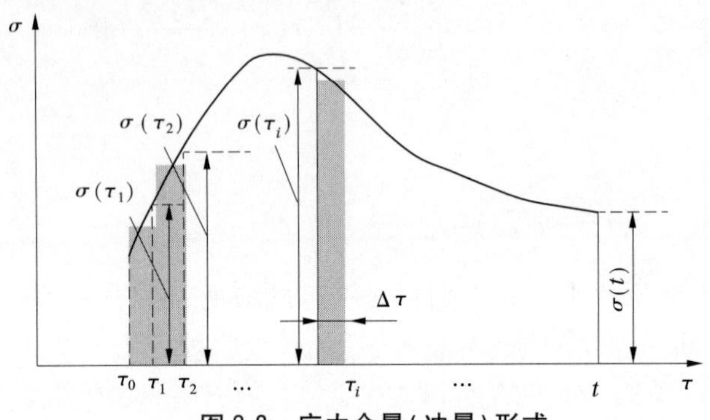

图 3-8　应力全量(冲量)形式

同增量法一样,全量法算法式(3-59)中包含历史应力,在徐变计算中,每一步都要计算历史应力带来的徐变。利用指数型徐变度函数的特点,可建立递推公式,避免大规模的历史应力存储。

在弹性徐变增量法理论中,计算卸载后的徐变恢复等同于叠加一个值为负的荷载增量作用。对于老混凝土,弹性模量不发生变化,徐变是可完全恢复的。对于早龄期混凝土,弹性模量随龄期大幅增加,当出现卸载龄期后的徐变柔量超出加载龄期时徐变柔量的情况,完全卸载可能会出现徐变恢复后变形为负的情况,这是不合理的。对于应力卸载幅度大的早龄期混凝土,弹性徐变理论会低估徐变变形。

3.2.3.4　黏弹性流变模型方法

虽然对混凝土的徐变机制缺乏足够的认识,但从其徐变力学行为来看可以用流变模型近似表达。流变模型是利用弹簧、黏滞器等力学元件进行串并联组合得到的。两种最基本的流变模型是 Maxwell 模型(见图 3-9)和 Kelvin 模型(voigt 模型)(见图 3-10)。

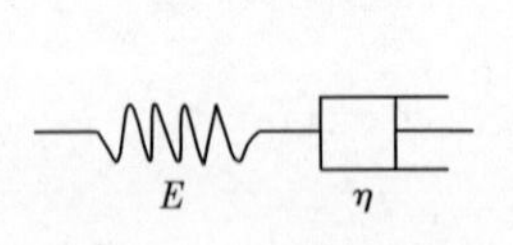

图 3-9　Maxwell 模型

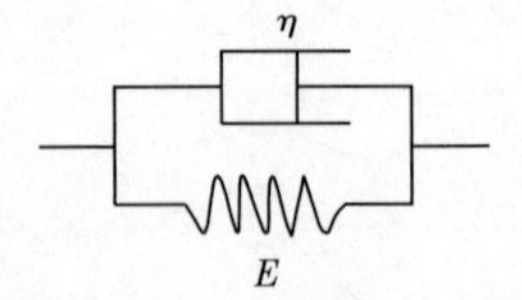

图 3-10　Kelvin 模型(voigt 模型)

前面介绍的徐变物理方程是通过时间积分表达的,而流变模型通过对时间的微分建立本构的表达。

弹簧代表理想弹性体,应力—应变关系表达为

$$\varepsilon=\sigma/E$$

式中　E——弹性模量。

黏滞器代表黏滞流体,应力—应变关系表达为

$$\sigma = \eta\dot{\varepsilon}$$

式中　η——黏滞系数；

　　$\dot{\varepsilon}$——应变速率。

1. Maxwell 模型的徐变(蠕变)

Maxwell 模型通过串联的弹簧和黏壶表达(见图 3-11)，在应力 σ 作用下，弹簧和黏壶的应变分别为 ε_1、ε_2，总应变为

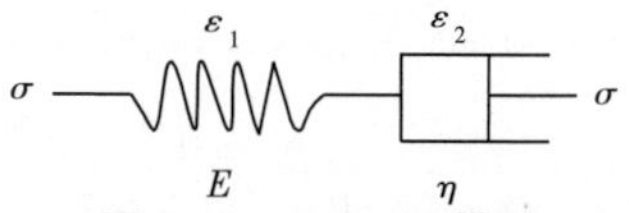

$$\varepsilon=\varepsilon_1+\varepsilon_2$$

图 3-11　Maxwell 模型

基本物理方程为

$$\dot{\varepsilon} = \dot{\varepsilon}_1 + \dot{\varepsilon}_2 = \frac{\dot{\sigma}}{E} + \frac{\sigma}{\eta} \tag{3-60}$$

式(3-60)是通过微分表达的 Maxwell 体物理方程，基于物理方程可建立徐变(蠕变)和应力松弛表达。

1)Maxwell 模型的徐变

Maxwell 模型物理方程(3-60)的通解为

$$\varepsilon(t) = \frac{\sigma(t)}{E} + \int\frac{\sigma(t)}{\eta}\mathrm{d}t + C_1 \tag{3-61}$$

其中 C_1 为任意常数。基于物理方程可建立徐变(蠕变)和应力松弛表达。

设施加常应力 $\sigma(t)=\sigma_0$，在 $t=0$ 时刻，初始条件为 $\varepsilon(0)=\dfrac{\sigma_0}{E}$，代入式(3-61)求解，得到 Maxwell 模型的徐变表达

$$\varepsilon(t) = \frac{\sigma_0}{E} + \frac{\sigma_0}{\eta}t = (\frac{1}{E} + \frac{t}{\eta})\sigma_0 = J(t)\sigma_0 \tag{3-62}$$

其中 $J(t)$ 为徐变柔量。

2)Maxwell 模型的应力松弛

设施加常应变 $\varepsilon(t)=\varepsilon_0$，由物理方程(3-60)改写为

$$\frac{\dot{\sigma}(t)}{E} + \frac{\sigma(t)}{\eta} = 0 \tag{3-63}$$

微分方程的通解为

$$\sigma(t)=C_1\mathrm{e}^{-Et/\eta}$$

其中 C_1 为任意常数。在 $t=0$ 时刻，引入初始条件为 $\sigma(0)=E\varepsilon_0$，有

$$\sigma(t) = E\varepsilon_0\mathrm{e}^{-Et/\eta} = R(t)\varepsilon_0 \tag{3-64}$$

式(3-64)即为 Maxwell 模型的应力松弛公式，其中 $R(t)$ 为松弛模量。

2. Kelvin 模型的徐变(蠕变)和应力松弛

Kelvin 模型通过并联的弹簧和黏壶表达(见图 3-12)。在总应力 σ 作用下，弹簧和黏壶的应力分别为 σ_1、σ_2，总

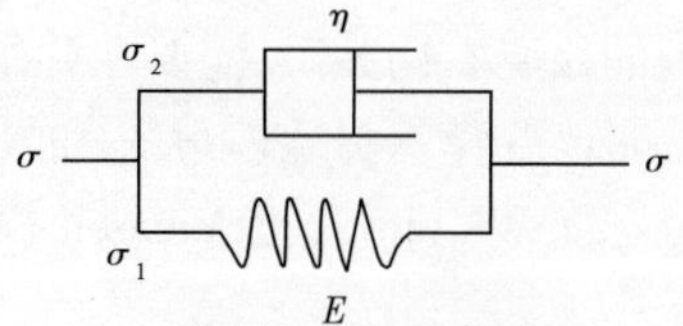

图 3-12　Kelvin 模型

应力为

$$\sigma=\sigma_1+\sigma_2=E\varepsilon+\eta\dot{\varepsilon} \tag{3-65}$$

式(3-65)即为Kelvin模型的基本物理方程。

1)Kelvin模型的徐变

方程(3-65)为一阶线性非齐次方程,相应的齐次方程为

$$E\varepsilon(t)+\eta\dot{\varepsilon}(t)=0 \tag{3-66}$$

其解为

$$\varepsilon(t)=C_1\mathrm{e}^{-Et/\eta}$$

其中 C_1 为任意常数,利用常数变异法,令

$$\varepsilon(t)=C_1(t)\mathrm{e}^{-Et/\eta} \tag{3-67}$$

代入原来的非齐次方程(3-65),计算得到 $C_1(t)=\frac{1}{\eta}\int_0^t\sigma(t)\mathrm{e}^{Et/\eta}\mathrm{d}t+C_2$,并代入式(3-67),得到Kelvin模型物理方程(3-65)的通解为

$$\varepsilon(t)=C_2\mathrm{e}^{-Et/\eta}+\frac{1}{\eta}\mathrm{e}^{-Et/\eta}\int_0^t\sigma(\tau)\mathrm{e}^{E\tau/\eta}\mathrm{d}\tau \tag{3-68a}$$

或

$$\varepsilon(t)=C_2\mathrm{e}^{-Et/\eta}+\frac{1}{\eta}\int_0^t\sigma(\tau)\mathrm{e}^{-E(t-\tau)/\eta}\mathrm{d}\tau \tag{3-68b}$$

其中 C_2 为任意常数,基于物理方程可建立徐变(蠕变)和应力松弛表达式。

设施加常应力 $\sigma(t)=\sigma_0$,在 $t=0$ 时刻,初始条件为 $\varepsilon(0)=0$,代入式(3-68)得到Kelvin模型的徐变表达

$$\varepsilon(t)=\frac{\sigma_0}{E}(1-\mathrm{e}^{-Et/\eta})=\frac{\sigma_0}{E}(1-\mathrm{e}^{-t/\tau'})=J(t)\sigma_0 \tag{3-69}$$

式中 $\tau'=\frac{\eta}{E}$——Kelvin延迟时间;

$J(t)$——徐变柔量。

2)Kelvin模型的应力松弛

Kelvin模型受力瞬时没有弹性变形,如果给定常应力 σ_0,待到某一时刻 t_1,维持一个恒定应变 $\varepsilon(t_1)=\varepsilon_0$,然后分析 $t>t_1$ 应力松弛情况。

当应变维持一个恒定值后,弹簧受力 $\sigma=\varepsilon_0/E$,且不再发生变化;黏滞器由于应变速率为零,承担的应力为零。这样Kelvin模型总应力不发生衰减。因此,Kelvin模型不能单独应用描述应力松弛现象。

可以看出,Maxwell模型和Kelvin模型虽然力学机制明确,但直接应用难以描述混凝土的徐变本构关系,需要在此基础上改进建立适合混凝土本构关系的流变模型。一种方法是改变弹簧弹性模量 E 和黏壶黏滞系数 η 为常数的假定,用随时间变化的函数来代替。如Whitney[5]把Maxwell模型[式(3-60)]变为

$$\dot{\varepsilon}(t)=\frac{\dot{\sigma}(t)}{E(t)}+\sigma(t)\dot{c}(t) \tag{3-70}$$

对式(3-70)进行积分,有

$$\varepsilon(t)-\varepsilon(0)=\int_0^t \frac{1}{E(\tau)}\frac{\mathrm{d}\sigma(\tau)}{\mathrm{d}\tau}\mathrm{d}\tau+\int_0^t \sigma(\tau)\frac{\mathrm{d}c(\tau)}{\mathrm{d}\tau}\mathrm{d}\tau \tag{3-71}$$

对等号右端第一项做分部积分

$$\int_0^t \frac{1}{E(\tau)}\frac{\mathrm{d}\sigma(\tau)}{\mathrm{d}\tau}\mathrm{d}\tau=\frac{\sigma(t)}{E(t)}-\frac{\sigma(0)}{E(0)}+\int_0^t \sigma(\tau)\frac{1}{\mathrm{d}\tau}\left[\frac{1}{E(\tau)}\right]\mathrm{d}\tau$$

并应用 $\varepsilon(0)=\dfrac{\sigma(0)}{E(0)}$条件,可以得到

$$\varepsilon(t)=\frac{\sigma(t)}{E(t)}+\int_0^t \sigma(\tau)\frac{1}{\mathrm{d}\tau}\left[\frac{1}{E(\tau)}-c(\tau)\right]\mathrm{d}\tau \tag{3-72}$$

可以看出,式(3-72)即为老化徐变理论公式(3-60)。但式(3-70)的假定缺乏足够的理论依据。

另外一种方法是用多个流变基本模型和组件组合,可以得到各种徐变流变模型,如 Burgers 模型、Hansen 模型、Fliigge 模型、Cowan 模型、Roll 模型、Powers 模型、Nerille 模型、Bjuggren 模型等[6]。

3. 开尔文标准线性固体模型

这里介绍一个典型的由弹簧-黏性元件并联后再与弹簧串联的力学模型,称为开尔文标准线性固体模型(见图 3-13)。

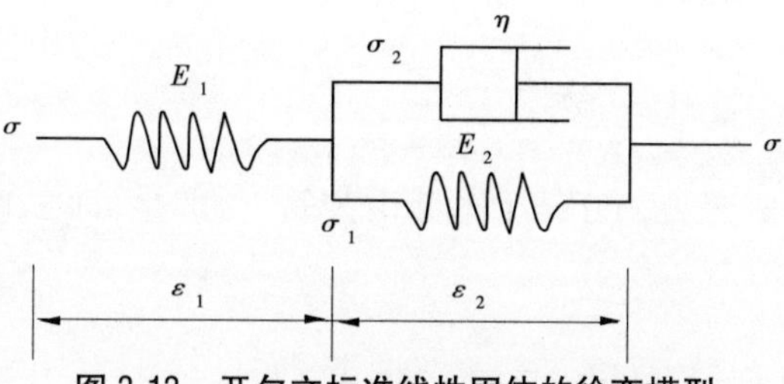

图 3-13　开尔文标准线性固体的徐变模型

组合模型中黏滞器的黏滞系数为 η,弹簧的刚度分别为 E_1、E_2(见图 3-13)。并联项是一个简单的 Kelvin 模型,其应力—应变关系为

$$\sigma=E_2\varepsilon_2+\eta\dot{\varepsilon}_2 \tag{3-73}$$

按照式(3-66),串联弹簧应变 $\sigma(t)/E_1$,组合模型的应力—应变表达为

$$\varepsilon(t)=\frac{\sigma(t)}{E_1}+C_2\mathrm{e}^{-E_2t/\eta}+\frac{1}{\eta}\int_0^t \sigma(\tau)\mathrm{e}^{-E_2(t-\tau)/\eta}\mathrm{d}\tau \tag{3-74}$$

常应力 $\sigma(t)=\sigma_0$ 条件下,代入式(3-74),得到组合模型的总应变为

$$\varepsilon(t)=\frac{\sigma_0}{E_1}+\frac{\sigma_0}{E_2}(1-\mathrm{e}^{-E_2t/\eta})=J(t)\sigma_0 \tag{3-75}$$

其中 $J(t)=\dfrac{1}{E_1}+\dfrac{1}{E_2}(1-\mathrm{e}^{-E_2t/\eta})$,为徐变柔量。

如果在 t_1 时刻卸载,等于此时刻施加$-\sigma_0$,卸载后的应变表达为

$$\varepsilon(t)=J(t)\sigma_0-J(t-t_1)\sigma_0$$

$$=\frac{\sigma_0}{E_2}(1-e^{-E_2t/\eta})-\frac{\sigma_0}{E_2}\left[1-e^{-E_2(t-t_1)/\eta}\right]$$

$$=\frac{\sigma_0}{E_2}\left[e^{-E_2(t-t_1)/\eta}-e^{-E_2t/\eta}\right]\quad(t>t_1)\tag{3-76}$$

下面求解组合模型的松弛模量。模型的应力平衡关系有

$$\sigma=E_2\varepsilon_2(t)+\eta\dot{\varepsilon}_2(t)=E_1\varepsilon_2(t)\tag{3-77}$$

总应变函数

$$\varepsilon(t)=\varepsilon_1(t)+\varepsilon_2(t)=1\tag{3-78}$$

将应变条件式(3-78)代入式(3-77),得到方程

$$\dot{\varepsilon}_2(t)+\frac{(E_2+E_1)}{\eta}\varepsilon_2(t)=\frac{E_1}{\eta}\tag{3-79}$$

方程形式与式(3-66)一样,方程的通解为

$$\varepsilon_2(t)=C_2e^{-(E_1+E_2)t/\eta}+\frac{E_1}{\eta}e^{-(E_1+E_2)t/\eta}\int_0^t e^{(E_1+E_2)\tau/\eta}d\tau$$

$$=C_2e^{-(E_1+E_2)t/\eta}+\frac{E_1}{\eta}e^{-(E_1+E_2)t/\eta}\left[\frac{\eta}{(E_1+E_2)}e^{(E_1+E_2)\tau/\eta}\right]_0^t$$

$$=C_2e^{-(E_1+E_2)t/\eta}+\frac{E_1}{(E_1+E_2)}e^{-(E_1+E_2)t/\eta}\left[e^{(E_1+E_2)t/\eta}-1\right]$$

$$=C_2e^{-(E_1+E_2)t/\eta}+\frac{E_1}{(E_1+E_2)}\left[1-e^{-(E_1+E_2)t/\eta}\right]\tag{3-80}$$

设当 $t=0$ 时,初始应变为 $\varepsilon(0)=1$ 全部由弹簧 E_1 产生,即 $\varepsilon_2(0)=0$,得到 $C_2=0$,则方程(3-80)为

$$\varepsilon_2(t)=\frac{E_1}{(E_1+E_2)}\left[1-e^{-(E_1+E_2)t/\eta}\right]\tag{3-81}$$

由式(3-78),得到

$$\varepsilon_1(t)=1-\frac{E_1}{(E_1+E_2)}\left[1-e^{-(E_1+E_2)t/\eta}\right]=\frac{E_2}{(E_1+E_2)}+\frac{E_1}{(E_1+E_2)}e^{-(E_1+E_2)t/\eta}$$

因此,按照式(3-77),组合模型的应力变化为

$$\sigma(t)=E_1\varepsilon_1(t)=\frac{E_1E_2}{E_1+E_2}+\frac{E_1^2}{E_1+E_2}e^{-(E_1+E_2)t/\eta}=R(t)\tag{3-82}$$

式(3-82)即为组合模型的松弛模量。

4. 广义 Maxwell 模型和广义 Kelvin 模型

把多个 Maxwell 模型并联在一起,可以建立广义 Maxwell 模型;把多个 Kelvin 模型串联在一起,可以建立广义 Kelvin 模型。这里给出广义 Maxwell 模型(见图 3-14)和广义 Kelvin 模型松弛模量(见图 3-15)及徐变柔量。

按照式(3-64),在单位常应变作用下,第 i 个 Maxwell 体的应力为

$$\sigma_i(t)=E_ie^{-E_it/\eta_i}$$

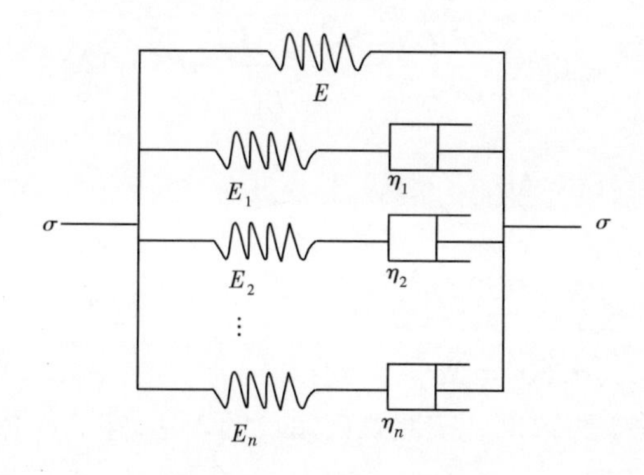

图 3-14　广义 Maxwell 模型

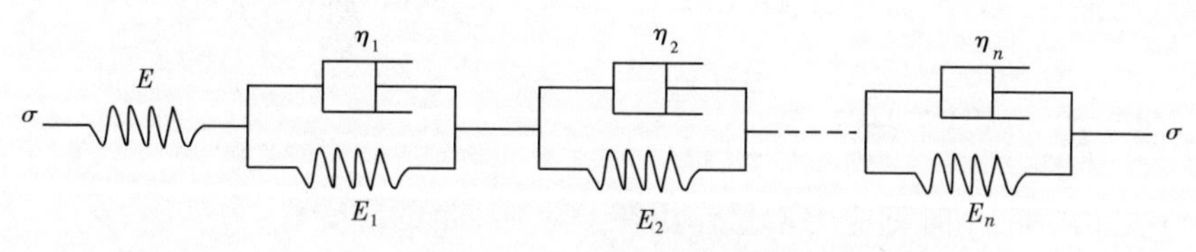

图 3-15　广义 Kelvin 模型

广义 Maxwell 模型的松弛模量为

$$R(t)=E+\sum_{i=1}^{n}E_i\mathrm{e}^{-E_it/\eta_i}$$

按照式(3-68),在单位常应力作用下,第 i 个 Kelvin 体的应变为

$$\varepsilon_i(t)=\frac{1}{E_i}(1-\mathrm{e}^{-E_it/\eta_i})$$

广义 Kelvin 模型的徐变柔量为

$$J(t)=\frac{1}{E}+\sum_{i=1}^{n}\frac{1}{E_i}(1-\mathrm{e}^{-E_it/\eta_i})$$

混凝土的应力—应变关系可以用变系数的广义 Maxwell 模型和广义 Kelvin 模型表达,这里不再详述。

3.3　混凝土徐变应力分析

3.3.1　增量形式的徐变应力计算方法

3.3.1.1　应变增量的递推算法

基于弹性徐变计算的增量法原理,可建立混凝土徐变应力的数值计算方法。

把积分时间长度 $t-\tau_0$ 分割为有限时间步 N,时间步长 $\Delta\tau_n=\tau_n-\tau_{n-1}$。在式(3-21)基础上,将时刻 t 的混凝土的应变分为弹性部分和徐变部分:

$$\varepsilon(t)=\varepsilon^e(t)+\varepsilon^c(t) \tag{3-83}$$

其中

$$\varepsilon^{e}(t)=\frac{\Delta\sigma_0}{E(\tau_0)}+\sum_{i=1}^{N}\frac{1}{E(\bar{\tau}_i)}\sigma'(\bar{\tau}_i)\Delta\tau_i \tag{3-84}$$

$$\varepsilon^{c}(t)=\Delta\sigma_0 C(t,\tau_0)+\sum_{i=1}^{N}C(t,\bar{\tau}_i)\sigma'(\bar{\tau}_i)\Delta\tau_i \tag{3-85}$$

式中　$\varepsilon^{e}(t)$——弹性应变；

$\varepsilon^{c}(t)$——徐变应变；

$\Delta\sigma_0$——初始应力，$\sigma_0(0)=\Delta\sigma_0$。

徐变是应力延迟效应的结果。按照式(3-84)的表达，在 $\Delta\tau_n$ 内，应力增量引起 t 时刻的弹性应变增量为

$$\begin{aligned}\Delta\varepsilon_n^{e}&=\varepsilon_n^{e}(t)-\varepsilon_{n-1}^{e}(t)=\sum_{i=1}^{n}\frac{1}{E(\bar{\tau}_i)}\sigma'(\bar{\tau}_i)\Delta\tau_i-\sum_{i=1}^{n-1}\frac{1}{E(\bar{\tau}_{i-1})}\sigma'(\bar{\tau}_{i-1})\Delta\tau_{i-1}\\&=\frac{1}{E(\bar{\tau}_n)}\sigma'(\bar{\tau}_n)\Delta\tau_n=\frac{\Delta\sigma(\bar{\tau}_n)}{E(\bar{\tau}_n)}\end{aligned} \tag{3-86}$$

其中 $\varepsilon_n^{e}(t)$ 表示龄期 τ_n 时刻应力增量作用在 t 时刻产生的应变。

下面计算 $\Delta\tau_n$ 内的徐变应变增量 $\Delta\varepsilon_n^{c}$，则

$$\begin{aligned}\varepsilon^{c}(t)&=\Delta\sigma_0 C(t,\tau_0)+\sum_{i=1}^{N}C(t,\bar{\tau}_i)\sigma'(\bar{\tau}_i)\Delta\tau_i\\&=\Delta\sigma_0 C(t,\tau_0)+\sum_{i=1}^{N}C(t,\bar{\tau}_i)\Delta\sigma_i\end{aligned} \tag{3-87}$$

设指数型的混凝土徐变度可表示如下

$$C(t,\tau)=\psi(\tau)\left[1-\mathrm{e}^{-r(t-\tau)}\right] \tag{3-88}$$

将式(3-88)代入式(3-87)，得到

$$\varepsilon^{c}(t)=\Delta\sigma_0\psi(\tau_0)\left[1-\mathrm{e}^{-r(t-\tau_0)}\right]+\sum_{i=1}^{N}\Delta\sigma_i\psi(\bar{\tau}_i)\left[1-\mathrm{e}^{-r(t-\bar{\tau}_i)}\right] \tag{3-89}$$

当前时间 t 分别取三个相邻时刻 τ_{n-1}、τ_n、τ_{n+1}，计算历史应力引起这三个时刻的应变，$\tau_{n-1}=\tau_n-\Delta\tau_n$，$\tau_{n+1}=\tau_n+\Delta\tau_{n+1}$，时间步长为

$$\Delta\tau_n=\tau_n-\tau_{n-1},\Delta\tau_{n+1}=\tau_{n+1}-\tau_n$$

由式(3-87)可知，在上述三个时刻的徐变应变分别为

$$\begin{aligned}\varepsilon^{c}(\tau_{n-1})=&\Delta\sigma_0\psi(\tau_0)\left[1-\mathrm{e}^{-r(\tau_n-\Delta\tau_n-\tau_0)}\right]+\\&\Delta\sigma_1\psi(\bar{\tau}_1)\left[1-\mathrm{e}^{-r(\tau_n-\Delta\tau_n-\bar{\tau}_1)}\right]+\cdots+\\&\Delta\sigma_{n-1}\psi(\bar{\tau}_{n-1})\left[1-\mathrm{e}^{-r(\tau_n-\Delta\tau_n-\bar{\tau}_{n-1})}\right]\end{aligned} \tag{3-90}$$

$$\begin{aligned}\varepsilon^{c}(\tau_n)=&\Delta\sigma_0\psi(\tau_0)\left[1-\mathrm{e}^{-r(\tau_n-\tau_0)}\right]+\\&\Delta\sigma_1\psi(\bar{\tau}_1)\left[1-\mathrm{e}^{-r(\tau_n-\bar{\tau}_1)}\right]+\cdots+\\&\Delta\sigma_{n-1}\psi(\bar{\tau}_{n-1})\left[1-\mathrm{e}^{-r(\tau_n-\bar{\tau}_{n-1})}\right]+\\&\Delta\sigma_n\psi(\bar{\tau}_n)\left[1-\mathrm{e}^{-r(\tau_n-\bar{\tau}_n)}\right]\end{aligned} \tag{3-91}$$

$$\begin{aligned}\varepsilon^c(\tau_{n+1}) =& \Delta\sigma_0\psi(\tau_0)[1-e^{-r(\tau_n+\Delta\tau_{n+1}-\tau_0)}]+\\&\Delta\sigma_1\psi(\bar{\tau}_1)[1-e^{-r(\tau_n+\Delta\tau_{n+1}-\bar{\tau}_1)}]+\cdots+\\&\Delta\sigma_{n-1}\psi(\bar{\tau}_{n-1})[1-e^{-r(\tau_n+\Delta\tau_{n+1}-\bar{\tau}_{n-1})}]+\\&\Delta\sigma_n\psi(\bar{\tau}_n)[1-e^{-r(\tau_n+\Delta\tau_{n+1}-\bar{\tau}_n)}]+\\&\Delta\sigma_n\psi(\bar{\tau}_{n+1})[1-e^{-r(\tau_n+\Delta\tau_{n+1}-\bar{\tau}_{n+1})}]\end{aligned} \tag{3-92}$$

由式(3-91)减去式(3-90),得到

$$\begin{aligned}\Delta\varepsilon_n^c =& \varepsilon^c(\tau_n)-\varepsilon^c(\tau_{n-1})\\=&\Delta\sigma_0\psi(\tau_0)[e^{-r(\tau_n-\Delta\tau_n-\tau_0)}-e^{-r(\tau_n-\tau_0)}]+\\&\Delta\sigma_1\psi(\bar{\tau}_1)[e^{-r(\tau_n-\Delta\tau_n-\bar{\tau}_1)}-e^{-r(\tau_n-\bar{\tau}_1)}]+\cdots+\\&\Delta\sigma_{n-1}\psi(\bar{\tau}_{n-1})[e^{-r(\tau_n-\Delta\tau_n-\bar{\tau}_{n-1})}-e^{-r(\tau_n-\bar{\tau}_{n-1})}]+\\&\Delta\sigma_n\psi(\bar{\tau}_n)[e^{-r(\tau_n-\Delta\tau_n-\bar{\tau}_{n-1})}-e^{-r(\tau_n-\bar{\tau}_{n-1})}]\\=&(1-e^{-r\Delta\tau_n})[\Delta\sigma_0\varphi(\tau_0)e^{-r(\tau_n-\Delta\tau_n-\tau_0)}+\\&\Delta\sigma_1\psi(\bar{\tau}_1)e^{-r(\tau_n-\Delta\tau_n-\bar{\tau}_1)}+\cdots+\\&\Delta\sigma_{n-1}\psi(\bar{\tau}_{n-1})e^{-r(\tau_n-\Delta\tau_n-\bar{\tau}_{n-1})}+\Delta\sigma_n\psi(\bar{\tau}_n)e^{-r(\tau_n-\bar{\tau}_n)}]\end{aligned} \tag{3-93}$$

同理

$$\begin{aligned}\Delta\varepsilon_{n+1}^c =& \varepsilon^c(\tau_{n+1})-\varepsilon^c(\tau_n)\\=&(1-e^{-r\Delta\tau_{n+1}})[\Delta\sigma_0\psi(\tau_0)e^{-r(\tau_n-\tau_0)}+\\&\Delta\sigma_1\psi(\bar{\tau}_1)e^{-r(\tau_n-\bar{\tau}_1)}+\cdots+\\&\Delta\sigma_{n-1}\psi(\bar{\tau}_{n-1})e^{-r(\tau_n-\bar{\tau}_{n-1})}+\\&\Delta\sigma_n\psi(\bar{\tau}_n)e^{-r(\tau_n-\bar{\tau}_n)}]+\\&\Delta\sigma_{n+1}\psi(\bar{\tau}_{n+1})[1-e^{-r(\tau_n+\Delta\tau_{n+1}+\bar{\tau}_{n+1})}]\end{aligned} \tag{3-94}$$

比较式(3-93)、式(3-94),可得到一组递推公式如下:

$$\left.\begin{aligned}\Delta\varepsilon_{n+1}^c &= (1-e^{-r\Delta\tau_{n+1}})\omega_{n+1}+\Delta\sigma_{n+1}C(\tau_{n+1},\bar{\tau}_{n+1})\\\omega_{n+1} &= \omega_n e^{-r\Delta\tau_n}+\Delta\sigma_n\psi(\bar{\tau}_n)e^{-0.5r\Delta\tau_n}\\\omega_1 &= \Delta\sigma_0\psi(\tau_0)\end{aligned}\right\} \tag{3-95}$$

式(3-95)也可改写如下:

$$\left.\begin{aligned}\Delta\varepsilon_n^c(t) &= \varepsilon^c(\tau_n)-\varepsilon^c(\tau_{n-1})\\&= (1-e^{-r\Delta\tau_n})\omega_n+\Delta\sigma_n C(\tau_n,\bar{\tau}_n)\\\omega_n &= \omega_{n-1}e^{-r\Delta\tau_{n-1}}+\Delta\sigma_{n-1}\psi(\bar{\tau}_{n-1})e^{-0.5r\Delta\tau_{n-1}}\\\omega_1 &= \Delta\sigma_0\psi(\tau_0)\end{aligned}\right\} \tag{3-96}$$

这里,当前时间 t 为最大龄期 τ_n,当混凝土徐变度为如下形式时

$$C(t,\tau) = \sum_{s=1} \psi_s(\tau)\left[1 - \mathrm{e}^{-r_s(t-\tau)}\right] \tag{3-97}$$

则徐变应变增量可计算如下

$$\begin{aligned}\Delta\varepsilon_n^c(t) &= \varepsilon^c(\tau_n) - \varepsilon^c(\tau_{n-1}) \\ &= \sum_s (1-\mathrm{e}^{-r_s\Delta\tau_n})\omega_{sn} + \Delta\sigma_n C(\tau_n,\bar{\tau}_n) \\ &= \eta_n + \Delta\sigma_n C(\tau_n,\bar{\tau}_n)\end{aligned} \tag{3-98a}$$

$$\eta_n = \sum_s (1 - \mathrm{e}^{-r_s\Delta\tau_n})\omega_{sn} \tag{3-98b}$$

$$\omega_{sn} = \omega_{s,n-1}\mathrm{e}^{-r_s\Delta\tau_{n-1}} + \Delta\sigma_{n-1}\psi_s(\bar{\tau}_{n-1})\mathrm{e}^{-0.5r_s\Delta\tau_{n-1}} \tag{3-98c}$$

$$\omega_{s1} = \Delta\sigma_0\psi_s(\tau_0) \tag{3-98d}$$

这里,当前时间 t 为最大龄期 τ_n。应用这一组递推计算公式,只额外存储一个变量 ω_{sn},即可从上一步结果得到当前时间步的徐变增量。在用数值方法分析混凝土结构时,不必记录应力历史,可大大降低计算难度。

3.3.1.2 **增量形式的混凝土本构关系**

考虑混凝土产生弹性应变、徐变、温度变形、自生体积变形、干缩变形等情况,混凝土的应变可表示如下:

$$\varepsilon(t) = \varepsilon^e(t) + \varepsilon^c(t) + \varepsilon^T(t) + \varepsilon^0(t) + \varepsilon^s(t) \tag{3-99}$$

式中 $\varepsilon^e(t)$——弹性应变;

$\varepsilon^c(t)$——徐变应变;

$\varepsilon^T(t)$——自由温度应变;

$\varepsilon^0(t)$——自生体积变形;

$\varepsilon^s(t)$——干缩应变。

由于徐变的延迟效应,在时段 $\Delta\tau_n$ 内引起 t 的应变增量为

$$\Delta\varepsilon_n = \varepsilon_n(t) - \varepsilon_{n-1}(t) = \Delta\varepsilon_n^e + \Delta\varepsilon_n^c + \Delta\varepsilon_n^T + \Delta\varepsilon_n^0 + \Delta\varepsilon_n^s \tag{3-100}$$

把式(3-86)和式(3-98a)代入式(3-100),得到

$$\Delta\varepsilon_n = \frac{\Delta\sigma_n}{E(\bar{\tau}_n)} + \eta_n + \Delta\sigma_n C(\tau_n,\bar{\tau}_n) + \Delta\varepsilon_n^T + \Delta\varepsilon_n^0 + \Delta\varepsilon_n^s \tag{3-101}$$

当前时间 t 为最大龄期 τ_n。整理后,得到在单向应力作用下的应力增量—应变增量关系如下:

$$\Delta\sigma_n = \bar{E}_n(\Delta\varepsilon_n - \eta_n - \Delta\varepsilon_n^T - \Delta\varepsilon_n^0 - \Delta\varepsilon_n^s) \tag{3-102}$$

式中

$$\bar{E}_n = \frac{E(\bar{\tau}_n)}{1 + E(\bar{\tau}_n)C(\tau_n,\bar{\tau}_n)} \tag{3-103}$$

其中,当 τ_n 为最大龄期时,$t=\tau_n$;$\bar{\tau}_n=(\tau_{n-1}+\tau_n)/2$;$\eta_n$ 见式(3-98b),$\Delta\varepsilon_n^T=\alpha\Delta T_n$,$\Delta\varepsilon_n^0$、$\Delta\varepsilon_n^s$ 分别为自生体积变形和干缩应变在当前时间 t 步长的变形增量。

式(3-102)显示,考虑徐变后,可通过递推方法计算应力历史对当前时刻应变增量的

影响。

对于空间问题,材料的应变和应力用列向量表达为

$$\{\varepsilon\}=\{\varepsilon_x \quad \varepsilon_y \quad \varepsilon_z \quad \gamma_{xy} \quad \gamma_{yz} \quad \gamma_{zx}\}^{\mathrm{T}} \tag{3-104}$$

$$\{\sigma\}=\{\sigma_x \quad \sigma_y \quad \sigma_z \quad \tau_{xy} \quad \tau_{yz} \quad \tau_{zx}\}^{\mathrm{T}} \tag{3-105}$$

由式(3-102)建立弹性应力应变的本构关系式

$$\{\Delta\varepsilon_n^e\}=\frac{1}{E(\bar{\tau}_n)}[Q]\{\Delta\sigma_n\} \tag{3-106}$$

其中

$$[Q]=\begin{bmatrix} 1 & -\mu & -\mu & 0 & 0 & 0 \\ & 1 & -\mu & 0 & 0 & 0 \\ & & 1 & 0 & 0 & 0 \\ & \text{对} & & 2(1+\mu) & 0 & 0 \\ & & & & 2(1+\mu) & 0 \\ & & & \text{称} & & 2(1+\mu) \end{bmatrix} \tag{3-107}$$

按照式(3-100),弹性应变增量可表达为

$$\{\Delta\varepsilon_n^e\}=\{\Delta\varepsilon_n\}-\{\Delta\varepsilon_n^c\}-\{\Delta\varepsilon_n^T\}-\{\Delta\varepsilon_n^0\}-\{\Delta\varepsilon_n^s\} \tag{3-108}$$

将式(3-108)代入式(3-106),有

$$\{\Delta\sigma_n\}=[\bar{D}][\{\Delta\varepsilon_n\}-\{\Delta\varepsilon_n^c\}-\{\Delta\varepsilon_n^T\}-\{\Delta\varepsilon_n^0\}-\{\Delta\varepsilon_n^s\}] \tag{3-109}$$

式中 $[\bar{D}_n]$——弹性本构矩阵;

$\{\Delta\varepsilon_n^T\}$——温度应变增量列向量。

$$[\bar{D}_n]=\bar{E}_n[Q]^{-1}$$

$$\{\Delta\varepsilon_n^T\}=\{\alpha\Delta T_n \quad \alpha\Delta T_n \quad \alpha\Delta T_n \quad 0 \quad 0 \quad 0\}$$

徐变增量列向量$\{\Delta\varepsilon_n^c\}$由下式计算:

$$\{\Delta\varepsilon_n^c\}=\{\eta_n\}+C(t,\bar{\tau}_n)[Q]\{\Delta\sigma_n\} \tag{3-110}$$

式中

$$\{\eta_n\}=\sum_s(1-\mathrm{e}^{-r_s\Delta\tau_n})\{\omega_{sn}\} \tag{3-111}$$

$$\{\omega_{sn}\}=\{\omega_{s,n-1}\}\mathrm{e}^{-r_s\Delta\tau_{n-1}}+[Q]\{\Delta\sigma_{n-1}\}\psi_s(\bar{\tau}_{n-1})\mathrm{e}^{-0.5r_s\Delta\tau_{n-1}} \tag{3-112}$$

3.3.2 全量法形式的混凝土徐变应力计算方法

按照弹性徐变物理方程的全量法表达式(3-59),忽略非应力应变影响,将总应变分为弹性应变和徐变应变两部分:

$$\varepsilon(t)=\varepsilon^e(t)+\varepsilon^c(t) \tag{3-113}$$

其中

$$\varepsilon^e(t)=\frac{\sigma(t)}{E(t)}-\sum_{i=1}^{n}\sigma(\bar{\tau}_i)\frac{\mathrm{d}}{\mathrm{d}\tau}\left[\frac{1}{E(\bar{\tau}_i)}\right]\Delta\tau_i \tag{3-114}$$

$$\varepsilon^c(t)=-\sum_{i=1}^{n}\sigma(\bar{\tau}_i)\frac{\partial C(t,\bar{\tau}_i)}{\partial\tau}\Delta\tau_i \tag{3-115}$$

式(3-114)表达了在加载龄期 $t-\tau_0$ 时间内划分一系列微小时段 $\Delta\tau_n$，在 $\Delta\tau_n$ 内应力冲量(全量)作用引起 t 时刻的弹性应变增量计算如下：

$$\begin{aligned}\Delta\varepsilon_n^e&=\varepsilon_n^e(t)-\varepsilon_{n-1}^e(t)\\&=\frac{\sigma(\tau_n)}{E(\tau_n)}-\frac{\sigma(\tau_{n-1})}{E(\tau_{n-1})}-\sigma(\bar{\tau}_n)\frac{\mathrm{d}}{\mathrm{d}\tau}\left[\frac{1}{E(\bar{\tau}_n)}\right]\Delta\tau_n\end{aligned} \tag{3-116}$$

其中，$\frac{\mathrm{d}}{\mathrm{d}\tau}\left[\frac{1}{E(\bar{\tau}_n)}\right]$为函数$\frac{1}{E(t)}$在 $\Delta\tau_n$ 时段中点 $\bar{\tau}_n$ 的切线斜率，可用割线斜率代替，即

$$\frac{[1/E(\tau_n)-1/E(\tau_{n-1})]}{\Delta\tau_n}\rightarrow\frac{\mathrm{d}}{\mathrm{d}\tau}\left[\frac{1}{E(\bar{\tau}_n)}\right] \tag{3-117}$$

则式(3-116)改写为

$$\Delta\varepsilon_n^e=\frac{\sigma(\tau_n)}{E(\tau_n)}-\frac{\sigma(\tau_{n-1})}{E(\tau_{n-1})}-\sigma(\bar{\tau}_n)\left[\frac{1}{E(\tau_n)}-\frac{1}{E(\tau_{n-1})}\right] \tag{3-118}$$

式(3-118)是 $\Delta\tau_n$ 时段应力作用引起 t 时刻的弹性应变增量。

下面计算 $\Delta\tau_n$ 时段应力作用引起 t 时刻的徐变应变增量。

按照式(3-115)，$\Delta\tau_i$ 时段中点的徐变度函数切线斜率用割线斜率代替：

$$\frac{[C(t,\tau_i)-C(t,\tau_{i-1})]}{\Delta\tau_i}\rightarrow\frac{\partial[C(t,\tau_i)-C(t,\tau_{i-1})]}{\partial\tau}$$

得到徐变应变表达式

$$\varepsilon^c(t)=-\sum_i\sigma(\bar{\tau}_{i-1})[C(t,\tau_i)-C(t,\tau_{i-1})] \tag{3-119}$$

设混凝土的徐变度为指数型函数

$$C(t,\tau)=\psi(\tau)[1-\mathrm{e}^{-r(t-\tau)}] \tag{3-120}$$

将式(3-120)代入式(3-119)，得到

$$\varepsilon^c(t)=-\sum_i\sigma(\bar{\tau}_{i-1})\{\psi(\tau_i)[1-\mathrm{e}^{-r(t-\tau_i)}]-\psi(\tau_{i-1})[1-\mathrm{e}^{-r(t-\tau_{i-1})}]\} \tag{3-121}$$

当前时间 t 分别取三个相邻时刻 τ_{n-1}、τ_n、τ_{n+1}，计算历史应力引起这三个时刻的应变，$\tau_{n-1}=\tau_n-\Delta\tau_n$，$\tau_{n+1}=\tau_n+\Delta\tau_{n+1}$，时间步长为

$$\Delta\tau_n=\tau_n-\tau_{n-1},\Delta\tau_{n+1}=\tau_{n+1}-\tau_n$$

按照式(3-121)，在上述三个时刻的应变分别为

$$\begin{aligned}\varepsilon^c(\tau_{n-1})=&-\sigma(\bar{\tau}_0)\{\psi(\tau_1)[1-\mathrm{e}^{-r(\tau_n-\Delta\tau_n-\tau_1)}]-\psi(\tau_0)[1-\mathrm{e}^{-r(\tau_n-\Delta\tau_n-\tau_0)}]\}-\\&\sigma(\bar{\tau}_1)\{\psi(\tau_2)[1-\mathrm{e}^{-r(\tau_n-\Delta\tau_n-\tau_2)}]-\psi(\tau_1)[1-\mathrm{e}^{-r(\tau_n-\Delta\tau_n-\tau_1)}]\}-\cdots-\\&\sigma(\bar{\tau}_{n-2})\{\psi(\tau_{n-1})[1-\mathrm{e}^{-r(\tau_n-\Delta\tau_n-\tau_{n-1})}]-\psi(\tau_{n-2})[1-\mathrm{e}^{-r(\tau_n-\Delta\tau_n-\tau_{n-2})}]\}\end{aligned} \tag{3-122}$$

$$\varepsilon^c(\tau_n)=-\sigma(\bar{\tau}_0)\{\psi(\tau_1)[1-\mathrm{e}^{-r(\tau_n-\tau_1)}]-\psi(\tau_0)[1-\mathrm{e}^{-r(\tau_n-\tau_0)}]\}-$$

$$\sigma(\bar{\tau}_1)\{\psi(\tau_2)[1-e^{-r(\tau_n-\tau_2)}]-\psi(\tau_1)[1-e^{-r(\tau_n-\tau_1)}]\}-\cdots-$$
$$\sigma(\bar{\tau}_{n-2})\{\psi(\tau_{n-1})[1-e^{-r(\tau_n-\tau_{n-1})}]-\psi(\tau_{n-2})[1-e^{-r(\tau_n-\tau_{n-2})}]\}-$$
$$\sigma(\bar{\tau}_{n-1})\{\psi(\tau_n)[1-e^{-r(\tau_n-\tau_n)}]-\psi(\tau_{n-1})[1e^{-r(\tau_n-\tau_{n-1})}]\} \quad (3\text{-}123)$$

$$\varepsilon^c(\tau_{n+1})=-\sigma(\bar{\tau}_0)\{\psi(\tau_1)[1-e^{-r(\tau_n+\Delta\tau_{n+1}-\tau_1)}]-\psi(\tau_0)[1-e^{-r(\tau_n+\Delta\tau_{n+1}-\tau_0)}]\}-$$
$$\sigma(\bar{\tau}_1)\{\psi(\tau_2)[1-e^{-r(\tau_n+\Delta\tau_{n+1}-\tau_2)}]-\psi(\tau_1)[1-e^{-r(\tau_n+\Delta\tau_{n+1}-\tau_1)}]\}-\cdots-$$
$$\sigma(\bar{\tau}_{n-2})\{\psi(\tau_{n-1})[1-e^{-r(\tau_n+\Delta\tau_{n+1}-\tau_{n-1})}]-\psi(\tau_{n-2})[1-e^{-r(\tau_n+\Delta\tau_{n+1}-\tau_{n-2})}]\}-$$
$$\sigma(\bar{\tau}_{n-1})\{\psi(\tau_n)[1-e^{-r(\tau_n+\Delta\tau_{n+1}-\tau_n)}]-\psi(\tau_{n-1})[1-e^{-r(\tau_n+\Delta\tau_{n+1}-\tau_{n-1})}]\}-$$
$$\sigma(\bar{\tau}_n)\{\psi(\tau_{n+1})[1-e^{-r(\tau_n+\Delta\tau_{n+1}-\tau_{n+1})}]-\psi(\tau_n)[1-e^{-r(\tau_n+\Delta\tau_{n+1}-\tau_n)}]\}$$
$$(3\text{-}124)$$

由式(3-123)减去式(3-122),得到

$$\Delta\varepsilon_n^c=\varepsilon^c(\tau_n)-\varepsilon^c(\tau_{n-1})$$
$$=-\sigma(\bar{\tau}_0)[\psi(\tau_1)e^{-r(\tau_n-\Delta\tau_n-\tau_1)}-\psi(\tau_0)e^{-r(\tau_n-\Delta\tau_n-\tau_0)}]\times(1-e^{-r\Delta\tau_n})-$$
$$\sigma(\bar{\tau}_1)[\psi(\tau_2)e^{-r(\tau_n-\Delta\tau_n-\tau_2)}-\psi(\tau_1)e^{-r(\tau_n-\Delta\tau_n-\tau_1)}]\times(1-e^{-r\Delta\tau_n})-\cdots-$$
$$\sigma(\bar{\tau}_{n-2})[\psi(\tau_{n-1})e^{-r(\tau_n-\Delta\tau_n-\tau_{n-1})}-\psi(\tau_{n-2})e^{-r(\tau_n-\Delta\tau_n-\tau_{n-2})}]\times(1-e^{-r\Delta\tau_n})-$$
$$\sigma(\bar{\tau}_{n-1})\{-\psi(\tau_{n-1})[1-e^{-r(\tau_n-\tau_{n-1})}]\} \quad (3\text{-}125)$$

同样由式(3-124)减去式(3-123),得到

$$\Delta\varepsilon_{n+1}^c=\varepsilon^c(\tau_{n+1})-\varepsilon^c(\tau_n)$$
$$=-\sigma(\bar{\tau}_0)[\psi(\tau_1)e^{-r(\tau_n-\tau_1)}-\psi(\tau_0)e^{-r(\tau_n-\tau_0)}]\times(1-e^{-r\Delta\tau_{n+1}})-$$
$$\sigma(\bar{\tau}_1)[\psi(\tau_2)e^{-r(\tau_n-\tau_2)}-\psi(\tau_1)e^{-r(\tau_n-\tau_1)}]\times(1-e^{-r\Delta\tau_{n+1}})-\cdots-$$
$$\sigma(\bar{\tau}_{n-2})[\psi(\tau_{n-1})e^{-r(\tau_n-\tau_{n-1})}-\psi(\tau_{n-2})e^{-r(\tau_n-\tau_{n-2})}]\times(1-e^{-r\Delta\tau_{n+1}})-$$
$$\sigma(\bar{\tau}_{n-1})[\psi(\tau_n)e^{-r(\tau_n-\tau_n)}-\psi(\tau_{n-1})e^{-r(\tau_n-\tau_{n-1})}]\times(1-e^{-r\Delta\tau_{n+1}})-$$
$$\sigma(\bar{\tau}_n)\{-\psi(\tau_n)[1-e^{-r(\tau_{n+1}-\tau_n)}]\} \quad (3\text{-}126)$$

由式(3-125)和式(3-126)得到递推公式如下:

$$\Delta\varepsilon_{n+1}^c=\eta_n(1-e^{-r\Delta\tau_{n+1}})+\sigma(\bar{\tau}_n)C(\tau_{n+1},\tau_n) \quad (3\text{-}127a)$$

$$\eta_n=\eta_{n-1}e^{-r\Delta\tau_n}-\sigma(\bar{\tau}_{n-1})[\psi(\tau_n)-\psi(\tau_{n-1})e^{-r\Delta\tau_n}] \quad (3\text{-}127b)$$

$$\eta_1=-\sigma(\bar{\tau}_0)[\psi(\tau_1)-\psi(\tau_0)e^{-r\Delta\tau_1}] \quad (3\text{-}127c)$$

设混凝土徐变度表示如下:

$$C(t,\tau)=\sum_k\psi_k(\tau)[1-e^{-r_k(t-\tau)}] \quad (3\text{-}128)$$

则徐变应变增量递推公式如下[7]:

$$\Delta\varepsilon_{n+1}^c=\sum_k\eta_{kn}(1-e^{-r_k\Delta\tau_{n+1}})+\sigma(\bar{\tau}_n)C(\tau_{n+1},\tau_n) \quad (3\text{-}129a)$$

$$\eta_{kn}=\eta_{k,n-1}e^{-r_k\Delta\tau_n}-\sigma(\bar{\tau}_{n-1})[\psi_k(\tau_n)-\psi_k(\tau_{n-1})e^{-r_k\Delta\tau_n}] \quad (3\text{-}129b)$$

$$\eta_{k1} = -\sigma(\tau_0)\left[\psi_k(\tau_1) - \psi_k(\tau_0)e^{-r_k\Delta\tau_{n-1}}\right] \tag{3-129c}$$

这样,将混凝土徐变增量表达为应力冲量形式的递推公式。对混凝土结构进行数值计算时,按照上述递推公式记录 η_{kn},即可避免记录应力历史。验证计算表明,当计算时段足够小时,式(3-129)与文献[3]中隐式解法有一致的结果。

3.3.2.1 徐变计算全量法的线弹性有限元格式

在混凝土线弹性变形条件下,混凝土的应变可表示为

$$\{\varepsilon_n\} = \{\varepsilon_{n-1}\} + \{\Delta\varepsilon_n\}$$

$$\{\Delta\varepsilon_n\} = \{\Delta\varepsilon_n^e\} + \{\Delta\varepsilon_n^c\} + \{\Delta\varepsilon_n^T\} + \{\Delta\varepsilon_n^0\} + \{\Delta\varepsilon_n^s\} \tag{3-130}$$

式中　$\{\Delta\varepsilon_n\}$——总应变列阵;

$\{\Delta\varepsilon_n^e\}$——弹性应变列阵;

$\{\Delta\varepsilon_n^c\}$——徐变应变列阵;

$\{\Delta\varepsilon_n^T\}$——温度应变列阵;

$\{\Delta\varepsilon_n^0\}$——自生体积变形应变列阵;

$\{\Delta\varepsilon_n^s\}$——干缩应变列阵。

混凝土弹性模量 $E(\tau)$ 是混凝土龄期 τ 的函数。由式(3-118)可得

$$\Delta\varepsilon_n^e = \frac{\sigma(\tau_n)}{E(\tau_n)} - \frac{\sigma(\tau_{n-1})}{E(\tau_{n-1})} - \sigma(\bar{\tau}_n)\left[\frac{1}{E(\tau_n)} - \frac{1}{E(\tau_{n-1})}\right]$$

考虑应力 σ 在 τ_n 至 τ_{n-1} 线性变化

$$\sigma(\bar{\tau}_n) = \frac{\sigma(\tau_n) + \sigma(\tau_{n-1})}{2}$$

则有

$$\Delta\varepsilon_n^e = \frac{\sigma(\tau_n) - \sigma(\tau_{n-1})}{2}\left[\frac{1}{E(\tau_n)} + \frac{1}{E(\tau_{n-1})}\right] = \Delta\sigma_n \frac{1}{E'_n} \tag{3-131}$$

其中

$$\frac{1}{E'_n} = \left[\frac{1}{2E(\tau_n)} + \frac{1}{2E(\tau_{n-1})}\right]$$

在复杂应力状态下,则有

$$\{\Delta\varepsilon_n^e\} = [Q]\{\Delta\sigma_n\}\frac{1}{E'_n} \tag{3-132}$$

或

$$\{\Delta\sigma_n\} = E'_n[Q]^{-1}\{\Delta\varepsilon_n^e\} = [D_n']\{\Delta\varepsilon_n^e\} \tag{3-133}$$

其中矩阵[Q]见式(3-107);弹性应变$\{\Delta\varepsilon_n^e\}$根据式(3-130)表达为

$$\{\Delta\varepsilon_n^e\} = \{\Delta\varepsilon_n\} - \{\Delta\varepsilon_n^c\} - \{\Delta\varepsilon_n^T\} - \{\Delta\varepsilon_n^0\} - \{\Delta\varepsilon_n^s\} \tag{3-134}$$

进一步改写为

$$\{\Delta\varepsilon_n^e\} = \{\varepsilon_n\} - \{\varepsilon_{n-1}\} - \{\Delta\varepsilon_n^c\} - \{\Delta\varepsilon_n^T\} - \{\Delta\varepsilon_n^0\} - \{\Delta\varepsilon_n^s\} \tag{3-135}$$

而式(3-135)中徐变应变增量$\{\Delta\varepsilon_n^c\}$由递推公式(3-129)计算,在复杂应力状态下徐变增量列式为

$$\{\Delta\varepsilon_n^c\} = \{\xi_{n-1}\} - \frac{1}{2}(\{\sigma_n\} + \{\sigma_{n-1}\})[Q]C(\tau_n,\tau_{n-1}) \tag{3-136}$$

其中

$$\{\xi_{n-1}\} = \sum_k \eta_{n-1}(1 - e^{-r_k\Delta\tau_n}) \tag{3-137}$$

式(3-135)中应变向量$\{\varepsilon_n\}$按照弹性力学几何方程,由有限元节点位移向量$\{\delta_n\}$表达为

$$\{\varepsilon_n\} = [B]\{\delta_n\} \tag{3-138}$$

其中,$[B]$为几何矩阵[见式(2-85)]。

将式(3-138)、式(3-136)代入式(3-133),得到

$$\begin{aligned}\{\Delta\sigma_n\} &= E'_n[Q]^{-1}\{\Delta\varepsilon_n^e\} = [D'_n]\{\Delta\varepsilon_n^e\} \\ &= [D'_n]\{[B]\{\delta_n\} - \{\varepsilon_{n-1}\} - \{\xi_{n-1}\} + (\{\sigma_{n-1}\} + \frac{1}{2}\{\Delta\sigma_n\})[Q]C(\tau_n,\tau_{n-1}) - \\ &\quad \{\Delta\varepsilon_n^T\} - \{\Delta\varepsilon_n^0\} - \{\Delta\varepsilon_n^s\}\}\end{aligned} \tag{3-139}$$

式(3-139)进行整理,得到

$$\begin{aligned}\{\Delta\sigma_n\} = [\overline{D}'_n]\{[B][\delta_n] - \{\varepsilon_{n-1}\} - \{\xi_{n-1}\} + \\ [Q]\{\sigma_{n-1}\}C(\tau_n,\tau_{n-1}) - \{\Delta\varepsilon_n^T\} - \{\Delta\varepsilon_n^0\} - \{\Delta\varepsilon_n^s\}\end{aligned} \tag{3-140}$$

其中

$$[\overline{D}'_n] = \frac{[D'_n]}{[I] - \frac{1}{2}[Q][D'_n]C(\tau_n,\tau_{n-1})} = \frac{E'_n[Q]^{-1}}{[I] - [I]\frac{E'_n}{2}C(\tau_n,\tau_{n-1})} = \overline{E}'_n[Q]^{-1} \tag{3-141}$$

$$[\overline{E}'_n] = \frac{[E'_n]}{1 - \frac{E'_n}{2}C(\tau_n,\tau_{n-1})} \tag{3-142}$$

在有限元方法中,平衡方程为

$$\int[B]^{\mathrm{T}}\{\sigma_n\}\mathrm{d}V = \{\Delta P_n\} \tag{3-143}$$

将式(3-140)代入式(3-143),这样构造了混凝土线弹性变形条件下徐变应力分析的有限元格式:

$$[K]\{\delta_n\} = \{\Delta P_n\} + \{\Delta P_{n-1}^{\sigma}\} + \{\Delta P_n^c\} + \{\Delta P_n^T\} + \{\Delta P_n^0\} + \{\Delta P_n^s\} \tag{3-144}$$

其中,$\{\Delta P_n\}$为外荷载增量列阵;$[K] = \int[B]^{\mathrm{T}}[\overline{D}'_n][B]\mathrm{d}V$为结构刚度矩阵;$\{P_{n-1}^{\sigma}\} = \int[B]^{\mathrm{T}}[\overline{D}'_n]\{\varepsilon_{n-1}\}\mathrm{d}V$为等效初应变荷载列阵;$\{\Delta P_n^{\sigma}\} = \int[B]^{\mathrm{T}}[\overline{D}'_n]\{\eta_{n-1}\}\mathrm{d}V - \int[B]^{\mathrm{T}}\overline{E}'_n\{\sigma_{n-1}\}C(\tau_n,\tau_{n-1})\mathrm{d}V$为等效徐变变形荷载增量列阵;$\{\Delta P_n^{\mathrm{T}}\} = \int[B]^{\mathrm{T}}[\overline{D}'_n]\{\Delta\varepsilon_n^T\}\mathrm{d}V$为等效温度变形荷载增量列阵;$\{\Delta P_n^0\} = \int[B]^{\mathrm{T}}[\overline{D}'_n]\{\Delta\varepsilon_n^0\}\mathrm{d}V$为等效自生体积变形荷载增量

列阵；$\{\Delta P_n^s\} = \int [B]^T [\overline{D}_n'] \{\Delta \varepsilon_n^s\} \mathrm{d}V$ 为等效干缩荷载增量列阵。

由有限元方程式(3-144)求得结构位移 $\{\delta_n\}$，利用几何方程式(3-138)求得应变 $\{\varepsilon_n\}$，再利用式(3-140)即可求得结构的应力 $\{\Delta\sigma_n\}$，进而求得 $\{\sigma_n\}$。以上是徐变应力分析的有限元全量格式。在线性变形计算时，它与徐变应力有限元的增量格式有同样的计算精度和速度。

3.3.2.2　**徐变计算全量法的非线性有限元格式**

当考虑混凝土在高应力水平下发生非线性变形时，用有限元法进行徐变应力分析时需要考虑混凝土弹性模量随应力水平的变化，用增量法进行同样精度的计算必须再细分荷载增量，大大增加计算量。用全量法只需按同样的精度控制迭代，因而方便实用。

$$\{\varepsilon_n\} = \frac{1}{E_n^*}[Q]\{\sigma_n\} = [D_n]^{-1}\{\sigma_n\} \tag{3-145}$$

$$\{\varepsilon_{n-1}\} = \frac{1}{E_{n-1}^*}[Q]\{\sigma_{n-1}\} = [D_{n-1}]^{-1}\{\sigma_{n-1}\} \tag{3-146}$$

E^* 为等效割线模量(见图 3-16)，所以 $E^*(\tau)$ 也是混凝土龄期 τ 的函数。

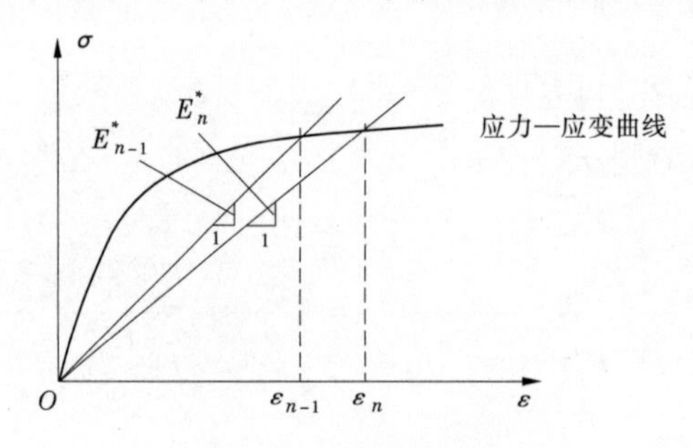

图 3-16　等效割线模量

有限元控制方程为

$$[K]\{\delta_n\} = \{\Delta P_n\} + \{P_{n-1}^\sigma\} + \{\Delta P_n^c\} + \{\Delta P_n^T\} + \{\Delta P_n^0\} + \{\Delta P_n^s\} \tag{3-147}$$

其中：$\{\Delta P_n\}$ 为外荷载增量列阵；$[K] = \int [B]^\mathrm{T}[D_n][B]\mathrm{d}V$ 为结构刚度矩阵；$\{P_{n-1}^\sigma\} = \int [B]^\mathrm{T}[D_n]\{\varepsilon_{n-1}\}\mathrm{d}V$ 为等效初应变荷载列阵；$\{\Delta P_n^c\} = \int [B]^\mathrm{T}[D_n]\{\eta_{n-1}\}\mathrm{d}V - \int [B]^\mathrm{T}[D_n]\frac{1}{2}(\{\sigma_n\} + \{\sigma_{n-1}\})C(\tau_n, \tau_{n-1})\mathrm{d}V$ 为等效徐变变形荷载增量列阵；$\{\Delta P_n^\mathrm{T}\} = \int [B]^\mathrm{T}[D_n]\{\Delta\varepsilon_n^\mathrm{T}\}\mathrm{d}V$ 为等效温度变形荷载增量列阵；$\{\Delta P_n^0\} = \int [B]^\mathrm{T}[D_n]\{\Delta\varepsilon_n^0\}\mathrm{d}V$ 为等效自生体积变形荷载增量列阵；$\{\Delta P_n^s\} = \int [B]^\mathrm{T}[D_n]\{\Delta\varepsilon_n^s\}\mathrm{d}V$ 为等效干缩荷载增量列阵。

方程(3-147)的求解必须用迭代法，可按如下方式进行：

第 i 次迭代公式为

$$[D_n]_i = [D_n(\varepsilon_{i-1})]$$

$$[K]_i = \int [B]^{\mathrm{T}} [D_n]_i [B] \mathrm{d}V$$

$$\{\Delta P_n^c\}_i = \int [B]^{\mathrm{T}} [D_n]_i \{\eta_{n-1}\} \mathrm{d}V - \int [B]^{\mathrm{T}} [D_n]_i \frac{1}{2}(\{\sigma_n\}_{i-1} + \{\sigma_{n-1}\}) C(\tau_n, \tau_{n-1}) \mathrm{d}V$$

$$\{\delta_n\}_i = [K]^{-1}(\{\Delta P_n\} + \{P_{n-1}^{\sigma}\} + \{\Delta P_n^c\}_i + \{\Delta P_n^{\mathrm{T}}\} + \{\Delta P_n^0\} + \{\Delta P_n^s\})$$

$$\{\varepsilon_n\}_i = [B]\{\delta_n\}_i$$

$$\{\sigma_n\}_i = [D_n]_i [\{\varepsilon_n\}_i - \{\varepsilon_n^T\}_i - \{\varepsilon_n^0\}_i]$$

当迭代结果达到要求精度时，停止迭代，记录下结果，进行下一时段的计算。

在混凝土结构的徐变应力过程分析中，尤其是在大体积混凝土应力场仿真分析中，为获得结构应力场的变化状况需要在每一个小时段进行计算分析。时段之间的外荷载变化都可视为一个简单的加载或卸载过程，这样在每一个时段的数值计算应用全量有限元格式是最适合的。尤其对工程中大量遇到的非线性问题，如采用增量方法保持同样的精度，必须根据非线性程度细分荷载增量，计算精度也不容易控制。而用全量法只需按同样的精度控制迭代。因此，全量有限元方法在混凝土结构的徐变—应力过程分析中有着广泛的应用前景。

3.4　混凝土徐变的双功能函数表达

材料的徐变可分为可复徐变和不可复徐变两部分，受荷载长期作用的混凝土试件，在卸载后将产生瞬时弹性应变和随时间发展的徐变恢复。徐变恢复应变与卸荷前施加的常应力成正比，而单位应力的徐变恢复称为弹性后效。混凝土的徐变不仅与当前应力有关，而且与应力历史相关，在混凝土结构的徐变应力分析中，如何减少应力历史的记录，压缩计算机存储空间，已成为数值计算面临的主要问题。目前广泛采用的方法是在计算中采用徐变度指数函数表达式，即利用指数函数的特点，建立徐变度应变增量的递推公式，以避免记录应力历史[8,9]。

本节利用混凝土徐变度表达式与弹性后效表达式，建立混凝土双功能徐变函数式[11]，从而可以利用现有的任何类型的徐变度函数构造该表达式，而不必记录应力历史，使混凝土结构徐变—应力过程的分析不必单独依赖指数函数的徐变度表达式。

3.4.1　徐变恢复(弹性后效)

图 3-17 所示的是三种荷载方式所对应的徐变应变 ε^c。在工程计算中，根据叠加原理，一般假定拉、压徐变是相等的，即有 $P=Q$。荷载方式 3 是在 τ_0 时刻受到应力 σ_0 的作用，在 τ 时刻完全卸载，将产生徐变恢复，或称作弹性后效。按照叠加原理，荷载 3 的徐变曲线可用荷载 1 的徐变曲线减去荷载 2 的徐变曲线得出。试验结果证实，叠加原理对于

混凝土的徐变大体上是适用的[3]。

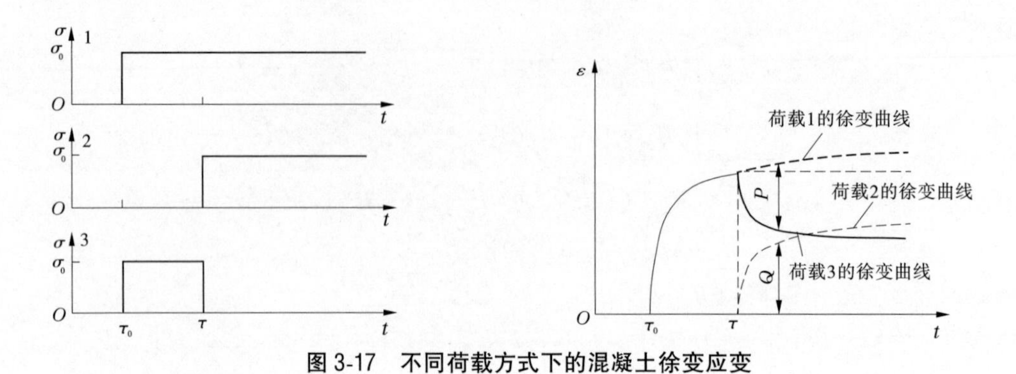

图 3-17　不同荷载方式下的混凝土徐变应变

这里徐变度函数表达为 $C(\tau,t)$，按照叠加原理，第 3 种荷载方式在 τ 时刻后的弹性后效表达式为

$$C_y(\tau_0,\tau,t)=C(\tau_0,t)-C(\tau,t)-C(\tau_0,\tau)\quad(t>\tau>\tau_0)\tag{3-148}$$

3.4.2　混凝土徐变的双功能函数表达式

确立了弹性后效表达式后，应力在 τ 时刻由 σ_1 变为 σ_2 时，试件产生的徐变—应变可表示为

$$\varepsilon_1^c=\sigma_1C(\tau_0,\tau)\tag{3-149}$$

$$\varepsilon_2^c=\sigma_2C(\tau,t)+\sigma_1C_y(\tau_0,\tau,t)+\varepsilon_1^c\tag{3-150}$$

式中　ε_1^c——τ 时刻的徐变值；

ε_2^c——t 时刻的徐变值($t>\tau>\tau_0$)。

通过对恒定荷载的弹性后效试验分析[8]可知，弹性后效与卸载前的应力成正比。但对于变荷载的情况，由于卸荷前的应力是随时间变化的，卸荷前的应力历史对弹性后效的影响较为复杂，需要考虑历史应力影响的算法。如何建立一个工程实用的等效方法，避免历史应力存储是值得研究的问题。

这里建立一个等效于卸载前应力历史的"等效历史应力"。"等效"的含义为：试件 τ_0 时刻施加固定荷载 σ' 在 τ 时刻卸载得到的弹性后效 C_y，等于试件 τ_0 时刻施加变荷载 σ 在 τ 时刻卸载得到的弹性后效 C_y，即 τ 时刻卸载的徐变恢复为 $\sigma'C_y(\tau_0,\tau,t)$。这样，可以建立变荷载下混凝土徐变的全量递推表达式：

$$\left.\begin{aligned}
\varepsilon_1^c&=\sigma_1C(\tau_0,\tau_1)\\
\varepsilon_2^c&=\sigma_2C(\tau_1,\tau_2)+\sigma_1'C_y(\tau_0,\tau_1,\tau_2)+\varepsilon_1^c\\
&\vdots\\
\varepsilon_n^c&=\sigma_nC(\tau_{n-1},\tau_n)+\sigma_{n-1}'C_y(\tau_0,\tau_{n-1},\tau_n)
\end{aligned}\right\}\tag{3-151}$$

同样，可以建立变荷载下的徐变变形增量递推式：

$$
\left.\begin{aligned}
&\varepsilon_1^c = \sigma_1 C(\tau_0,\tau_1) \\
&\Delta\varepsilon_2^c = \sigma_2 C(\tau_1,\tau_2) + \sigma'_1 C_y(\tau_0,\tau_1,\tau_2) \\
&\quad\vdots \\
&\Delta\varepsilon_n^c = \sigma_n C(\tau_{n-1},\tau_n) + \sigma'_{n-1} C_y(\tau_0,\tau_{n-1},\tau_n)
\end{aligned}\right\} \tag{3-152}
$$

这样,通过混凝土徐变度表达式和弹性后效表达式,建立徐变递推算法的表达式(3-151)、式(3-152)。这里将荷载历程描述为完全卸荷和重新加荷的形式:完全卸荷表达为弹性后效,重新加荷表达为新龄期徐变,这样用加荷和卸荷两种功能的表达函数建立徐变递推算法。徐变算法表达式可称为双功能函数形式,将徐变变形行为描述为徐变增长函数和徐变恢复函数共同作用的结果。

为确定等效历史应力 σ',通过分析应力历史对弹性后效的影响,建立如下表达式:

$$
\sigma'_n = \frac{\sum_{i=1}^{n} \sigma_i e^{-r(t_i-\tau_0)}}{\sum_{i=1}^{n} e^{-r(t_i-\tau_0)}} \tag{3-153}
$$

式(3-153)中的 r 为常数。在数值计算中,为了在全量递推式中不记录应力历史,式(3-153)中的分子和分母可用递推方式表示:若将式中分子表示为 a_n,分母表示为 b_n,则等效历史应力 σ'可用如下递推关系式表示

$$
\left.\begin{aligned}
&a_1 = \sigma_1 e^{-r(\tau_1-\tau_0)},\ b_1 = e^{-r(\tau_1-\tau_0)},\ \sigma'_1 = a_1/b_1 \\
&a_2 = a_1 + \sigma_2 e^{-r(\tau_2-\tau_0)},\ b_2 = b_1 + e^{-r(\tau_2-\tau_0)},\ \sigma'_2 = a_2/b_2 \\
&\quad\vdots \\
&a_n = a_{n-1} + \sigma_n e^{-r(\tau_n-\tau_0)},\ b_n = b_{n-1} + e^{-r(\tau_n-\tau_0)},\ \sigma'_n = a_n/b_n
\end{aligned}\right\} \tag{3-154}
$$

这样,只需记录 a_n、b_n 两个参数,即可计算等效历史应力 σ'_n。这里的等效历史应力是通过一个应力冲量持时的指数表达式建立的,应力冲量施加的时间越长,对徐变恢复的影响越小,影响程度通过常数 r 来确定。由此可见,依靠徐变度恢复函数可以不必记录应力历史,直接利用上一步计算结果即可算出徐变变形。而且,混凝土的徐变度函数可以任意地给出,使其应用更加广泛。

3.4.3　徐变的双功能函数表达式与典型徐变表达式的比较

在变荷载情况下,根据应力增量叠加原理建立的典型徐变表达式为

$$
\varepsilon^c = \sigma_1 C(\tau,t) + \sum \Delta\sigma_i C(\tau_i,t) \tag{3-155}
$$

将式(3-155)应用于混凝土结构的徐变分析时,必须记录应力历史,这对于大型混凝土结构的数值计算是极为不便的。而采用混凝土徐变的双功能函数表达形式则不必记录应力历史,可大大提高计算效率。

但是,徐变的双功能函数表达式中,变荷载作用下的应力历史是由一个等效历史应力 σ'来替代的,这使得变荷载作用下的徐变与叠加原理意义上的徐变不完全相同。与典型的徐变表达式相比,利用徐变的双功能函数表达形式进行计算,会使计算精度受到一定影

响。因此,需要确立合理的等效历史应力 σ',以减少精度损失。

选用朱伯芳弹性徐变度公式来验证双功能函数表达式

$$C(\tau,t) = \sum_i \left(f_i + \frac{g_i}{\tau^p}\right)[1 - e^{-r_i(t-\tau)}] \tag{3-156}$$

采用一种碾压混凝土材料的徐变试验结果[10],通过优化方法来拟合式(3-156)中的8个参数(变异系数为0.049),拟合时取公式的前两项,可得:$f_1=1.618$,$g_1=114.119$,$p_1=0.458$,$r_1=0.649$;$f_2=14.512$,$g_2=94.390$,$p_2=0.967$,$r_2=0.023$。

将徐变度公式(3-156)应用于双功能函数式(3-152)和典型叠加法公式(3-155),然后选取5种不同的变荷载路径,对于固定荷载,式(3-152)与式(3-155)完全等效,再将按双功能函数式及按典型叠加法公式计算的两个徐变值进行比较[其中等效历史应力公式(3-153)中的参数 r 取0.39]。5种变荷载方式及按两个公式计算的徐变值比较结果为:

(1)龄期3 d时开始加载0.5 MPa,然后每天增加0.01 MPa,分200次逐级加载,至203 d结束。比较的最大误差为9.9%[见图3-18(a)]。

(2)龄期3 d时开始加载1.5 MPa,然后每天卸载0.01 MPa,分20次逐级卸载,至第153 d开始变为反向荷载,到203 d结束。比较的最大误差为6.8%[见图3-18(b)]。

(3)第3 d加载0.5 MPa,第28 d增加0.5 MPa(总1 MPa),第56 d再增加0.5 MPa(总1.5 MPa),第84 d再增加0.5 MPa(总2 MPa),分4次逐级加载,至203 d结束。比较的最大误差为4.8%[(见图3-18(c)]。

(4)第3 d加载1.5 MPa,第28 d卸载0.5 MPa(总1 MPa),第56 d卸载0.5 MPa(总0.5 MPa),第84 d再卸载0.5 MPa(总0 MPa),分4次逐级卸载,至203 d结束。比较的最大误差为4.6%[见图3-18(d)]。

(5)第3 d加载1 MPa,第28 d卸载1 MPa(总0 MPa),第56 d加载1 MPa(总1 MPa),第84 d卸载1 MPa(总0 MPa),分4次间歇加载,至203 d结束。比较的最大误差为7.6%[见图3-18(e)]。

双功能函数式与叠加法算法公式对固定荷载的徐变是完全等效的。对变荷载的徐变计算,它们的差异主要来源于两个方面:

(1)双功能函数中采用了等效历史应力的假定,但等效历史应力的确定尚需深入研究完善。

(2)虽然双功能函数中弹性后效的建立是基于叠加原理,但等效历史应力的假定使得双功能函数所计算的徐变已不是完全建立在叠加原理基础上了。双功能函数是将徐变用两个分别表示增长和恢复的函数来描述的。

混凝土的徐变试验表明,由叠加原理引起的误差一般在5%~15%。拉伸徐变与压缩徐变相等的假定会引起很大的误差:当应力绝对值相等时,受拉徐变大于受压徐变,两者之比的最大值为1.15~1.70;在受载初期相差较大,经过1个月后差别减小,两者相差20%~300%。从对比结果来看,双功能函数式与典型叠加法公式在不同的荷载变化情况下,其计算结果的差别均小于10%,这对于混凝土徐变应力的数值计算而言是足够精确的。

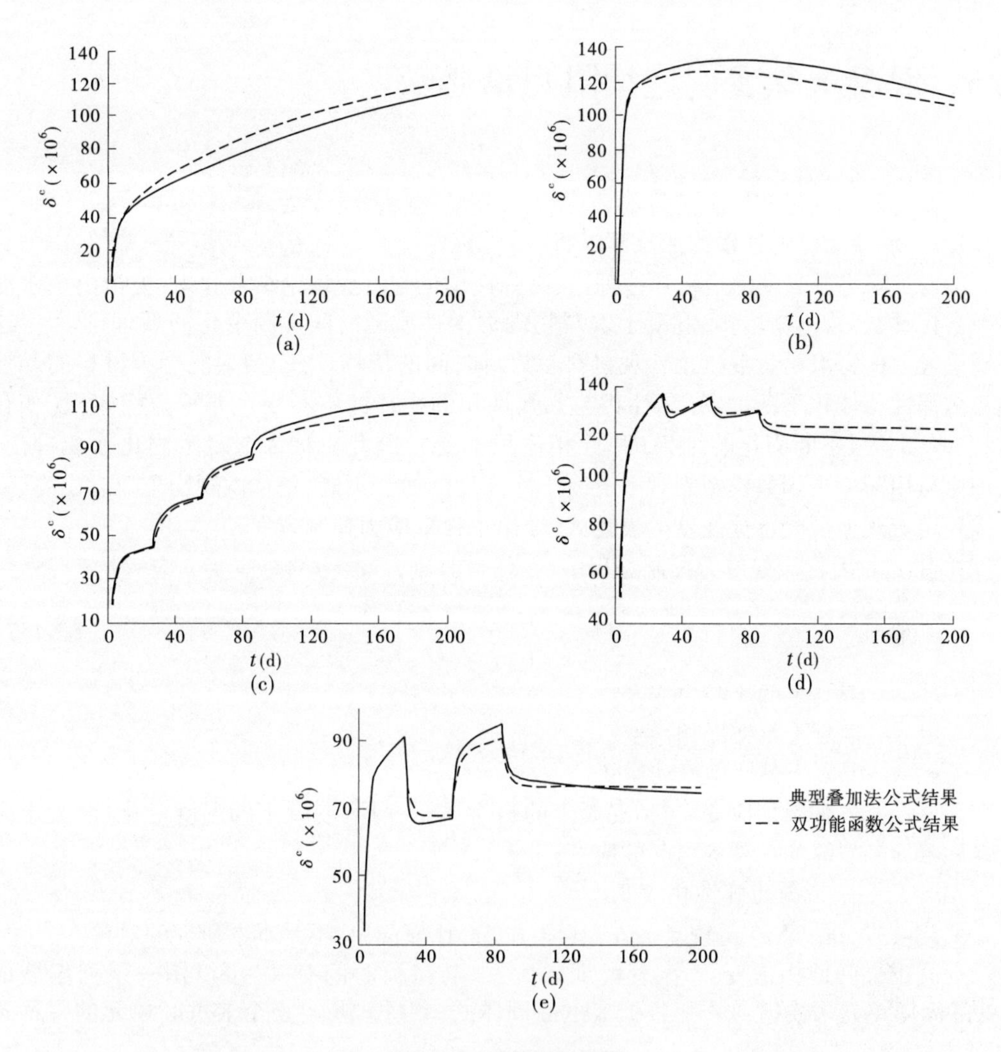

图 3-18　计算值的比较

应用双功能函数进行混凝土结构徐变应力的数值计算,可采用任意形式的徐变度表达形式而不必记录应力历史,这样,大型混凝土结构徐变应力的仿真计算可不必单纯依赖指数型徐变度表达式进行,从而使徐变应力计算的范围更加广泛。

徐变的双功能函数研究仍需进行许多工作:

(1)应进行大量的徐变恢复试验,以建立更加合理的徐变恢复模式。

(2)需要进行大量的变荷载徐变试验,以建立更加合理有效的等效历史应力表达式[11]。

(3)需要对双功能函数表达式进行数学上的研究,以建立徐变增长与徐变恢复相协调的数学表达式[12-14]。

3.5 混凝土徐变度连续阻尼谱函数

3.5.1 Bazant 固化徐变理论简介

3.5.1.1 混凝土黏弹性相徐变及其求解

Bazant 固化徐变理论是将弹性理论、黏弹性理论与流变理论结合起来,模拟由于水泥不断水化、固相物不断增多、混凝土宏观物理力学性质随时间不断变化的新理论[15]。这一理论最大的特点是将混凝土宏观材料参数对时间的依赖性,归结为混凝土材料的黏性相与黏弹性相体积不断增多(黏性相与黏弹性相的物理性质不变)、非承力相体积(如孔隙、胶体、水等)不断固化的结果(弹性相体积不变),因此也称为混凝土固化徐变理论。该理论与用某一类函数模拟宏观上混凝土徐变度的做法不同,是从微观物理概念出发,直接推导出宏观上混凝土徐变度的表达式,导出了徐变应力控制方程。

在 Bazant 固化徐变应力控制方程中,在任意时刻,混凝土的总应变 ε 应满足:

$$\left.\begin{aligned} \varepsilon &= \sigma/E_0 + \varepsilon^c + \varepsilon^0 \\ \varepsilon^c &= \varepsilon^v + \varepsilon^f \end{aligned}\right\} \tag{3-157}$$

式中 ε^c——混凝土的徐变应变;

ε^v——混凝土黏弹性相徐变;

ε^f——混凝土黏性相流动徐变;

ε^0——各种附加应变,包括混凝土的自生体积变形、混凝土的温度变化、混凝土微裂缝的扩展等引起的应变;

σ/E_0——混凝土弹性相应变。

式(3-157)中,除 ε^v 比较复杂外,其他应变都比较简单,不是本书研究的对象。

混凝土黏弹性相徐变 ε^v 没有龄期效应,只与持荷时间有关,可以用一系列串联的 Kelvin 固体单元来模拟[16,17]。根据 Kelvin 固体的串联模型,第 μ 个 Kelvin 单元的平衡条件为

$$\left.\begin{aligned} E_\mu r_\mu + \eta_\mu \dot{r}_\mu &= \sigma \\ r &= \sum_{\mu=1}^{N} r_\mu \quad (\mu = 1,2,\cdots,N) \end{aligned}\right\} \tag{3-158}$$

式中 E_μ、η_μ——第 μ 个 Kelvin 单元的弹性模量和黏滞系数;

r_μ——第 μ 个 Kelvin 单元的应变;

r——黏弹性相的总应变;

σ——混凝土宏观应力。

将式(3-158)分别求解,然后求和,得到在不变应力作用下,混凝土黏弹性相任意时刻的应变为

$$\left.\begin{aligned} r(t) &= \sigma \sum_{\mu=1}^{N} \frac{1}{E_\mu}\left[1 - e^{-(t-t')/\tau_\mu}\right] \\ \tau_\mu &= \frac{\eta_\mu}{E_\mu} \end{aligned}\right\} \tag{3-159}$$

这时，如果混凝土黏弹性相徐变度函数服从对数幂函数分布[18]，就可以用快速收敛 Dirichlet 级数来逼近它，即令

$$\left.\begin{aligned}&C(\xi)=q_2\ln(1+\xi^n)\approx q_2\sum_{\mu=1}^{N}A_\mu(1-e^{-\xi/\tau_\mu})\\&\xi=t-t'\quad(\mu=1,2,\cdots,N)\end{aligned}\right\}\tag{3-160}$$

式(3-159)与式(3-160)表达的物理意义相同，形式相同，两者只在常数项有区别，其转化关系为 $E_\mu=1/q_2A_\mu E$。常数 A_μ 需要根据试验资料按最小二乘法确定；如果阻尼时间常量 τ_μ 也由试验资料确定，将导致一个病态方程组的求解[19]，最好根据计算经验取值。根据 Bazant 的计算经验，第 1 个 Kelvin 单元的阻尼时间 τ_1 及 Kelvin 单元的个数 N 要根据大家感兴趣的时间范围来选择，尤其是 τ_1 的选择，要经过试算；第 μ 个 Kelvin 单元的阻尼时间 τ_μ 则可取为对数时间坐标，即 $\tau_\mu=\tau_1 10^{\mu-1}(\mu=1,2,\cdots,N)$。当 τ_μ、E_μ 一定时，第 μ 个 Kelvin 单元的黏滞系数 η_μ 也就完全确定了，即

$$\eta_\mu=E_\mu\tau_\mu\tag{3-161}$$

3.5.1.2　混凝土黏弹性相徐变度函数服从对数幂函数分布时的有关系数

现在要针对具体材料徐变度函数分布，确定算法中的有关系数。首先给出对数函数 $\lg\xi$ 及指数函数 ξ^n 的 Dirichlet 级数展开式。

$$\left.\begin{aligned}&\lg\xi=\sum_{\mu=1}^{N}(1-e^{-\xi/\tau_\mu})\quad(0.3\tau_1\leqslant\xi\leqslant0.5\tau_N)\\&\tau_\mu=\tau_1 10^{\mu-1}\end{aligned}\right\}\tag{3-162}$$

$$\xi^n=\sum_{\mu=1}^{N}b_\mu(n)\tau_\mu^n(1-e^{-\xi/\tau_\mu})\tag{3-163}$$

式中　$b_\mu(n)$——查表算得的常数[16]。

对于对数幂函数 $\ln(1+\xi^n)$，当 $\xi\ll1$ 时，$\ln(1+\xi^n)\approx n\ln\xi$；当 $\xi\gg1$ 时，$\ln(1+\xi^n)\approx\xi^n$。为了得到 $\ln(1+\xi^n)$ 的 Dirichlet 级数展开式，且使其符合 Kelvin 固体的一般规律，Bazant 教授将式(3-160)改写为

$$\left.\begin{aligned}&q_2\ln(1+\xi^n)\approx q_2\sum_{\mu=1}^{N}A_\mu(1-e^{-\xi/\tau_\mu})\\&A_\mu=b_\mu(n)\tau_\mu^{m(\mu)}\\&m(\mu)=\frac{n}{1+(c\mu)^z}\end{aligned}\right\}\tag{3-164}$$

$$\left.\begin{aligned}&\tau_1\approx(10^{-5}\sim10^{-1})\tau_2\\&\tau_\mu=10^{\mu-2}\tau_2\\&\mu=2,3,\cdots,N\end{aligned}\right\}\tag{3-165}$$

$$\left.\begin{aligned}&c=0.146n^{-0.1}\\&b_\mu(n)=1.1n(1-n^3)\\&\mu=2,3,\cdots,N-1\end{aligned}\right\}\tag{3-166}$$

其中

$$b_N = 1.5n^{1.25}$$

式(3-164)、式(3-165)、式(3-166)中的有关系数,如 c、z、b_μ 等,均按试验参数,利用 Levenberg-Marquardt 算法优化得到[20]。其中,z、b_1 与 n 的关系见表 3-1。当 $0.05 \leqslant n \leqslant 0.25$ 时,在大家感兴趣的时间范围内,如 $0.25\tau_2 \leqslant \xi \leqslant 0.5\tau_N$,Dirichlet 级数逼近原函数的误差在 1%以内[15]。

表 3-1 函数 $\ln(1+\xi^n)$ 的 Dirichlet 级数展开式中的两个系数

n	b_1	z
0.05	0.587	0
0.07	0.538	0
0.09	0.491	0.039
0.11	0.507	0.355
0.13	0.529	0.621
0.15	0.552	0.860
0.17	0.574	1.080
0.19	0.593	1.288
0.21	0.610	1.486
0.23	0.624	1.677
0.25	0.634	1.860

3.5.2 混凝土徐变度的连续阻尼谱函数

3.5.2.1 徐变度的连续阻尼谱函数

如前所述,在不变的单位应力作用下,混凝土的柔度函数为

$$J(t,t') = q_1 + C(t,t') \tag{3-167}$$

式中 q_1——瞬时弹性应变;

$C(t,t')$——混凝土的徐变度。

对于没有老化性质的 Kelvin 固体,徐变度仅为持荷时间的函数,即

$$\left.\begin{aligned} &C(t,t') = C(\xi) = q_2\sum_{\mu=1}^{N} A_\mu(1 - e^{-\xi/\tau_\mu}) \\ &\xi = t - t' \\ &A_\mu = 1/E_\mu \end{aligned}\right\} \tag{3-168}$$

式中,q_2 为材料常数,取 $q_2=1$。为了避免阻尼时间 τ_μ 选择上的任意性,令[21]:

$$C(\xi) \approx \int_0^\infty L^*(\tau)(1 - e^{-\xi/\tau})\mathrm{d}\tau \tag{3-169}$$

其中,$L^*(\tau)=L(\tau)/\tau$,$L(\tau)$ 为徐变度函数的连续阻尼谱函数。将它代入式(3-169),有:

$$C(\xi)=\int_{-\infty}^{\infty}L(\tau)(1-e^{-\xi/\tau})d(\ln\tau) \tag{3-170}$$

再令 $\tau=1/\zeta$，则 $d(\ln\tau)=-d(\ln\zeta)$，式(3-170)即转换为

$$\begin{aligned}C(\xi)&=\int_{0}^{\infty}L(\zeta^{-1})(1-e^{-\zeta\xi})\zeta^{-1}d\zeta\\&=\int_{0}^{\infty}L(\zeta^{-1})\zeta^{-1}d\zeta-\int_{0}^{\infty}\zeta^{-1}L(\zeta^{-1})e^{-\zeta\xi}d\zeta\end{aligned} \tag{3-171}$$

如果记

$$f(\xi)=\int_{0}^{\infty}\zeta^{-1}L(\zeta^{-1})e^{-\zeta\xi}d\zeta \tag{3-172}$$

则式(3-169)就变成：

$$C(\xi)=-f(\xi)+f(0) \tag{3-173}$$

显然，$f(\xi)$ 为核函数 $\zeta^{-1}L(\zeta^{-1})$ 的 Laplace 变换式，ξ 为转换变量。对式(3-173)进行 Widder[22] 变换，即得

$$F_{k,\zeta}[f(\xi)]=\frac{(-1)^{k}}{k!}\left(\frac{k}{\zeta}\right)^{k+1}f^{(k)}\left(\frac{k}{\zeta}\right) \tag{3-174}$$

且

$$\lim_{k\to 0}F_{k}[f(\xi)]=\lim_{k\to 0}\left[\frac{(-1)^{k}}{k!}\left(\frac{k}{\zeta}\right)^{k+1}f^{(k)}\left(\frac{k}{\zeta}\right)\right]=\zeta^{-1}L(\zeta^{-1}) \tag{3-175}$$

利用式(3-173)[$f(0)$ 为常数]，便有

$$L(\tau)=-\lim_{k\to\infty}\frac{(-k\tau)^{k}}{(k-1)!}C^{(k)}(k\tau)\quad(k\geqslant 1) \tag{3-176}$$

$L(\tau)$ 即为待求的混凝土徐变度的连续阻尼谱函数。$C^{(k)}(k\tau)$ 为徐变度函数的 k 阶导数。将式(3-176)代入式(3-170)就可以用连续阻尼谱表示混凝土的徐变度。这与式(3-160)表示徐变度的离散方法是完全不同的，它适合各种徐变度函数，但其基本前提是混凝土徐变度拟合函数的 k 阶导数存在。

3.5.2.2　对数幂函数表达的徐变度函数的连续阻尼谱的离散方法

式(3-176)对非老化材料是普遍适用的。由于在求解大型结构的徐变应力问题时，常采用有限-差分方法，所以在时间域上还需对式(3-170)进行离散，方可将式(3-170)应用于数值分析。下面以对数幂函数表达的徐变度函数为例，说明离散的方法。

如果 $C(\xi)=q_2\ln[1+(\xi/\lambda_0)^n]$ 中的 $\lambda_0=1$ d[13]，那么徐变度函数变为

$$C(\xi)=q_2\ln(1+\xi^{n}) \tag{3-177}$$

对于 $k=3$，按式(3-176)求得的对数幂函数表达的徐变度函数的连续阻尼谱为

$$\begin{aligned}L(\tau)=&\left\{\frac{-2n^{2}(3\tau)^{2n-3}[n-1-(3\tau)^{n}]}{[1+(3\tau)^{n}]^{3}}\right\}\frac{(3\tau)^{n}}{2}q_2+\\&\left\{\frac{n(n-2)(3\tau)^{n-3}[n-1-(3\tau)^{n}]-n^{2}(3\tau)^{2n-3}}{[1+(3\tau)^{n}]^{2}}\right\}\frac{(3\tau)^{n}}{2}q_2\end{aligned} \tag{3-178}$$

由于 n 为很小的正常数，式(3-178)可以简化为

$$L(\tau)\approx -q_2n(n-1)\frac{(3\tau)^{n}}{1+(3\tau)^{n}} \tag{3-179}$$

将式(3-170)的时间 $\ln\tau$ 离散,$\Delta(\ln\tau_\mu)=\ln10\Delta(\log\tau_\mu)$,并将积分以求和近似代替,则

$$C(\xi)=\sum_{\mu=1}^{N}L(\tau_\mu)[1-e^{-\xi/\tau_\mu}]\ln10\Delta(\lg\tau_\mu) \tag{3-180a}$$

或

$$C(\xi)=\sum_{\mu=1}^{N}A_\mu(1-e^{-\xi/\tau_\mu}) \tag{3-180b}$$

$$A_\mu=L(\tau_\mu)\ln10\Delta(\lg\tau_\mu) \tag{3-181}$$

在式(3-180)、式(3-181)中,ξ 为混凝土的持荷时间,是由数值计算的时间步长确定的。τ_μ 为混凝土的阻尼时间,是反映材料徐变特性的一种参数。数值计算中,可根据式(3-180)拟合连续函数的光滑程度取值。经验表明,当 $\Delta(\lg\tau_\mu)=1$ 时,正好取对数时间坐标,曲线也足够光滑(见图 3-19)。

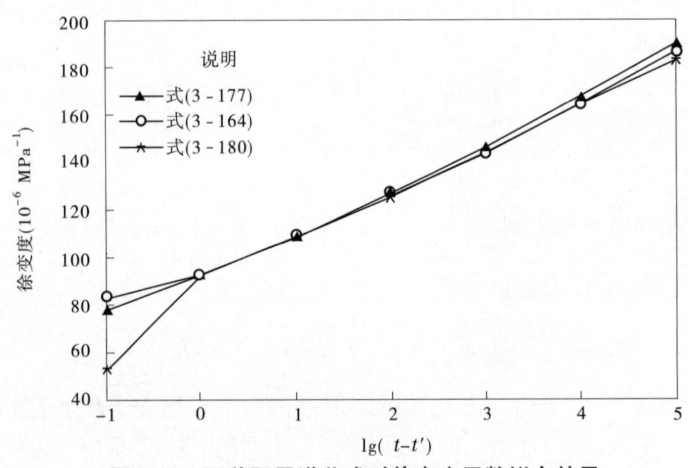

图 3-19　两种阻尼谱公式对徐变度函数拟合效果

3.5.2.3　连续阻尼谱函数的合理性检验[23,24]

为了比较 Bazant 离散阻尼谱函数和本书提出的连续阻尼谱函数对混凝土黏弹性相徐变度的拟合效果,就文献求出的沙牌碾压混凝土的拟合系数 q_2,在 0.1~10 000 d 时间范围内,计算了式(3-164)、式(3-177)、式(3-180)的具体值,见表 3-2。其图形表示见图 3-19。总的感觉是由 Bazant 式(3-164)逼近式(3-177)要比本书式(3-180)拟合式(3-177)有稍高的精度。

在利用式(3-164)时,取 $\tau_2=1$,$N=7$,$\tau_1=0.1\tau_2$;b_1、z 按 $n=0.1$ 在中线性插值。在利用公式(3-180)时,只涉及 n 和 q_2,与 τ_μ 的取值无关。但为了和式(3-164)、式(3-177)比较,在图 3-19 中,取对数阻尼时间步长 $\Delta(\lg\tau_\mu)=\log10=1$。

从表 3-2 和图 3-19 均可看出,在 $1\leqslant\xi\leqslant10\ 000$(d)范围内,将连续函数展开成 Dirichlet 级数的误差在 4%以内;在 $1\leqslant\xi\leqslant1\ 000$(d)范围内,误差小于 1%,这与 Bazant 的研究结果吻合;当 $\xi<1$ d 或 $\xi>10\ 000$ d 时,连续阻尼谱函数公式的误差较大,这一问题有待进一步研究。

同时,为了说明离散阻尼谱函数的非唯一性,我们就 $\tau_2=1$ 和 $\tau_2=0.1$ 这两种情况,在

$\tau_1 \approx (10^{-5} \sim 10^{-1})\tau_2$ 范围内讨论了 τ_μ 的取值对 Dirichlet 级数精度的影响，见图 3-20 和图 3-21。

表 3-2　两种阻尼谱函数对黏弹性相徐变度拟合效果比较($q_2 = 133.23\ \text{MPa}^{-1}$)

$C(\xi)$ 计算公式	$\lg\xi$						
	-1	0	1	2	3	4	5
$q_2\ln(1+\xi^n)$	77.89	92.36	108.57	126.52	146.16	167.35	190.0
$\sum_{\mu=1}^{7}A_\mu[1-\exp(-\xi/\tau_\mu)]$	83.07	92.53	108.54	126.18	143.76	164.21	186.47
$\sum_{\mu=1}^{7}L(\tau_\mu)[1-\exp(-\xi/\tau_\mu)]\ln10\Delta(\lg\tau_\mu)$	53.10	92.48	108.18	125.42	144.06	163.84	182.87

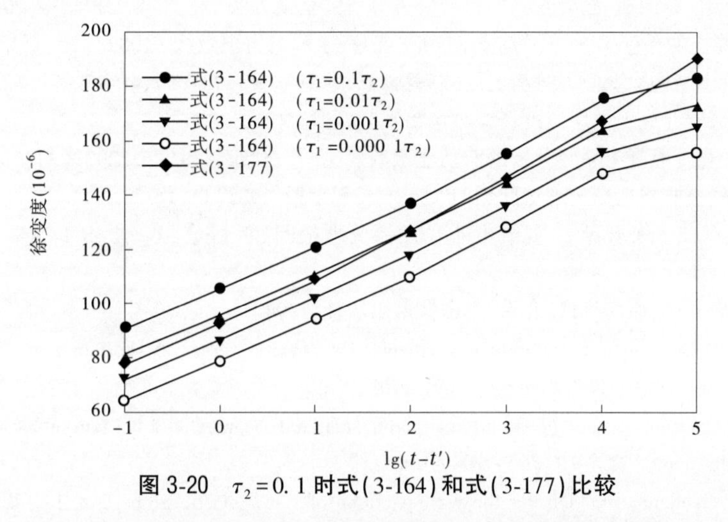

图 3-20　$\tau_2 = 0.1$ 时式(3-164)和式(3-177)比较

观察图 3-19 和图 3-20 就可发现，如果要用离散的阻尼谱函数拟合混凝土黏弹性相的徐变规律，需要采用试算法，若 τ_1 取值合适，效果将很好，否则达不到 1%的精度。从这一意义上讲，连续阻尼谱函数的优越性是非常明显的。

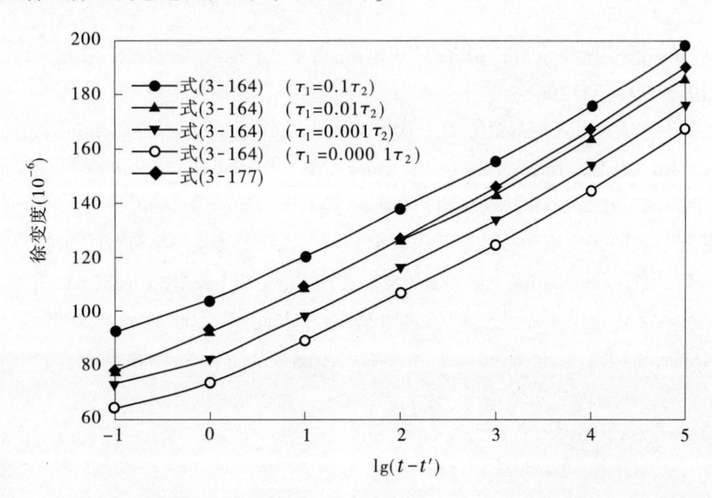

图 3-21　$\tau_2 = 1$ 时式(3-164)和式(3-177)比较

参 考 文 献

[1] 朱伯芳. 大体积混凝土温度应力与温度控制[M].北京:中国电力出版社, 1999.

[2] 朱伯芳. 混凝土的弹性模量、徐变度与应力松驰系数[J]. 水利学报, 1985(9):54.

[3] 朱伯芳. 水工混凝土结构的温度应力与温度控制[M]. 北京:水利电力出版社, 1976.

[4] 王勋文, 潘家英. 按龄期调整有效模量法中老化系数 x 的取值问题[J]. 中国铁道科学, 1996(3): 12-23.

[5] Whitney, Charles S. Plain and reinforced concrete arches[J]. ACI Journal, 1932,28(7):479-519.

[6] 孙海林, 叶列平, 丁建彤. 混凝土徐变计算分析方法[C]// 学术讨论会. 2004.

[7] 高政国,黄达海,赵国藩.混凝土结构徐变应力分析的全量方法[J].土木工程学报,2001(4):10-14.

[8] 唐崇钊. 混凝土的徐变力学与试验技术[M].北京:水利电力出版社, 1982.

[9] 朱伯芳.混凝土结构徐变应力分析的隐式解法[J].水利学报,1983(5):40-46.

[10] 高政国.高碾压混凝土拱坝温度场应力场仿真问题研究[D].2000.

[11] 高政国,赵国藩.混凝土徐变分析的双功能函数表达[J].建筑材料学报,2001(3):250-255.

[12] 林南薰.混凝土非线性徐变理论问题[J].土木工程学报,1983(1):16-23.

[13] 赵祖武, 林南薰, 陈永春. "混凝土非线性徐变理论问题"讨论[J].土木工程学报, 1984(1). 14-21.

[14] 周履,陈永春.收缩徐变[M].北京:中国铁道出版社,1994.

[15] Bazant Z P, Prasannan S. Solidification theory for concrete creep. I: Formulation [J]. Journal of engineering mechanics,1989,115(8): 1691-1703.

[16] Bazant Z P. Viscoelasticity of solidifying porous material—concrete[J]. Journal of the engineering mechanics division, 1977, 103(6): 1049-1067.

[17] Roscoe R . Mechanical models for the representation of visco-elastic properties[J]. British Journal of Applied Physics, 1950, 1(7):171.

[18] Bazant Z P. Numerical stable algorithm with increasing time steps for integral-type aging concrete[C], Proceeding of First International Conference. on Structure Mechanics in Reactor Technology, Berlin, W. Germany.

[19] Bazant, Z P, Wang S T. Dirichlet series creep function for aging concrete[J]. Journal of engineering mechanics,1973(99):367-387.

[20] J C Chern, Y G Wu. Rheological model with strain-softening and exponential algorithm for structure analysis[C]. 4th RILEM Int. Symp., On creep and shrinkage of concrete: mathematical modeling, Northwestern Univi., Evanston, Ⅲ., Z P Bazant, ed., 1986, 591-600.

[21] 南京工学院数学教研组. 积分变换:工程数学[M].2 版.北京:高等教育出版社, 1978.

[22] Widder, D. V . The convolution transform[M]. Princeton University Press, 1955.

[23] 黄达海. 高碾压混凝土拱坝施工过程仿真分析[D].大连:大连理工大学,1999.

[24] 高政国,黄达海,赵国藩.大体积混凝土连续阻尼谱函数研究[J].水利学报,2000(4):29-34.

第 4 章　早龄期混凝土温度应力试验

大体积混凝土温度开裂主要发生在施工期。由于水泥水化热作用,早龄期混凝土的热学及力学参数测定是进行混凝土温度场、应力场数值模拟与开裂风险评估的重要依据。温度开裂破坏准则及开裂机制研究也离不开混凝土材料物理力学试验的支撑。TSTM(Temperature Stress Testing Machine)是现有混凝土材料实验室中较为先进的能够将混凝土材料热学力学性质与其工程结构应用相关联的试验设备。本章主要介绍自主研制的新型 TSTM 试验系统的功能、特性及使用方法,并基于 TSTM 开展的早龄期混凝土温度试验,测定了混凝土温控防裂计算相关的弹性模量、膨胀系数、绝热温升及混凝土徐变度等物理力学参数。

4.1　早龄期混凝土热学及力学参数

"早龄期"指的是混凝土自浇筑后 28 d 的时间段,混凝土在此期间的力学行为对结构耐久性有重要影响。早龄期混凝土的热学力学参数随龄期变化规律对温度应力有显著的影响。

混凝土自浇筑到凝结阶段呈现塑性特征,虽然有部分水化产物,但力学性能依旧较弱。在此阶段,新拌和的混凝土处于可塑状态,可进行一定距离的运输直至浇筑完成;之后,混凝土剧烈的水化反应产生大量水化热,混凝土内部的骨架和强度逐渐形成。混凝土水化过程的四个主要阶段如图 4-1 所示[1]。

(1)塑性阶段:水泥颗粒呈分散状,水化产物逐渐在水泥颗粒表面生成。

(2)凝结阶段:水化产物继续生成,此阶段持续 5~12 h,混凝土终凝完成后,通常被认定为固态材料。

(3)基本骨架:大量水泥颗粒发生水化反应,混凝土内部形成基本骨架,混凝土力学性能迅速增长。

(4)稳定骨架:随着水化反应的进行,混凝土内部骨架趋于稳定,混凝土力学性能增长速率减缓。理论上,混凝土强度的增长直到水化反应完全结束才会停止,混凝土各项强度指标趋稳。但事实上,混凝土的水化反应不可能全部完成,因此混凝土的强度在整个使用过程中是持续增长的。通常,认定混凝土龄期 28 d 后成熟,各项力学性能指标不再变化。

为了分析温度对混凝土力学性能的影响,Saul[2] 根据其试验结果给出了"成熟度"的概念,即不论两种混凝土的温度历程是否相同,只要具有相同的成熟度,二者的力学性能就是一样的。

混凝土的成熟度可用式(4-1)表示:

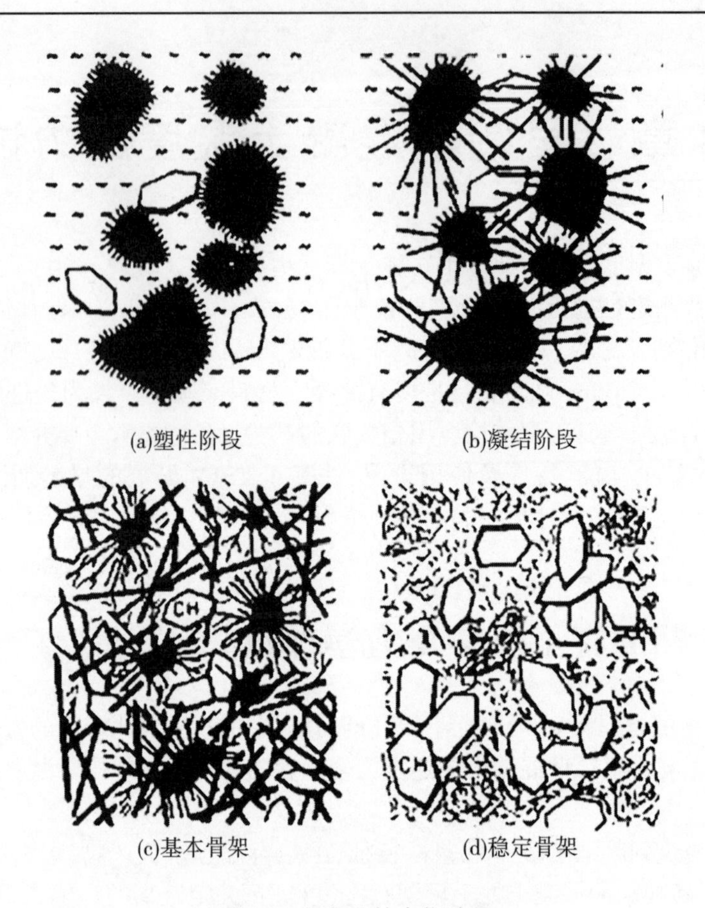

(a)塑性阶段　(b)凝结阶段
(c)基本骨架　(d)稳定骨架

图 4-1　混凝土的水化过程

$$M = \int_0^t [T(t) - T_0] \mathrm{d}t \tag{4-1}$$

式中　$T(t)$ ——龄期 t 时刻的温度；

T_0——阈值温度。

此后，Rastrup[3] 又给出一种替代成熟度的概念——等效龄期，可用式(4-2)表示：

$$t_e = \int_0^t A(T) \mathrm{d}t \tag{4-2}$$

式中　$A(T)$ ——与参考温度相关的影响系数。

根据 Saul 给出的线性依存关系，等效龄期 t_e 可表示为

$$t_e = \int_0^t \frac{T(t) - T_0}{T_{ref} - T_0} \mathrm{d}t \tag{4-3}$$

式中　T_{ref} ——参考温度，通常取 293.15 K。

由于采用式(4-3)计算的结果与实测数据有一定差异，Hansen 和 Pedersen[4] 建议采用阿列纽斯定律(Arrhenius Law)定义 $A(T)$，即

$$t_e(t,T) = \int_0^t \mathrm{e}^{-\frac{E_k}{R}\left(\frac{1}{T}-\frac{1}{T_{ref}}\right)} \mathrm{d}t \tag{4-4}$$

式中　E_k ——活化能，J/mol，其值分别取 33 500($T \geqslant 20$ ℃)和 33 500 + 1 470(20 − T)，

（$T < 20$ ℃）[4]；

R——气体常数，J/（mol·K）；

T——混凝土温度，K。

多位学者的试验结果验证了采用阿列纽斯定律定义等效龄期的准确性[5,6]。

4.1.1　混凝土抗拉强度与弹性模量

4.1.1.1　抗拉强度

通常混凝土抗拉强度的确定可采用轴拉试验和劈裂拉伸试验。由于轴拉试验对中困难，因此学者多采用劈裂拉伸试验。拟合混凝土抗拉强度有多种公式选择[7-9]。

美国混凝土协会 ACI[7] 建议采用式（4-5）拟合混凝土抗拉强度，表达式如下：

$$\left.\begin{aligned} f_t(t) &= 0.006\,9\sqrt{\rho f_c(t)} = 0.006\,9\sqrt{\beta_c(t)}\,\sqrt{\rho f_{c,28}} \\ \beta_c(t) &= \frac{t}{a+bt} \end{aligned}\right\} \tag{4-5}$$

式中　$f_{c,28}$——混凝土 28 d 抗压强度；

t——混凝土龄期；

a、b——常量，由试验参数拟合确定。

欧洲混凝土规范 CEB-FIP[8] 规定的指数型公式为

$$\left.\begin{aligned} f_t(t) &= [\beta_c(t)]^n f_t(28) \\ \beta_c(t) &= e^{s\left(1-\sqrt{\frac{28}{t}}\right)} \end{aligned}\right\} \tag{4-6}$$

式中　$f_t(28)$——28 d 混凝土抗拉强度；

s、n——根据试验数据拟合确定。

常用的混凝土劈拉强度的拟合公式还有双指数型[9]：

$$f_t(t) = f_0(1 - e^{-at^b}) \tag{4-7}$$

式中　f_0——混凝土最终抗拉强度；

a、b——常量，根据试验数据拟合确定。

4.1.1.2　弹性模量

早龄期混凝土的弹性模量随龄期增长，决定着混凝土应力的增长趋势。与抗拉强度一样，弹性模量也是分析预测混凝土应力发展、徐变性能，以及开裂敏感性的重要参数。

美国混凝土规范 ACI[7] 建议采用式（4-8）拟合混凝土弹性模量，表达式如下：

$$\left.\begin{aligned} E_c(t) &= 4\,700\sqrt{\beta_c(t) f_{c,28}} \\ \beta_c(t) &= \frac{t}{a+bt} \end{aligned}\right\} \tag{4-8}$$

欧洲混凝土规范 CEB-FIP[8] 规定的弹性模量拟合公式为

$$E_c(t) = \sqrt{\beta_c(t)}\,E_{c,28} \tag{4-9}$$

式中　$E_{c,28}$——混凝土 28 d 弹性模量。

混凝土弹性模量的拟合公式同样也可采用双指数型[9]：

$$E_c(t) = E_0(1 - e^{-at^b}) \tag{4-10}$$

式中　E_0——混凝土最终弹性模量；

a、b——常量，根据试验数据拟合确定。

需要说明的是，上述公式并未考虑混凝土养护条件的改变。当混凝土所处环境温度发生变化时，式(4-5)～式(4-10)中的 t 需要采用等效龄期 t_e 替换。

4.1.2　混凝土水化热

混凝土中的水泥与水发生水化反应，自浇筑后便会产生大量水化热，引起温度突变。不同品种的水泥，其熟料的组成及含量各不相同，都会直接影响混凝土绝热温升。

混凝土的最终放热量可由 Bogue 公式计算[10]：

$$Q_{max} = 500p_{C_3S} + 260p_{C_2S} + 866p_{C_3A} + 420p_{C_4AF} + 642p_{SO_3} + 1\,186p_{FreeCao} + 850p_{MgO} \tag{4-11}$$

式中　p_{C_3S}、p_{C_2S}、p_{C_3A}、p_{C_4AF}、p_{SO_3}、$p_{FreeCao}$、p_{MgO}——每种胶凝材料成分的比重。

混凝土的水化度 α 即为关于混凝土放热量的函数，通常定义为[11]

$$\alpha(t) = \frac{Q(t)}{Q_{max}} \tag{4-12}$$

混凝土的力学参数(抗拉强度、弹性模量等)随龄期变化函数除采用式(4-5)～式(4-10)表达外，不少学者也采用水化度 α 为自变量描述混凝土的力学参数发展[12,13]。

混凝土绝热温升最好直接由试验测定，可按现行业标准《水工混凝土试验规程》(DL/T 5150—2017)中的相关规定通过试验得出(详见本书第 2 章 2.2.2 节)。

4.1.3　混凝土体积变形

混凝土体积变形包括温度变形、混凝土收缩变形及混凝土徐变等。这里简要介绍混凝土温度变形和收缩变形(混凝土徐变见本书第 3 章)。

4.1.3.1　温度变形(热膨胀系数)

混凝土浇筑后产生的温度变化会引发混凝土的热胀冷缩，通常采用热膨胀系数 α_c 表征这一现象。热膨胀系数也是混凝土将温度变化转换为应变的关键参数。温度变形 ε^{th} 和温度变化量 ΔT 存在如下关系：

$$\varepsilon^{th} = \alpha_c \Delta T \tag{4-13}$$

混凝土是由水泥浆体和集料组成的材料，因此混凝土的热膨胀系数与选择的集料种类、水泥品种及二者的比例有很大关系。研究结果表明，热膨胀系数随混凝土龄期变化。一般来说，混凝土在浇筑后 1 d 混凝土热膨胀系数趋于稳定，约为 10.0×10^{-6}℃[14,15]。

4.1.3.2　混凝土收缩变形

混凝土的收缩变形主要有浇筑后 3～12 h 的塑性变形、持续硬化过程中因水分减少产生的干燥收缩、自收缩和因碳化引起的碳化收缩等。

塑性变形是指混凝土拌和后出现的泌水和体积缩小的现象。此时由于混凝土尚未具备机械强度，因此不产生应力，对混凝土结构性能无影响。塑性收缩与混凝土本身的材料组成和养护条件等因素有关,通常只需在浇筑后做好表面保护措施,防止表面失水即可。

干燥收缩是指拌和好的混凝土内部由于水分散失而引起的体积缩小的现象。混凝土干燥收缩和混凝土所处环境的湿度有重要关系。干缩的速率仅为温度扩散速度的千分之一[16],同时考虑到结构早期浇筑后的表面保护作用,因此干燥收缩不属于本书主要探讨的部分。

混凝土收缩的机制模型主要有以下几种[17]:

(1)毛细管张力:该理论认为混凝土的收缩与毛细作用关系很大,这主要是由水泥浆体中存在很多细微的毛细孔决定的。当混凝土处于干燥环境条件下时,混凝土表面的水分会不断向周围空气中散失,导致不断增大的毛细管张力持续作用于孔壁,引发混凝土干燥收缩[18]。

(2)固体表面张力:该理论认为不论是液体材料还是固体材料,表面结合力的不平衡产生表面自由能和表面张力,进而在固体内部产生静水压力。由于吸收水汽原子或分子可增加表面原子或分子的结合能,故吸收蒸汽可减小表面拉应力。因此,湿度的提高促使颗粒体积不断膨胀变大;反之,失水将导致固体颗粒体积收缩。

(3)层间水损失:普遍认为当相对湿度<11%左右时水分会从 C-S-H 凝胶的基层空隙中流出。在这种情况下,少量水分的流失会产生非常大的体积收缩。

碳化收缩是由于空气中二氧化碳与水泥水化物发生化学反应,生成物与反应物体积不同的体积收缩现象。由于碳化收缩多发生在混凝土结构使用期间,且与周围环境密切相关,通常需要考虑混凝土本身材料的抗碳化性,采用硅粉或粉煤灰等掺和料减轻和延缓混凝土的碳化过程,超出本书研究范围,不再做进一步探讨。

密封状态下的混凝土由于水化反应产生收缩,此部分变形通常称为自收缩变形,也称为自干燥。产生自收缩变形的机制通常解释为水化反应,导致毛细孔内水分减少,混凝土内部湿度下降,发生体积变形[19]。

水化反应能否引发自干燥发生,受水灰比决定。研究结果表明,当混凝土的水灰比低于 0.42 时,混凝土内部的自干燥就会引发混凝土自生体积收缩[20]。多数研究将 0.42 作为临界水灰比[21]。随着水灰比的降低,混凝土硬化后内部孔结构更加细化,早期自生收缩的趋势更大。

影响混凝土收缩的因素有很多,包括环境相对温湿度、集料品质、水灰比、掺和料、外加剂和尺寸等。关于混凝土收缩的估算方法有很多,常见的主要有以下两种[22]:

(1)CEB-FIP 方法。

混凝土收缩应变的预测公式为

$$\varepsilon_{sh}(t) = \varepsilon_{sh0}\beta_{sh}(t - t') \tag{4-14}$$

式中　ε_{sh0}——混凝土的名义收缩应变;

β_{sh}——混凝土收缩的发展系数;

t'——混凝土收缩起始时刻;

t——混凝土收缩终止时刻。

$$\beta_{sh}(t,t') = \left[\frac{t - t'}{350(h_0/100)^2 + t - t'}\right]^{0.5} \tag{4-15}$$

式中 h_0——构件名义尺寸，$h_0 = 2A/U$，A 为构件截面面积，U 为构件裸露周长。

$$\varepsilon_{sh0} = \varepsilon_{sh0}(f_{cm})\beta_{RH} \tag{4-16}$$

式中 β_{RH}——与年平均相对湿度相关的系数，可按照下式计算：

$$\beta_{RH} = 1.55 \times \left[1 - \left(\frac{RH}{100}\right)^3\right] \tag{4-17}$$

式中 RH——环境年平均相对湿度，适用于相对湿度为40%~99%的条件。

$\varepsilon_{sh0}(f_{cm})$ 是考虑混凝土强度对混凝土收缩的影响系数：

$$\varepsilon_{sh0}(f_{cm}) = [160 + 10\beta_{sc}(9 - f_{cm}/f_{cm0})] \times 10^{-6} \tag{4-18}$$

式中 β_{sc}——依水泥种类而定的系数，对一般的硅酸盐类水泥或快硬水泥，可取为5.0；

f_{cm}——强度等级在C20~C50的混凝土28 d龄期时的平均立方体抗压强度，$f_{cm} = 0.8f_{cu,k} + 8$ MPa，$f_{cu,k}$ 是28d龄期，具有95%保证率的混凝土立方体抗压强度标准值；f_{cm0} 取为10 MPa。

(2) ACI方法。

ACI给出的混凝土收缩估算公式考虑了干燥前养护时间、环境湿度、构件尺寸、混凝土配合比、集料含量、水泥用量和混凝土含气量等因素，公式如下：

湿养护条件下

$$\varepsilon_{sh}(t) = \frac{t}{t + 35}\varepsilon_{sh,u} \tag{4-19}$$

蒸汽养护条件下

$$\varepsilon_{sh}(t) = \frac{t}{t + 55}\varepsilon_{sh,u} \tag{4-20}$$

$$\varepsilon_{sh,u} = 780\beta_{cp}\beta_H\beta_d\beta_s\beta_p\beta_{ce}\beta_{AC} \tag{4-21}$$

式中 $\varepsilon_{sh,u}$——混凝土收缩最终值；

β_{cp}——干燥前养护时间影响系数；

β_H——环境湿度影响修正系数；

β_d——构件尺寸影响修正系数；

β_s——混凝土组成影响修正系数；

β_p——砂率影响修正系数；

β_{ce}——水泥用量影响修正系数；

β_{AC}——含气量影响修正系数。

各修正系数的具体公式和数值可参见相关文献。

4.2 新型温度应力试验机(TSTM)研制

4.2.1 新型TSTM设计

4.2.1.1 TSTM基本原理

现有混凝土温度开裂试验方法主要有约束环法、开裂试验架，以及温度应力试验机

(TSTM)。TSTM 是一种新型的混凝土温度应力试验设备,用于不同温度历程、约束度等条件下混凝土从浇筑到开裂的全过程试验,同时可以测量混凝土弹性模量、膨胀系数、绝热温升等参数。

TSTM 基本原理是由 Kovler 于 1994 年提出的,其基本思路是[23]:

TSTM 由两根并行混凝土试件组成,如图 4-2 所示,一根用于测量混凝土自由状态下的变形数据,另一根测量混凝土在受到外部约束状态下的应力数据。TSTM 试件呈两端膨大的哑铃状,过渡段采用圆弧设计,以减小由 TSTM 端部夹具对混凝土进行施加荷载时引起的应力集中问题。

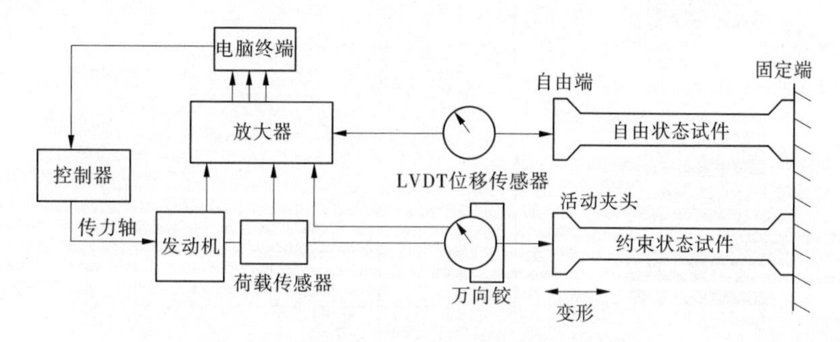

图 4-2　Kovler 设计的闭环约束系统

试验时,首先预设一个受约束试件的允许变形阈值 ε_0。试件每次变形(膨胀或收缩)达到该阈值后,端部的加载装置立即施加荷载以保证试件回到初始位置,如图 4-3 所示。往复循环多次,直至混凝土试件拉断,同时测量自由变形试件在相同时间段内的变形数据。

4.2.1.2　TSTM 基本功能

借助于 TSTM,混凝土硬化过程中的收缩变形、温升、热膨胀系数、开裂温度、开裂时间和开裂应力等关键参数均可直接通过 TSTM 的荷载、位移和温度传感器测量获取。TSTM 还可用作徐变仪,通过对试件进行恒力加载,获取试验混凝土的徐变参数。

在 TSTM 的温度应力试验过程中,同时可以测定混凝土的徐变变形和弹性模量两个参数,下面介绍两种参数的获取方法。

1. 徐变变形

完全约束条件下的混凝土总变形为 0,总变形由温度变形 ε_t、收缩变形 ε_{sh}、弹性变形 ε_e 和徐变变形 ε_{cr} 组成,得

$$\varepsilon_{total} = \varepsilon_e + \varepsilon_t + \varepsilon_{sh} + \varepsilon_{cr} = 0 \tag{4-22}$$

徐变变形计算原理如图 4-4 所示。

TSTM 试验混凝土徐变参数的获取借助于约束试件和自由试件的变形曲线。约束试件的约束状态由多个“补偿循环”组成。每当约束试件的变形到达阈值 ε_0 时,试件会被压/拉回原长。每个“补偿循环”中均包含了约束试件的收缩变形和徐变变形,累加后可得图 4-4 所示的约束试件的“累积变形”曲线,与自由变形试件的变形曲线的差值(图 4-4 中的灰色区域)即为徐变变形。

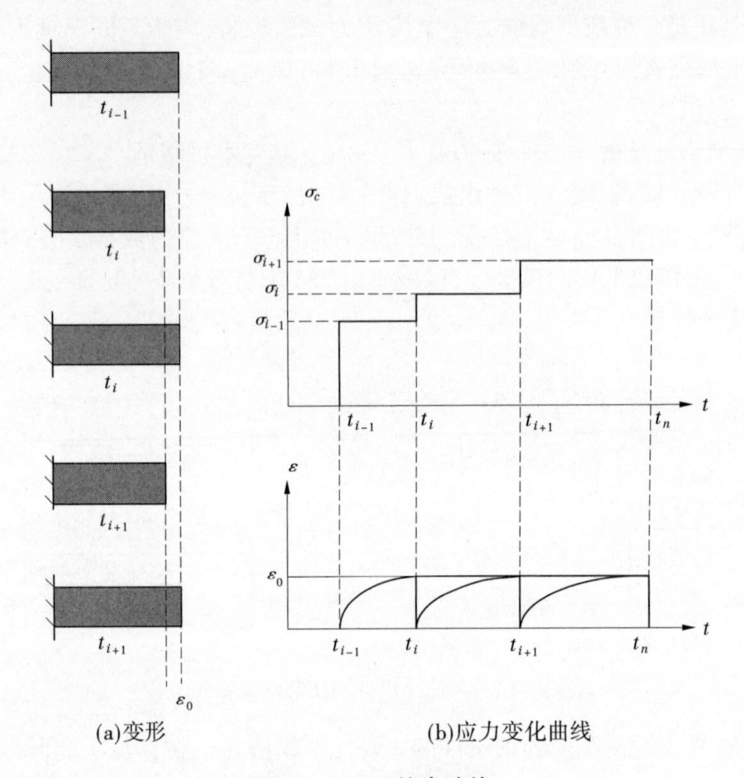

(a)变形　　(b)应力变化曲线

图 4-3　TSTM 约束试件

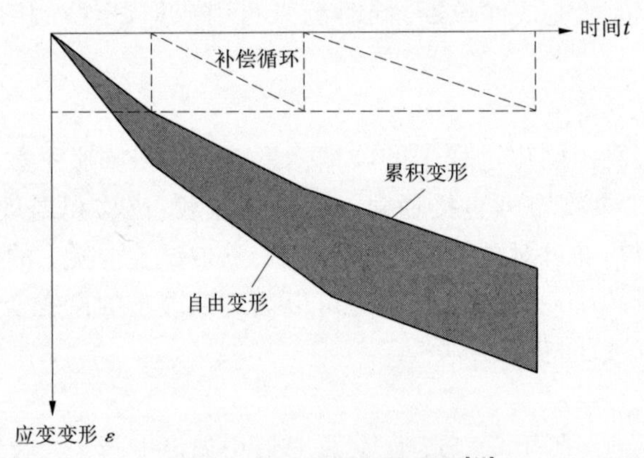

图 4-4　徐变变形计算原理[23]

2. 弹性模量

每个“补偿循环”中，约束试件在变形 ε_0 的过程中受到的应力增量 $\Delta\sigma$ 可用于计算试验混凝土的切线模量，即

$$E_t(t) = \frac{\Delta\sigma(t)}{\varepsilon^0} \tag{4-23}$$

4.2.1.3　TSTM 组成系统

TSTM 试验过程中，需要测量的数据种类主要包括温度、变形和应力等。

由前述 TSTM 设计原理可知，TSTM 设计的核心部分是用于测量约束试件温度应力的主机和测量自由试件变形的辅机。

通常,TSTM 主机主要由反力框架、加载装置、模板和环境箱等部分组成,通过伺服电机推拉动作,对混凝土的膨胀或收缩进行约束控制,测量混凝土随时间发展成熟过程中的温度与应力。TSTM 辅机主要用于测量试件的自由变形,因此与主机的区别在于没有安装伺服电机和约束装置,其他部分与主机完全一致。

TSTM 主要包括荷载控制系统、位移测量系统和温度控制系统等。

1. 荷载控制系统

TSTM 提供轴向约束保证主试件在不同试验条件下开裂,通过安装在主试件端部的荷载传感器测量混凝土不同试验条件(约束度、温度变化和配合比等)下的温度应力全过程曲线。考虑到试验混凝土的多种配比及输出荷载的稳定性,TSTM 荷载控制系统应能保证混凝土试验得到有效的试验结果。

2. 位移测量系统

TSTM 通过位移传感器测量主、辅试件的变形,实现对混凝土弹性模量、膨胀系数、开裂荷载等参数的测定。测量系统的准确性直接影响到温度应力试验机的性能。精度越高越能反映出试验混凝土受温度-荷载影响的特性。

3. 温度控制系统

TSTM 通过改变试件模板内循环液的温度模拟多种条件下混凝土的浇筑—开裂全过程试验。TSTM 温控系统应能连续跟踪现浇混凝土水化温升,确保混凝土早期温升过程处于绝热状态;还可按照预设的温降速率对混凝土进行温降控制,确保 TSTM 精准模拟实际温度历程曲线,适用于不同温降速率要求的混凝土工程。

4.2.2　TSTM 设计参数

4.2.2.1　TSTM 主要参数

为了能够满足对实际混凝土工程温度应力的室内试验,TSTM 应能对影响混凝土温度应力的多种因素(如约束度、温度变化、不同配合比的混凝土及配筋等)进行耦合,对试验混凝土的开裂行为进行较为准确的预测。

针对现有混凝土工程的调查研究,TSTM 参数应能满足:为试验混凝土试件提供最大 20 t 的稳定轴向约束,在 0~100%约束区间可调,实现温升、温降过程(绝热温升、人工温降)的准确模拟;通过电机推拉动作,对混凝土的膨胀或收缩进行约束控制,同时精准测量混凝土浇筑—开裂过程中的温度、变形与应力。

不同研究者研制的温度应力试验机的基本原理、试件外形和加载方式等基本一致,但这些试验机在具体设计细节等方面依然存在不同。表 4-1 给出了几种不同设计参数和测量方法的温度应力试验机[24-28],差异主要包括以下几个方面:

(1)试件变形阈值:无统一标准,主要根据温度应力试验机的硬件和软件配置确定。

(2)试件变形的测量方式:基本采用 LVDT 传感器测量约束和自由试件的变形,但测量的位置并不一致,包括活动夹头端部处、试件侧面及顶部等;试件变形测量位置分为试件表面(直接测量法)和活动夹头(间接测量法)两种。

(3)试件尺寸:基本采用中部直线段,向两侧逐渐扩大的"哑铃状",但中部位置的截面尺寸各有不同,包括 40 mm×40 mm、100 mm×100 mm 及 150 mm×150 mm 等;试件截面尺寸多数不小于 100 mm,便于进行不同集料粒径配制的混凝土温度应力试验。

(4)附加摩擦力控制:为了减小试件变形过程中受到 TSTM 温度模板的摩擦影响,现多采用在温度模板内铺设 Teflon 薄膜。由于夹头位置承担轴向约束荷载,因此夹头的刚度不宜过小,一定程度上造成夹头与温度模板间存在较大的摩阻力,阻碍试件的变形及真实约束荷载的测量。

(5)温控模板:早期的温控方式较为简单,采用空调机控制实验室内气温,后期改进的温度应力试验机采用内存温度循环介质的中空不锈钢模板控制试件温度边界条件等。

表 4-1　几种不同设计参数和测量方法的温度应力试验机

设计参数	测量方法				
	Bloom[24]	Igarashi et al[25]	Bjontegaard[26]	Darquennes et al[27]	Zhang et al[28]
变形阈值	2 $\mu\varepsilon$	5 $\mu\varepsilon$	0.86 $\mu\varepsilon$	6.7 $\mu\varepsilon$	2 $\mu\varepsilon$
截面尺寸	150 mm×150 mm	40 mm×40 mm	90 mm×100 mm	100 mm×100 mm	100 mm×100 mm
试件长度	1 500 mm	1 000 mm	1 000 mm	1 000 mm	1 000 mm
标距	500 mm	—	750 mm	750 mm	—
位移测量位置	侧面	活动夹头	侧面	上部	活动夹头
温控方式	温度模板	空调	温度模板	温度模板	温度模板

注:$\mu\varepsilon$ 表示微应变,一个微应变为 1 e^{-6},后同。

4.2.2.2　TSTM 参数敏感性

1. 变形阈值对 TSTM 温度应力测量的影响

约束试件承受的应力不仅与试验选用的混凝土材料本身性能有关,还与选定的允许变形阈值 ε_0 有关。在已有研究中,TSTM 试验时选用的 ε_0 各不相同[23,27,29-30],有 5 μm/m[23]、6.7 μm/m[27]、8 μm/m[29] 及 10 μm/m[30] 等。由于选用的 ε_0 不同,各混凝土温度应力试验获取的混凝土开裂参数结果无法直接相互比较。

根据 TSTM 试验原理,图 4-5 给出了考虑不同 ε_0 条件(1 μm/m、2 μm/m、4 μm/m 和 7 μm/m)下混凝土约束应力的计算结果。

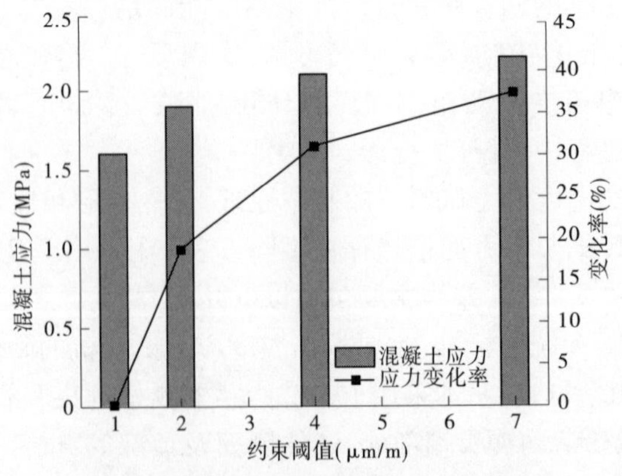

图 4-5　变形阈值对混凝土应力的影响

由图 4-5 可以看出,随着 ε_0 的增大,混凝土的约束应力值随之增大。该现象可以解释为:TSTM 将试件拉回原长需要的应力增量是基于该时刻试件的弹性模量, ε_0 值越大,相邻两次约束动作的间隔时间越长,需要温度应力试验机在试验混凝土弹性模量更大的情况下将试件恢复至原长,因此施加的应力值也更大。以 ε_0 取 1 μm/m 作为基准,不同 ε_0 条件下约束应力标准化后的结果绘制于图 4-5。可以看出,当 ε_0 由 1 μm/m 增长至 2 μm/m 后,混凝土约束应力增长了接近 20%;继续增大 ε_0,混凝土约束应力也随之增长,当 ε_0 超过 4 μm/m 后,应力增长趋势放缓。

上述为理论上 ε_0 对试验结果的影响。ε_0 越小,对 TSTM 信号反馈系统灵敏度的要求也会越高。因此, ε_0 的选择还应满足实际 TSTM 的制造工艺水平。

2. 变形阈值对 TSTM 弹性模量测量的影响

TSTM 的弹性模量是在较小变形条件下计算得出的。ε_0 的测量精度对于准确计算早龄期混凝土的弹性模量至关重要。ε_0 过小有可能会造成试验结果离散性较大,并影响其他参数的准确性。

使用 TSTM 选取了两种 ε_0 进行弹性模量的试验测定,试验结果如图 4-6 所示。可以看出,当 ε_0 取为 2 μm/m 时,试验结果较为离散,计算出的试验混凝土弹性模量明显偏离正常发展规律; ε_0 取为 4 μm/m 时,弹性模量离散的情况有所改善,但仍不能令人满意。

建议 TSTM 试验混凝土的弹性模量测量考虑采用以下两种方法:

(1)根据传统的混凝土力学性能试验测量同批次浇筑的标准试块的弹性模量。

(2)若采用变形阈值获取的试验混凝土弹性模量离散性过大,可对 TSTM 试件进行更大变形范围内的加/卸载,参照传统力学性能试验的荷载加载幅值,测量效果可能更为理想。

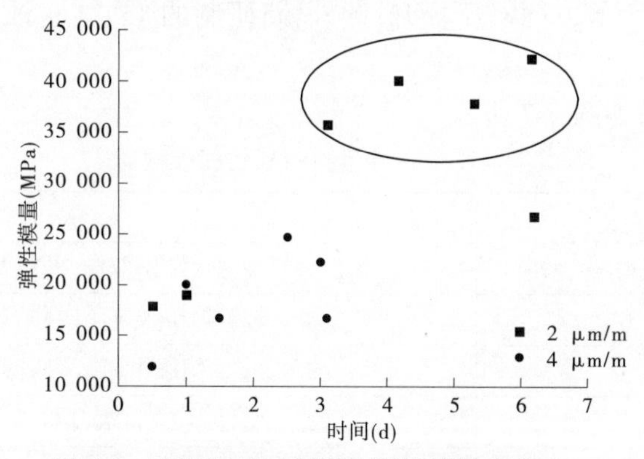

图 4-6　变形阈值对混凝土弹性模量的影响

4.2.3　新型 TSTM 设计性能指标

通过表 4-1 的对比,可以认识到现有温度应力试验机的主要参数和优缺点;此外,国际材料与结构研究实验联合会 RILEM-CEA 对类似温度应力试验机的早龄期混凝土单轴约束试验设备也有以下几项明确的要求[31]:

(1)试验时,试件应处于水平状态,以减小试件自重带来的影响。

(2)试件和试验机模板间的摩擦应尽可能小,可以采用诸如 Teflon 或塑料薄膜之类的特殊材料。

(3)试件形状为棱柱体,且端部截面要比中心部位更大。

(4)试件中部的直线段部分长度至少是截面尺寸的4倍。

此外,TSTM的参数指标还可以扩展到TSTM能够提供的最大轴向约束荷载及能够提供的温度变化范围。这些参数与TSTM的机械加工工艺、温度调节设备及信号反馈系统等有重要关系。

根据现有规范推荐的温度应力试验机基本参数,以及对现有温度应力试验机的优缺点总结,本课题组与中国水利水电科学研究院共同研制了新型温度应力试验机,不仅吸收了已有温度应力试验机的优点,同时在满足RILEM-CEA的要求基础上扩展了温度应力试验机的适用范围。

表4-2给出了本课题组和中国水利水电科学研究院联合研制的新型TSTM与现有TSTM几个重要指标的对比,其具体性能指标见表4-3。

表4-2　现有TSTM设备重要指标对比

指标	国内产品[32]	日本[33]	瑞典[34]	新型TSTM
试件尺寸(mm×mm×mm)	150×150×1 500	100×100×1 500	150×150×1 500	150×150×1 500
最大加载能力(kN)	80	100	100	200
温度阈值(℃)	-5~60	10~60	-5~60	-20~80

由表4-2和表4-3可以看出,本课题组与中国水利水电科学研究院联合研制的TSTM在温控阈值、加载能力等方面有所提升;此外,新研制的TSTM也改进了位移测量精度及温度控制水平。

新型TSTM主机如图4-7所示。

表4-3　新型TSTM性能参数

项目	参数
轴向加载能力	拉压双向200 kN
轴向加载控制方式	应力、变形(位移)控制
加载方式	伺服电机、滚珠丝杆
主机形式	双立柱微动横梁式
试件规格尺寸	150 mm×150 mm×1 500 mm
试件环境箱	不锈钢保温环境箱
试件温度控制	-20~80 ℃
升温、降温速率	最慢不大于0.3 ℃/d,最快不小于5 ℃/h
加热、制冷方式	40%乙二醇水溶液
加热、制冷部分	试件、环境箱
环境箱湿度控制	超声加湿机
试件模板	不锈钢强制导流,带保温层

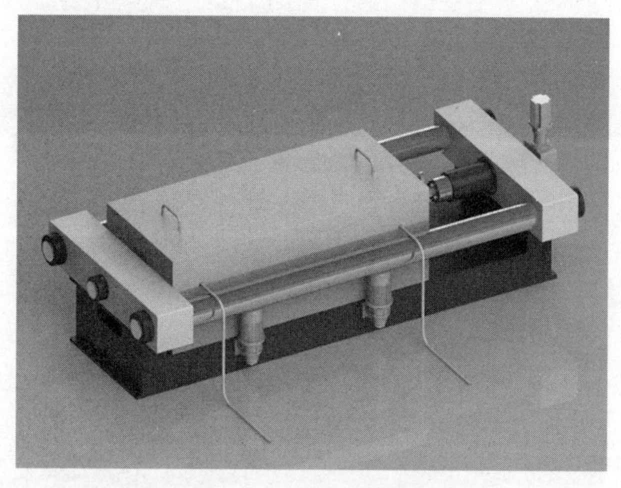

图 4-7　新型 TSTM 主机

4.2.3.1　**位移测量系统**

TSTM 试件的变形由安装在试件中部的位移传感器测量，包括约束试件和自由试件两类变形数据。测量的约束试件变形为 TSTM 往复推拉过程中的累积变形，测量的自由试件变形为试件在自由状态下的累积变形。

常见的位移测量方法有间接测量法和直接测量法两种。

第一种间接测量方法是将位移传感器固定于 TSTM 两侧的金属钢梁上，通过测量 TSTM 两端夹头的变形间接测量混凝土试件的变形，如图 4-8 所示。该种方法较为容易实现，但存在明显的缺陷。

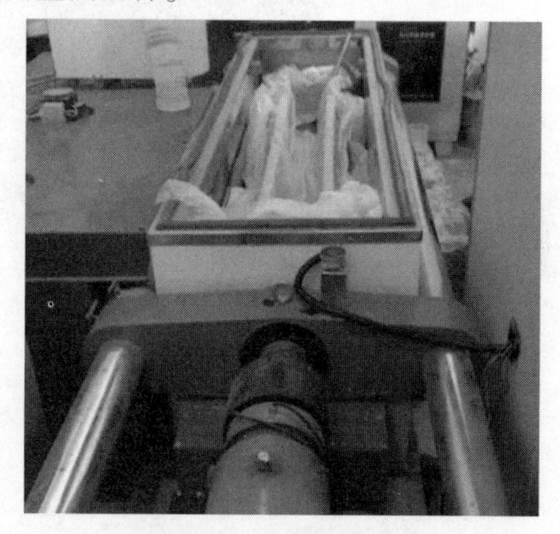

图 4-8　位移间接测量法

由于 TSTM 并不是一体成型，各部分（端部夹头与侧模板、底模板等）之间多采用螺栓固定，螺栓刚度在一定程度上会影响夹头和混凝土试件的同步变形，夹头位置的变形与混凝土试件的实际变形就存在一个变形测量误差 Δl_1；由于 TSTM 夹头也非完全刚性，随着混凝土强度增长，TSTM 提供的轴向约束也逐渐增大，夹头的变形也成为另一个测量误差 Δl_2；最后，TSTM 本身提供的轴向约束需要设备两侧的金属钢梁承担，后期金属钢梁无疑要承担较大的轴向约束力，同样也会因自身刚度不足产生变形，进而引入第三个测量误差 Δl_3。因此，采用该种位移测量方法测量出的混凝土变形并非实际变形，而是同时包含多个误差的非有效变形，如式（4-24）所示。

$$\Delta l_0 = \Delta l_1 + \Delta l_2 + \Delta l_3 + \Delta l_{试件} \tag{4-24}$$

式中　Δl_0——TSTM 位移传感器的实测变形；

$\Delta l_{试件}$——TSTM 试件的实际变形。

若采用此种位移测量方法但忽略各部分误差对实测变形的影响，那么在同等变形条件下,测量出的混凝土应力水平是偏低的,高估了混凝上的抗开裂能力, TSTM 试验的数据有效性就难以保证,影响对试验混凝土开裂性能的评价。

第二种测量方法克服了上述间接测量方法的缺陷,采用直接测量的方法,也是本课题组研制的温度应力试验机选用的测量方法:将位移传感器固定于石英玻璃棒(其热膨胀系数较小,约为 1μm/ ℃)的一端,再采用预埋件将石英玻璃棒直接埋入新型 TSTM 混凝土试件模板的端部,保证石英玻璃棒在混凝土浇筑时不发生倾斜移动,待混凝土初凝后,将预埋件去除,使石英玻璃棒带动位移传感器与混凝土试件同步变形,从而保证位移传感器测量出混凝土试件的实际变形,避免引入不必要的测量误差,如图 4-9 所示。

图 4-9　位移直接测量法

Altoubat[35]曾采用两种位移测量方法对混凝土约束应力进行了测量,结果如图 4-10 所示。可以看出,采用间接测量法得到的混凝土应力水平偏低。

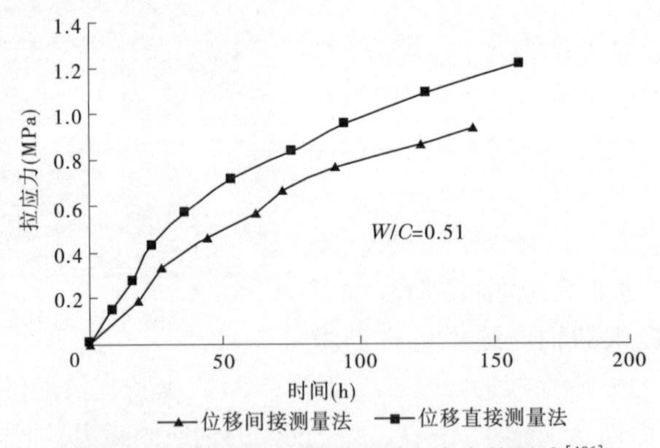

图 4-10　位移测量方式对混凝土应力的影响[106]

本课题组研制的新型 TSTM 采用的位移传感器为全桥式应变电阻,型号为 Meas 公司的 MHR-005 系列轴向引伸计,如图 4-11 所示。位移传感器标距为 5 mm,精度为 1 μm,使用温度范围为-55~150 ℃。

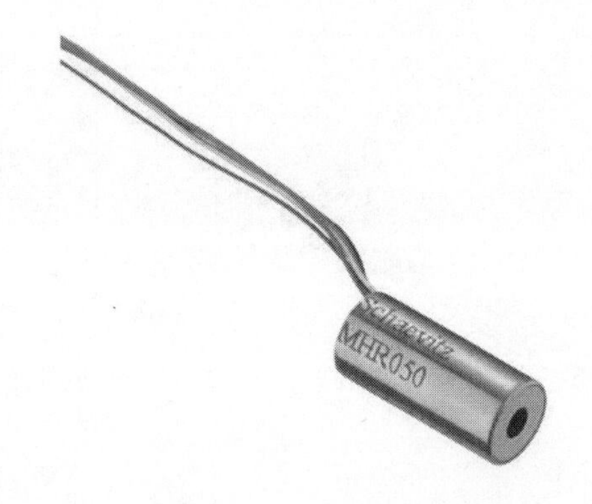

图 4-11　针式位移传感器

4.2.3.2　机械加载系统

1. 新型 TSTM 的加载能力

混凝土的开裂温度、“第二零应力点”及开裂应力等参数是分析混凝土抗裂性的重要指标，TSTM 最大加载能力的提高意味着可以进行更大范围的混凝土试验。由表 4-2 可以看出，现有 TSTM 能够输出的最大加载能力为 80～200 kN，本课题组改进后的新型 TSTM 最大加载能力达到 200 kN，拉应力输出达到 8.9 MPa，可应用于超高强混凝土、纤维混凝土及钢筋混凝土等多种工况；此外，最大加载能力的提高也要求整个 TSTM 金属框架能够有更大的刚度保证试验荷载输出的稳定性。

根据设计的新型 TSTM 尺寸参数，采用数值有限元模拟方法对 TSTM 金属框架在不同荷载条件下的应力—变形关系进行了分析，结果如图 4-12、图 4-13 所示。

图 4-12 是新型 TSTM 金属框架的 1/4 模型，自由划分网格。在两个对称截面处施加轴向约束以满足对称截面边界条件，在横向中心线位置处同时施加一集中荷载 200 kN，模拟约束试件对 TSTM 的反作用力。设置好各预设参数后，对 TSTM 的变形进行计算分析。

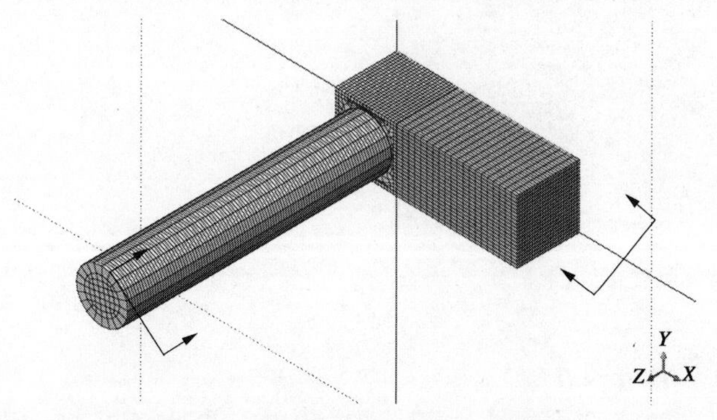

图 4-12　TSTM 金属框架 1/4 模型

图 4-13 是新型 TSTM 金属框架的变形云图。可以看出，金属框架承担 200 kN 的集中荷载后，两侧的金属框架直径较大，刚度强，产生的轴向变形仅有 1.34 $\mu\varepsilon$。

TSTM 约束试件的荷载由安装在试件端部的荷载传感器测量。图 4-14 是安装在约束试件端部的荷载传感器实物图。TSTM 在进行轴向拉压载荷测量时，采用轮辐式拉压双

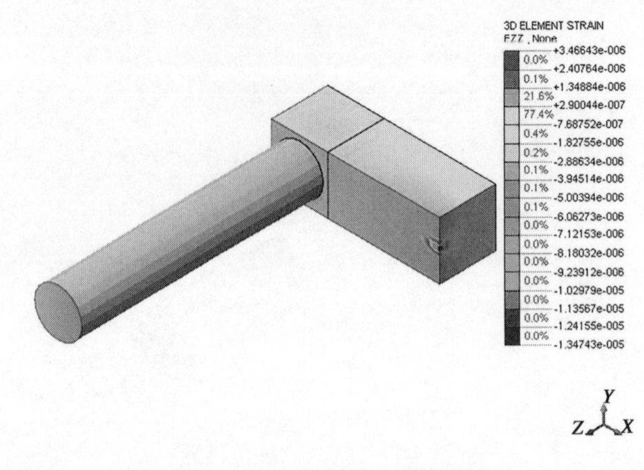

图 4-13 TSTM 金属框架变形云图

向负荷传感器,传感器在-30~70 ℃温度范围内工作,精度高达±0.05%FS,稳定性好,可测量拉力或压力。

2. 新型 TSTM 的摩阻力

为了减小 TSTM 温度模板对试件变形的影响,除采用传统的铺设 Teflon 薄膜消除侧模板和底模板对试件的摩阻力外,我们也对 TSTM 活动夹头位置进行了重新设计。图 4-15 是测得的 TSTM 空载时的摩阻力数据。可以看出,活动夹头电机推动夹头的初始时刻,摩阻力较大,约为 0.02 kN,之后滑动摩阻力有一定程度的减小。本机器通过在夹头底部设计线性导轨,基本消除了活动夹头与温度模板间的摩阻力。

图 4-14 荷载传感器

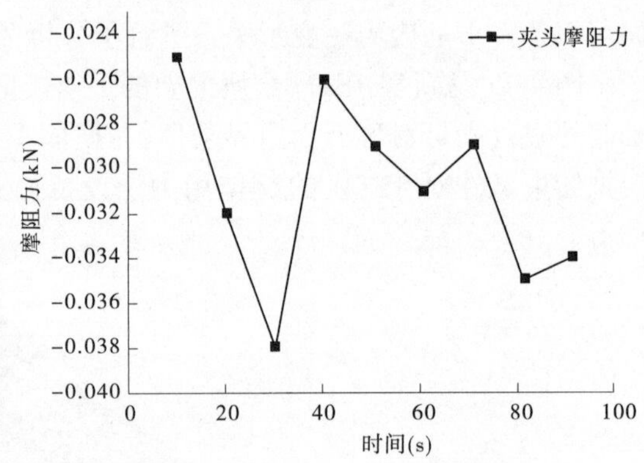

图 4-15 TSTM 活动夹头摩阻力

3. 新型 TSTM 的试件尺寸

考虑到哑铃状试件在变截面处易产生应力集中的情况,本试件采用圆弧过渡形式,采用有限元软件分析了两种尺寸的过渡段处应力集中情况,如图 4-16 所示。可以看出,随着过渡段圆弧半径的减小,变截面处的应力集中区域有所减小,应力分布更加均匀,因此试件的圆弧过渡段半径定为 120 mm。

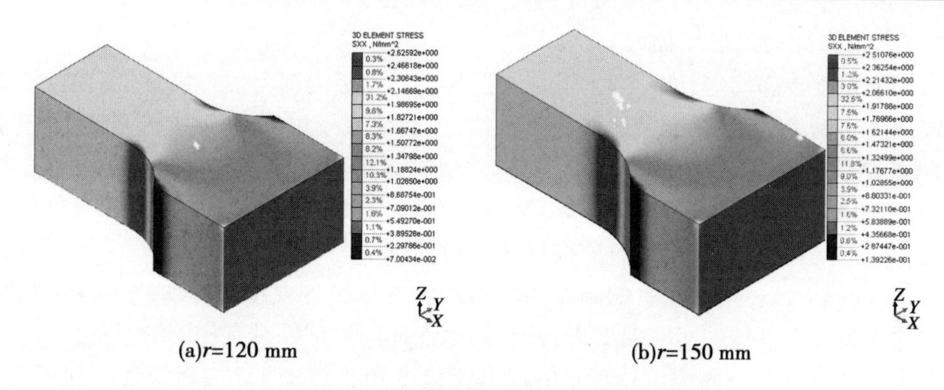

图 4-16　过渡段圆弧尺寸对应力集中的影响

4.2.3.3　温度控制系统

1. 新型 TSTM 的温度阈值

由于低水灰比混凝土热量释放更高，同时寒冷地区的混凝土工程可能面临零下几十度的低温寒潮等恶劣气候，因此对 TSTM 的温控系统也提出了更高要求，TSTM 的温控设备应能保证试验混凝土边界条件满足不同温度控制要求。本课题组研制的 TSTM 可施加的最高温度相比传统 TSTM 提高了 20 ℃，一定程度上扩展了试验混凝土的配合比范围；此外，不同的温降速率对最低温度也提出了要求，足够低的温度能够确保试验可进行多种工况条件下的实验室内模拟并保证混凝土最终开裂，获取有效的试验数据。

2. 新型 TSTM 的温降速率控制

混凝土工程因其体型、环境条件差异会产生不同的温降速率，仅对混凝土进行绝热试验难以充分反映混凝土的真实温度和应力历程。对于大体积混凝土工程，温降阶段的速率最慢可达 0.30 ℃/d[36]，而对于钢筋混凝土（准大体积混凝土）工程，此速率可达 0.35 ℃/h 左右[37]。

图 4-17 给出了新研制的混凝土温度应力试验机（TSTM）在日降温 0.5 ℃设定条件下的温度进程曲线。可以看出，温度曲线虽有小幅度波动，但基本实现了预设目标。

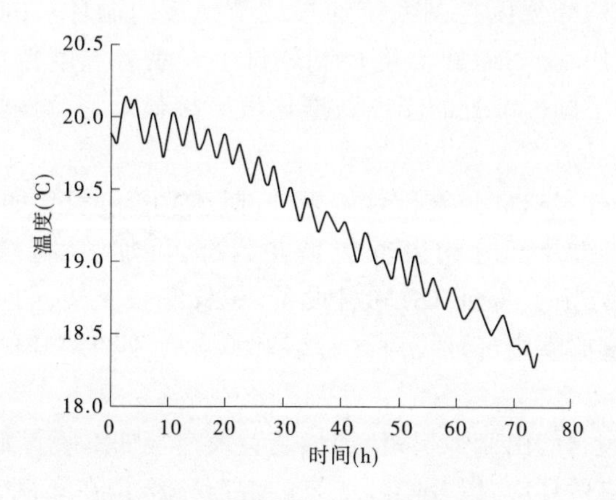

图 4-17　日降温 0.5 ℃进程曲线

3. 新型 TSTM 的温湿度控制

为保证温度传递均匀,试件的上下左右四块空心模板内部为同程循环液;PID 精确计算控制加热与制冷装置,保证精细的冷热补偿,控制输入模板循环液的流量,使循环液的温度满足试验的各种要求。模板加热冷却介质采用 40% 乙二醇水溶液,冰点温度为 −25 ℃。TSTM 试件的温度由模板内导热介质控制,入水口、出水口,以及上下、左右模板内部均布置温度传感器,用于实时监控导热介质的温度。

此外,混凝土试件内部布置的温度传感器用于测量试件温度历程曲线。自由变形试件的温度根据约束试件的实时温度进行调节,以保证两根试件具有相同的温度历程。

图 4-18 给出了 TSTM 调试过程中的混凝土温度变化与 TSTM 模板温度变化的对比。可以看出,在试件的温升—恒温—温降过程中,主、辅试件和温度模板曲线的趋势基本一致,说明 TSTM 试件温度历程控制的一致性。

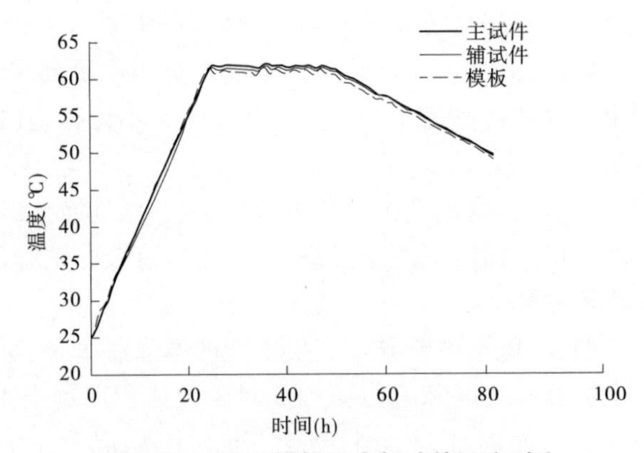

图 4-18 TSTM 模板温度与试件温度对比

TSTM 的温度控制系统共包含六个温度测点:混凝土试件的两端和中心点位置处各有一个温度传感器,TSTM 试件的两个侧模板和底模板处各有一个温度传感器。根据预先设定的温度历程,TSTM 温度控制系统通过调节模板内循环液的温度保证混凝土试件经历各种预定的温度历程。TSTM 温度控制软件上显示各温度传感器的实时温度数据,不同模板位置和试件不同位置处的温度数据均可直接显示,并可通过对各测点温度的调节满足不同试验条件的需求。

除上述几点优势外,TSTM 还在试件模板外部设置了环境箱,如图 4-19 所示。保温环境箱将试件、模板、夹头及部分约束轴包裹在内部,可加热/制冷环境箱内部空气,使 TSTM 试件处于小气候当中,保证 TSTM 各设备(位移测量支架、约束轴承等)所处温度环境尽可能恒温,降低实验室内部环境对试验结果的影响,使 TSTM 的温度满足试验的各种要求。

同时,环境箱内包含的由制冷机组、加热装置及空气加湿装置组成的独立温度控制系统,还可以模拟大气自然环境,以及实际浇筑的混凝土结构在寒潮、不同季节等环境变化条件下自身应力的发展情况,确保试件所处环境温度条件满足多种试验要求,进一步扩展 TSTM 的适用范围。环境箱壳体采用不锈钢材质,内部填充保温材料,密封严实无变形,

图 4-19　TSTM 环境箱

厚度为 150 mm,环境箱上盖采用电动小吊车装卸,具备垂直起吊和水平移动功能,可根据实验室的现场情况特殊设计。环境箱内安装有用于空气内循环的轴流风机,用于将环境箱内的冷、热空气混合均匀,保证环境空间内的温度恒定。轴流风机下安装有减振弹簧,避免风机振动传递到箱体或试件上。

环境箱隔绝内部的热量向反力架及底座传递,同时也隔绝外部的热量向内部传递,保证了温度控制的易控性,同时避免了实验室温度变化对测量结果的影响。环境箱底部两侧安装有两组温度控制装置,可以单独控制环境箱内的温度。

温度传感器采用铂电阻 PT100,精度为±0.1 ℃。

湿度控制采用工业超声加湿机,湿度传感器采用电子式湿度传感器,湿度测量及控制精度:±2%RH,湿敏元件采用电容式,每个环境箱 1 只。

4.2.3.4　软件操作系统

新型混凝土温度应力试验机的软件操作系统应满足以下要求:

(1)能够实时显示各采集数据,快速响应。

(2)接口丰富,可与其他采集设备接口兼容。

(3)界面友好,易学、易懂、易操作。

(4)数据自动存盘,并提供多种保存格式,便于后续数据处理。

新型 TSTM 的操作软件主界面如图 4-20 所示。

上侧部分:实时显示主辅试件的主要试验参数(温度、荷载和变形)。

左侧部分:试验采集数据的实时曲线显示界面,可根据采集的频率和时间自动切换横、纵坐标显示范围;设有 *Y*1 和 *Y*2 两个纵轴,可同时显示两种试验数据。图 4-20 中,*Y*1 轴设定的是试件在反复加卸载过程中的位移数据,*Y*2 是相应的荷载数据。

右侧部分:“保存数据”按钮的功能是将试验采集数据保存为 txt 或 excel 格式的文件;“载入数据”按钮的功能是载入历史试验数据文件,便于用户分析查找过往数据;“分析”按钮的功能是根据用户需求,直接在软件中计算弹性模量等试验混凝土的基本参数,便于实时分析。

同时,右侧部分还有多个标签页,包括“实验控制”“温度控制”“图名”“实验设置”,以及“主温度测量”“辅温度设置”等。不同标签页具有不同的功能,这里主要介绍前三项

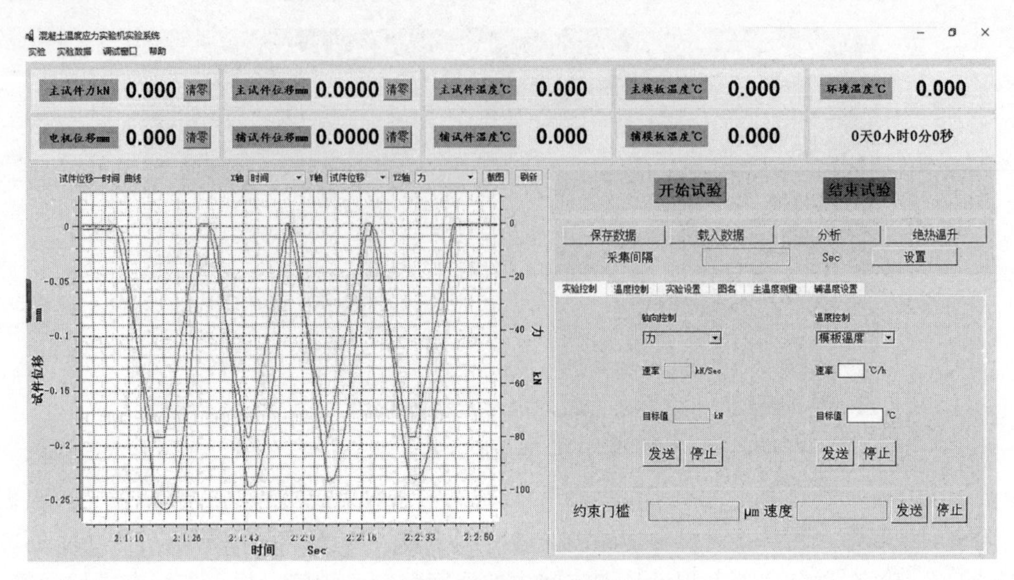

图 4-20　新型 TSTM 的操作软件主界面

的功能。

"实验控制"标签页主要包括手动控制试件位移、荷载和温度变化，以及设定约束门槛值等功能。

"温度控制"主要功能是预先设定试验试件经历的温度历程（速率、目标值，时间节点等），如图 4-21 所示，试验开始后由软件自动控制各个试验步骤。

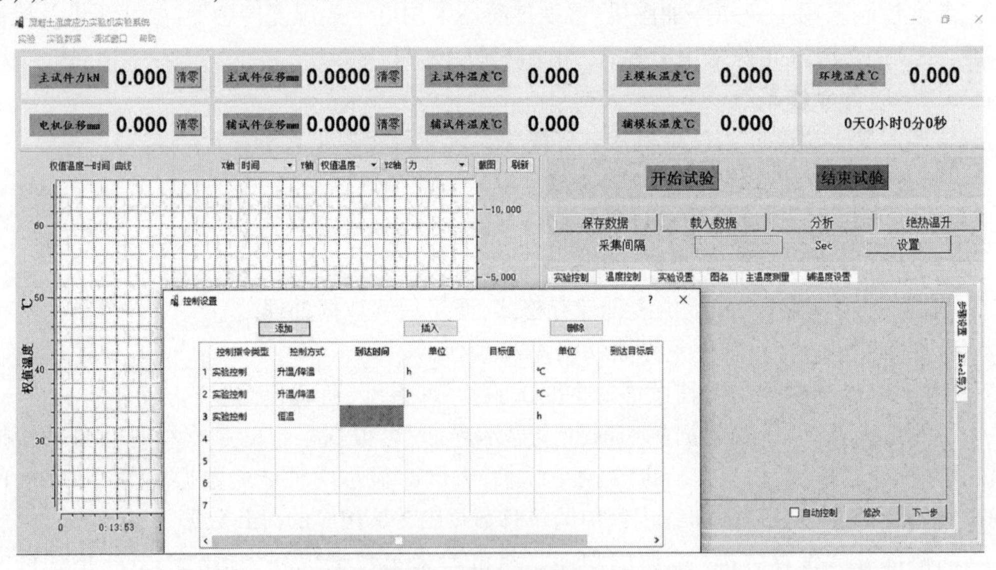

图 4-21　"温度控制"标签页

"图名"主要功能是设定不同试验参数曲线的颜色，便于与左侧显示的曲线对应。同时包括了 $Y1$ 和 Y2 两个坐标轴的参数曲线设定，如图 4-22 所示。

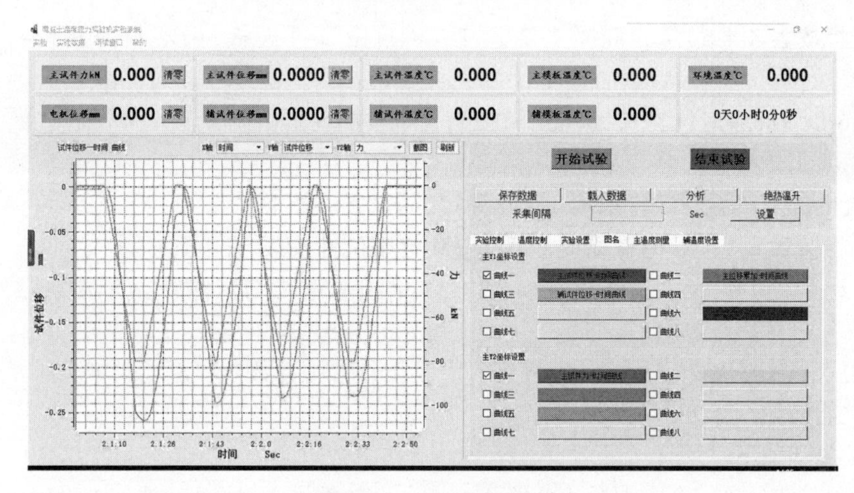

图 4-22　“图名”标签页

4.3　早龄期混凝土热学力学参数测定

4.3.1　试验材料与内容

4.3.1.1　混凝土原材料

水泥选用湖南省湘潭市棋梓牌普通硅酸盐 425 水泥，粉煤灰为湘潭市某电厂一级粉煤灰，粗集料选用当地花岗岩碎石，细集料选用河砂，外加剂为巴斯夫公司的聚羧酸高性能减水剂。试验选用的混凝土配合比如表 4-4 所示。

表 4-4　混凝土配合比　（单位：kg/m^3）

水泥	粉煤灰	砂	石	水	外加剂
255	85	748	1 133	146	4.074

4.3.1.2　试验设备

试验设备为自主研制的新型温度试验机。

4.3.1.3　试验内容

1. 混凝土力学性能（抗压强度、抗拉强度和弹性模量）

混凝土抗压强度按照《混凝土物理力学性能试验方法标准》[38] 中规定的试验法进行试验，测定的试验混凝土龄期为 1 d、2 d、3 d、7 d 和 28 d。

混凝土抗拉强度按照《混凝土物理力学性能试验方法标准》中规定的试验法进行试验，测定的试验混凝土龄期为 1 d、2 d、3 d 和 7 d。

混凝土弹性模量按照《混凝土物理力学性能试验方法标准》中规定的试验法进行试验，测定的试验混凝土龄期为 1 d、3 d、7 d 和 28 d。

2. 混凝土自收缩

混凝土的自收缩变形试验采用 TSTM 测定，测试方法如下：

(1)将按表 4-4 配合的混凝土浇入 TSTM 自由试件模板,用塑料薄膜密封后恒温养护。

(2)6 h 后拆除定位装置,测量 TSTM 自由试件的变形。

3. 混凝土绝热温升

混凝土的绝热温升试验采用 TSTM 测定,测试方法如下:

(1)将按表 4-4 配合的混凝土浇入 TSTM 自由试件模板,开始试验。

(2)调整 TSTM 温控系统,保证模板内部导温介质温度与试件中心点温度一致。

4. 混凝土热膨胀系数

混凝土热膨胀系数采用 TSTM 测定。混凝土热膨胀系数试验起始龄期为 1 d,试件的温度设定曲线如图 4-23 所示。

测试步骤如下:

(1)将按表 4-4 配合的混凝土浇入 TSTM 自由试件模板,恒温养护 1 d 后开始试验。

(2)调整 TSTM 温控系统,保证自由试件的温度变化如图 4-23(a)所示,同时测量自由试件的变形曲线如图 4-23(b)所示。试件温度变化阈值为 20~30 ℃。

采用式(4-25)计算混凝土的热膨胀系数:

$$\alpha_c = \frac{\Delta\varepsilon(t)}{\Delta T(t)} \tag{4-25}$$

式中　$\Delta\varepsilon(t)$ ——混凝土在温度变化 $\Delta T(t)$ 时间内的应变增量。

考虑到过快的温变速率会使混凝土的温度无法稳定,且在混凝土试件内部形成一定的温差,因此热膨胀系数试验过程中选定的试件温变速率约为 1 ℃/h[39]。

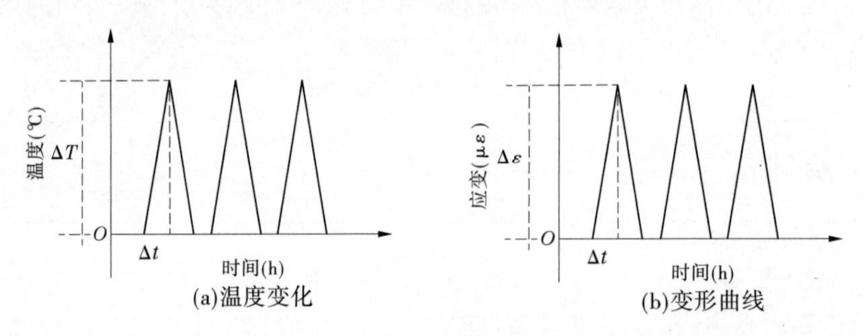

(a)温度变化　(b)变形曲线

图 4-23　混凝土热膨胀系数试验

5. 混凝土徐变度

传统的混凝土徐变测量装置需要采用混凝土受压徐变测定仪[40]或者混凝土受拉徐变测定仪[41-42]。选定混凝土测试龄期和应力比(施加应力/强度)后,对试件施加恒载并同时测量混凝土长期加载下的徐变变形。

借助于 TSTM 拉/压加载系统,可以进行混凝土的长期变形测量。测量方法采用传统的恒荷加载方式,试验时调整 TSTM 温控系统以保证约束试件和自由试件的内部温度维持在 20 ℃,采用 TSTM 位移测量系统测量约束试件和自由试件的变形曲线。

测试步骤如下:

(1)将按表 4-4 配合的混凝土浇入 TSTM 约束试件和自由试件模板,养护至试验龄期。

(2)调整 TSTM 温控系统,保证约束试件和自由试件中心点温度维持在 20 ℃,同时测量约束试件和自由试件的变形曲线。

混凝土徐变试验参数如表 4-5 所示。

表 4-5　混凝土徐变试验参数

编号	加载龄期(d)	加载龄期的抗压强度(MPa)	施加的应力值(MPa)	加荷/抗压强度	持荷时间(d)
1	1	6.3	2.5	0.40	3
2	2	11.2	4.5	0.40	3
3	3	19.5	7.8	0.40	3

试验过程中约束试件加载后产生的总变形包含以下几部分:

$$\varepsilon_{tot}(t) = \varepsilon_{in}(t) + \varepsilon_{sh}(t) + \varepsilon_{cr}(t) \tag{4-26}$$

式中　$\varepsilon_{in}(t)$ ——混凝土受荷后产生的瞬时弹性变形;

$\varepsilon_{sh}(t)$ ——混凝土在持荷过程中产生的自收缩变形;

$\varepsilon_{cr}(t)$ ——混凝土在持荷过程中产生的徐变变形。

混凝土的自收缩变形可通过 TSTM 的自由试件测量。在保证同批次浇筑的两根试件具有相同的温度历程和尺寸条件下,将约束试件的总变形减去自由试件的自收缩变形便可得到约束试件的徐变变形。

混凝土徐变度可由式(4-27)计算得出。

$$C(t,\tau) = \frac{\varepsilon_{cr}(t,\tau)}{\sigma(\tau)} \tag{4-27}$$

4.3.2　早龄期混凝土材料性能试验结果与分析

4.3.2.1　混凝土力学性能

1. 抗压强度

不同龄期的混凝土抗压强度试验结果如图 4-24 所示。可以看出,混凝土在浇筑后的几天内的抗压强度迅速发展,前 3 天基本呈线性变化的规律,增长率是 3~7 d 的 2.7 倍;7 d 龄期时混凝土的抗压强度为 26.2 MPa,约为 28 d 龄期时的 85%。

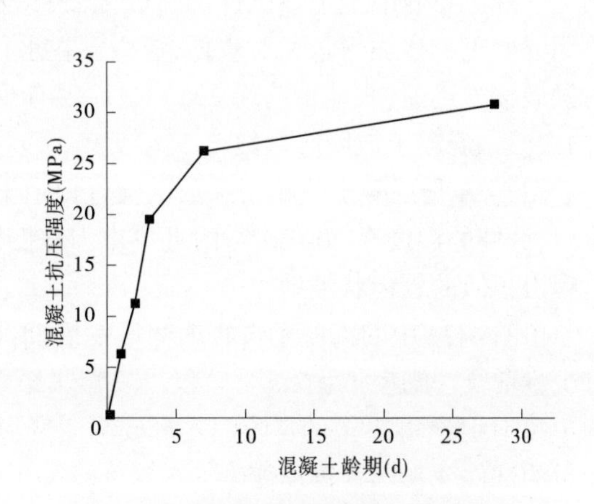

图 4-24　不同龄期混凝土抗压强度曲线

2. 抗拉强度

不同龄期的混凝土劈拉强度试验结果如图 4-25 所示。可以看出,混凝土在浇筑后几天内强度迅速发展,与混凝土抗压强度的发展趋势十分类似。2 d 龄期时混凝上的抗拉强度为 1.05 MPa,约为 7 d 龄期时劈拉强度(1.62 MPa)的 64.8%。随后,由于水化进程减缓,混凝土强度增长减缓。

根据试验结果拟合出的混凝土劈拉强度计算公式为

$$f_t(t) = 3.2(1 - e^{-0.31t^{0.44}}) \tag{4-28}$$

3. 弹性模量

混凝土的弹性模量变化曲线如图 4-26 所示。1 d 龄期时混凝土的弹性模量为 12.3 GPa,7 d 龄期时混凝土的弹性模量为 21.5 GPa,约为 28 d 龄期弹性模量(26.5 GPa)的 81.1%。该曲线变化规律与混凝土抗压强度变化曲线类似。

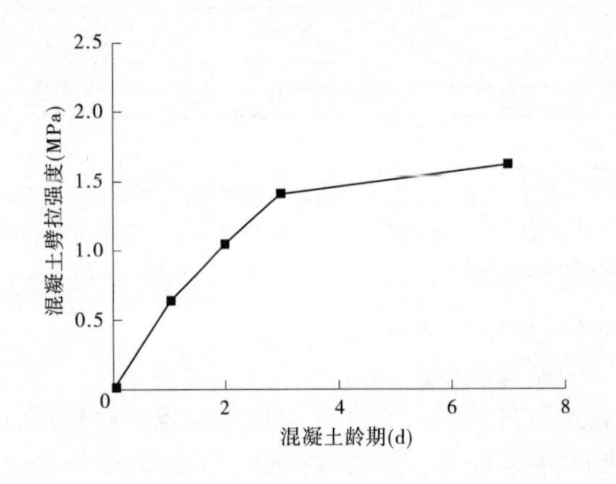

图 4-25 不同龄期混凝土劈拉强度曲线

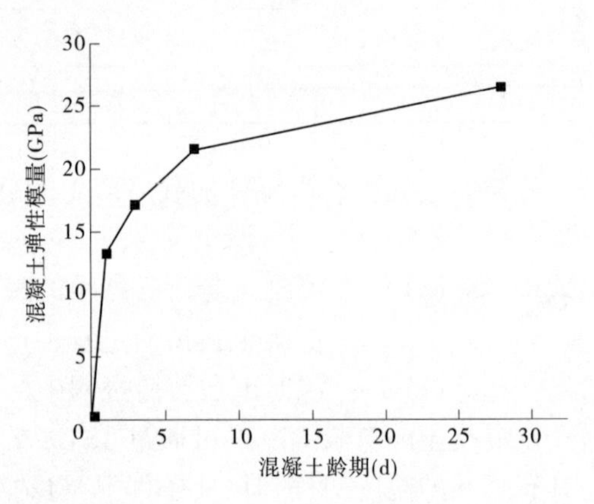

图 4-26 不同龄期混凝土弹性模量变化曲线

根据试验结果拟合出的混凝土弹性模量计算公式为

$$E_c(t) = 39.5(1 - e^{-0.4t^{0.34}}) \tag{4-29}$$

4.3.2.2 混凝土自收缩

试验时,浇筑完成的试件表面立即覆盖塑料薄膜,做密封处理,因此测量的试件变形归为混凝土自收缩变形。试件的自收缩变形发展曲线如图 4-27 所示,可以看出,由于试验用混凝土的水泥含量相对较低,混凝土在水化过程中的自收缩变形不大,在浇筑后 24 h 内发展较为迅速,收缩量约为 $22\mu\varepsilon$,之后仅有少量增长。

4.3.2.3 混凝土热膨胀系数

图 4-28 是混凝土热膨胀系数试验过程中 1~6 d 的温度和变形曲线。由图 4-28 可以看出,试件的温度在 20~30 ℃附近呈锯齿状变化;同时,混凝土变形随着温度的变化同样呈现出相似的锯齿状波动。

由图 4-27 中的混凝土自收缩变形发展曲线可以看出,1 d 后混凝土的自收缩变形仅有少量增长(增速约为 $5\mu\varepsilon$/d),仅占热膨胀系数试验单次循环混凝土总变形(约 $100\mu\varepsilon$)的 1/20;因此,混凝土的自收缩变形较温度变形基本可以忽略,将热膨胀系数试验过程中测量的试件变形归为温度变形。

图 4-29 给出了采用式(4-25)计算出的混凝土热膨胀系数变化曲线散点值。可以看出,混凝土浇筑 1 d 后热膨胀系数基本稳定在 10×10^{-6}/ ℃附近。

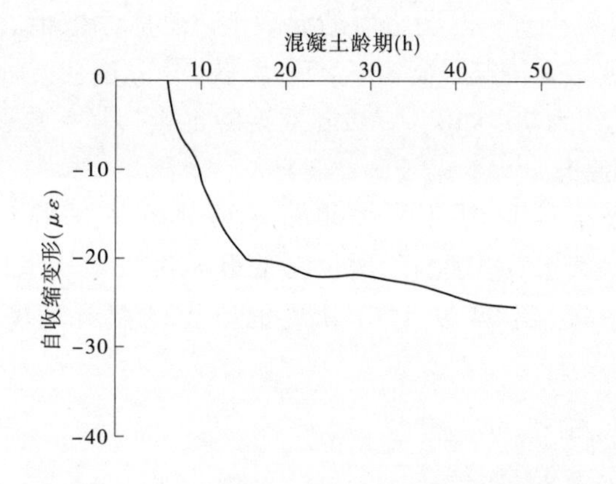

图 4-27　不同龄期混凝土自收缩变形发展曲线

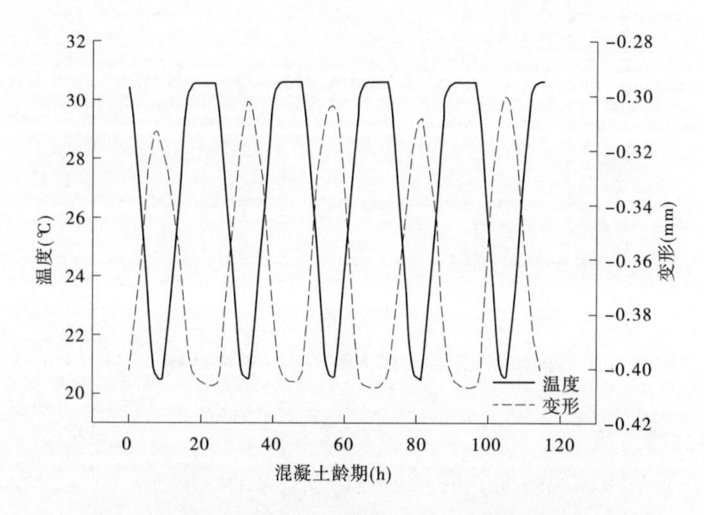

图 4-28　混凝土热膨胀系数试验的试件温度和变形曲线

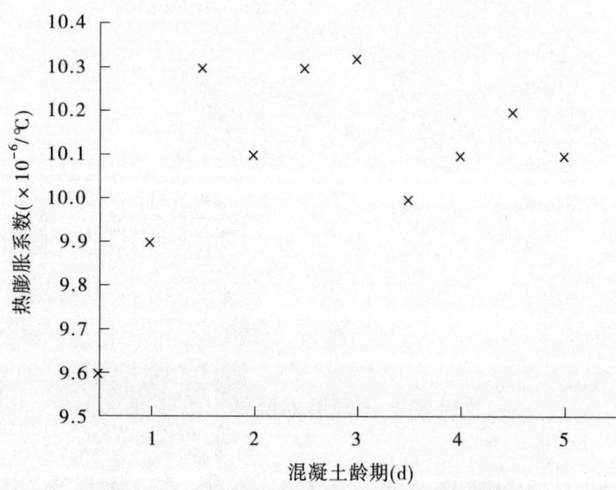

图 4-29　不同龄期混凝土热膨胀系数

本试验仅给出了混凝土 1 d 龄期之后的混凝土热膨胀系数值。已有文献研究结果表明[14],混凝土的热膨胀系数在浇筑后至 24 h 之间呈现剧烈变化;初凝阶段大约为 20×10^{-6}/ ℃;12~14 h 后降至最低值,约为 7.5×10^{-6}/ ℃;随后混凝土热膨胀系数逐渐增长并趋于稳定。

4.3.2.4　混凝土绝热温升

TSTM 测定的混凝土绝热温升曲线如图 4-30 所示。试验混凝土的入模温度为 25.5 ℃,混凝土浇筑后便有小幅度温度增长,6 h 开始生成大量水化热,温度呈现明显增长,1 d 内急剧升高,并达到 24.9 ℃;1 d 后混凝土的温升速率放缓,最高温升值约为 32.2 ℃。

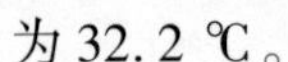

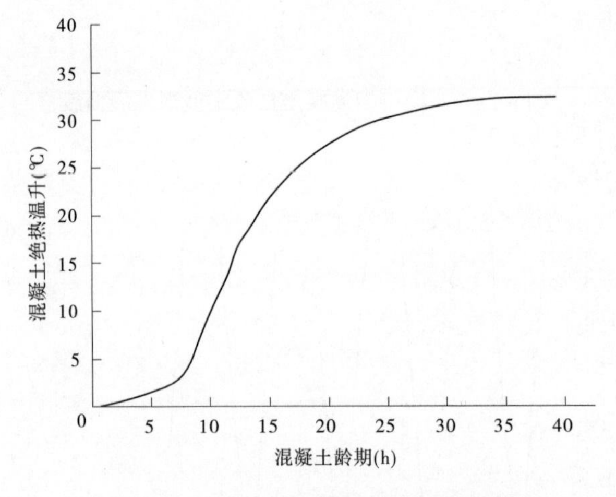

图 4-30　不同龄期混凝土绝热温升曲线

4.3.2.5　混凝土徐变度

图 4-31 给出了不同加载龄期下混凝土的徐变度规律。

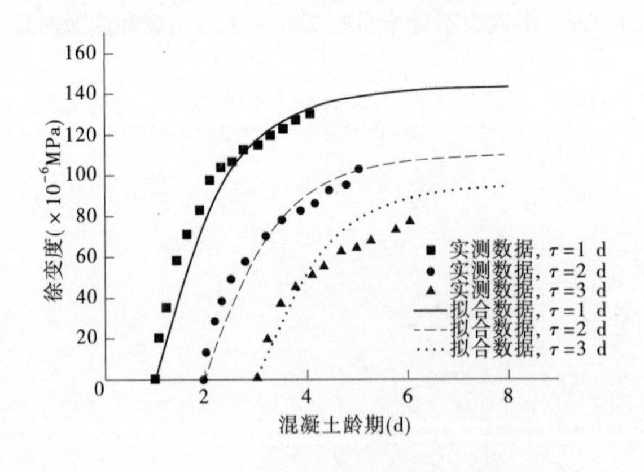

图 4-31　不同龄期混凝土徐变度

可以看出,早龄期加载的混凝土徐变度比较高,这是由于早龄期的混凝土水化反应还不充分,混凝土内部没有形成承担荷载的“骨架”,水泥石结构松散不密实,强度和弹性模量都偏小,因此混凝土自身呈现出较大的徐变变形;晚龄期加载时,混凝土快速的水化反应加速了混凝土结构的密实,强度和弹性模量也有了快速增长,减少了混凝土发生徐变变形的条件。

拟合混凝土徐变度的表达式为

$$C(t,\tau) = \sum_{i=1}^{2} (f_i + g_i \tau^{-p_i})[1 - e^{-r_i(t-\tau)}] \tag{4-30}$$

式中　τ——加载时刻混凝土龄期,d;

t——混凝土龄期,d。

混凝土徐变度参数如表 4-6 所示。

表 4-6　混凝土徐变度参数

参数	f_i (10^{-4})	g_i (10^{-4})	p_i	r_i
$i=1$	0.209 0	1.192 1	0.45	0.950
$i=2$	0.354 0	0.601 8	0.45	0.005

4.3.2.6　混凝土形变性能对混凝土开裂的影响

早龄期状态下的混凝土徐变对混凝土构件的开裂行为具有不同的影响。混凝土浇筑后经历温升—温降的历程,如果在温升阶段以膨胀变形为主,早龄期混凝土的徐变对于混凝土抗裂是不利的;当混凝土处于温降阶段承受拉应力时,较大的徐变能力对于混凝土抗裂是有利的。浇筑后始终处于受拉状态的混凝土,徐变对于混凝土抗开裂能力是有利的。

早期温升使混凝土处于压应力阶段,这一阶段混凝土徐变能力是较高的,自收缩变形虽然可以缩短混凝土处于压应力状态下的时间历程,将徐变在混凝土受拉阶段发挥作用的时间提前,但同时又使混凝土后期承受更大温差带来的拉应力,对混凝土的抗开裂性能不利。

4.4　早龄期钢筋混凝土温度应力试验

现有早龄期混凝土开裂行为研究大多基于素混凝土构件,考虑钢筋影响的研究并不多见。钢筋混凝土结构中,由于钢筋和混凝土两种材料在长期持荷过程(温度历程)中不同的力学性质,钢筋对混凝土温度应力是否有影响、影响程度多大令人关注。以下利用物理仿真方法,考察温降速率和配筋率对早龄期钢筋混凝土温度应力的影响,并对其影响程度做出评价。

4.4.1　试验原材料和设备

试验混凝土材料及配合比如表 4-4 所示。

试验设备采用自主研制的新型混凝土温度应力试验机(TSTM)。

4.4.2　试验内容

4.4.2.1　试验方案

1. 温降速率影响

工程实测数据表明,准大体积钢筋混凝土结构,在浇筑 1 d 后的温降速率一般为 0.35 ℃/h[37]。由于钢筋混凝土结构的温降速率还受到结构尺寸、环境温度,以及混凝土配比等多种因素的影响,本试验同时选取了 0.175 ℃/h 的温降速率作为对比,以分析温降速率对钢筋混凝土开裂行为的影响。

2. 配筋率影响

实际工程中,钢筋混凝土构件或结构的分布筋直径在 8 ~ 16 mm,布筋间距为 100 ~ 200 mm,配筋率通常集中在 0.3% ~ 1.5%范围内,因此本试验选定 0.9%和 2.0%的配筋率以分析配筋率影响。

试件尺寸如图 4-32 所示。试件中部直线段截面尺寸为 150 mm×150 mm,位移测程设为 1 000 mm。

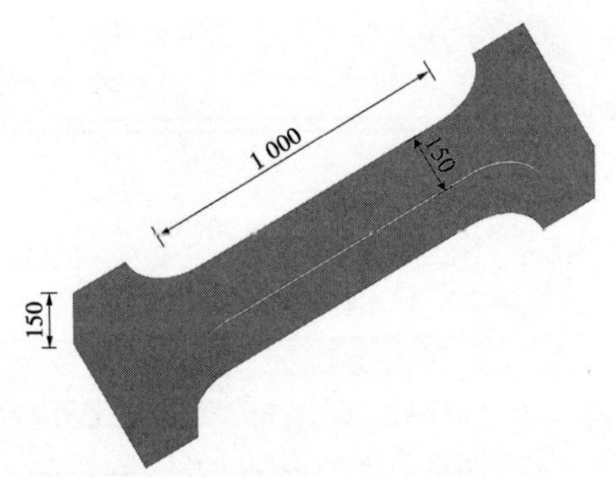

图 4-32　TSTM 试件尺寸　(单位:mm)

试件编号及参数说明如表 4-7 所示。

表 4-7　试件编号及参数说明

试件编号	降温速率(℃/h)	配筋
C-0.175-0	0.175	—
C-0.175-0.9	0.175	4 Φ 8
C-0.35-0	0.35	—
C-0.35-0.9	0.35	4 Φ 8
C-0.35-2	0.35	4 Φ 12

注:编号的第一个数字代表温降速率,第二个数字代表配筋率。

4.4.2.2　试验设计

(1) 根据试件试验条件在测试软件中对混凝土试件设定半绝热温度历程,使混凝土中心温度按照设定的温升温降曲线变化,直至试件破坏。

(2) 根据该批次试件试验条件对混凝土的约束度进行设定。如果混凝土处于完全约束状态,则约束度设为 1;如果混凝土处于自由状态,则约束度设为 0;混凝土约束度可在 0~1 调节。

(3) 设定 TSTM 试件的允许变形阈值(本试验采用 $4\mu\varepsilon$)。一旦试件变形量超过此值,试件即被拉/压回原长,保证长度不变。

4.4.2.3　试验步骤

(1) 将混凝土原材料筛洗、晾干;将 TSTM 模板内部刷油,再铺设一层塑料薄膜。

（2）将混凝土原材料按比例配合后，用温度计测量温度，并尽量保证各试件入模温度相同；配筋混凝土试验将绑扎好的钢筋笼预埋入 TSTM 试件模板，如图 4-33 所示。

（3）将同批次的混凝土浇入 TSTM 主、辅试件模板内；将测温铜管埋于试件中点；最后盖上 TSTM 顶盖。

（4）将位移传感器固定于试件中部，温度传感器插入预埋铜管内，所有传感器系统清零，启动电机开始试验。

（5）试验持续至应力数据突变时停止，导出各项数据，关闭电机，清理 TSTM 模板，准备后续试验。

图 4-33　预埋钢筋笼

4.4.3　试验结果及分析

4.4.3.1　钢筋对混凝土温度变形的影响

在进行混凝土约束试验前，首先考察了钢筋对混凝土温度变形的影响。图 4-34 是素混凝土试件和钢筋混凝土试件的温度和变形曲线。实际工程中，钢筋混凝土结构在浇筑完成后，产生的部分水化热会散失到空气中，使其温升幅度低于绝热条件，因此混凝土约束试验时设定试件经历半绝热状态。试件的初始温度为 25 ℃，随着水化反应的不断进行，当混凝土浇筑 6 h 后，混凝土出现明显升温，17 h 达到温度峰值，约为 37 ℃，之后由于热量散失的速率大于水化热生热率，混凝土的温度开始下降；混凝土浇筑 24 h 后，设定不同的温降速率。

由图 4-34(b)可以看出，在相同的温降速率条件下，素混凝土试件和钢筋混凝土试件的变形曲线基本一致，说明混凝土和钢筋的热膨胀系数差别不大。一般认为，钢筋的热膨胀系数与混凝土的热膨胀系数相似，为$(10\sim12)\times10^{-6}/$℃。结合混凝土热膨胀系数（略大于 $10\times10^{-6}/$℃）和本节试验结果，认为钢筋和混凝土具有相同的热膨胀系数。

无约束条件下，两种混凝土试件的温度历程相同、变化规律一致，因此可以判断，在自由变形工况下，钢筋对混凝土变形无影响。

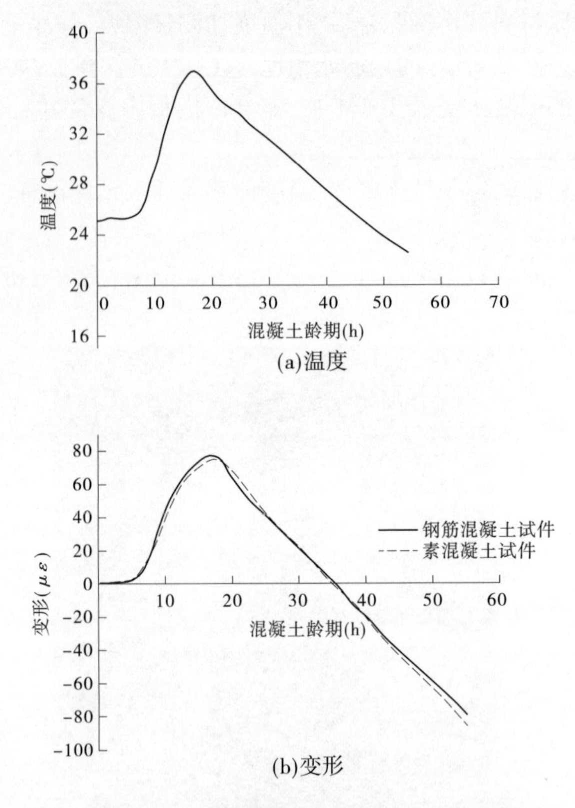

(a)温度

(b)变形

图 4-34　钢筋混凝土试件和素混凝土试件自由变形对比

4.4.3.2　温降速率对素混凝土开裂行为的影响

典型的试件破坏形态如图 4-35 所示。

图 4-35　试件开裂

图 4-36(a)是素混凝土试件不同温降速率下的温度过程曲线。图 4-36(b)是图 4-36(a)中不同温降速率条件下素混凝土试件的浇筑—开裂全过程的应力发展曲线。混凝土的松弛应力曲线可分为两部分,即受压阶段和受拉阶段。混凝土浇筑后 6 h,混凝土的骨

架基本形成,开始承担荷载,应力出现增长的时刻称为“第一零应力点”。混凝土急剧温升引起的膨胀变形受到约束,从而产生压应力,由于早期混凝土弹性模量较低,压应力数值不大;随后,由于温度的降低,混凝土由膨胀转为收缩,混凝土压应力不断降低,并在某一时刻转为拉应力,此时刻称为“第二零应力点”[43],由于后期混凝土弹性模量较大,因此混凝土在“第二零应力点”时刻的温度要比浇筑温度更高,如图 4-36(a)所示;此后,混凝土拉应力随着温度的降低持续增加,直至拉应力超过混凝土的抗拉强度,引发混凝土开裂。

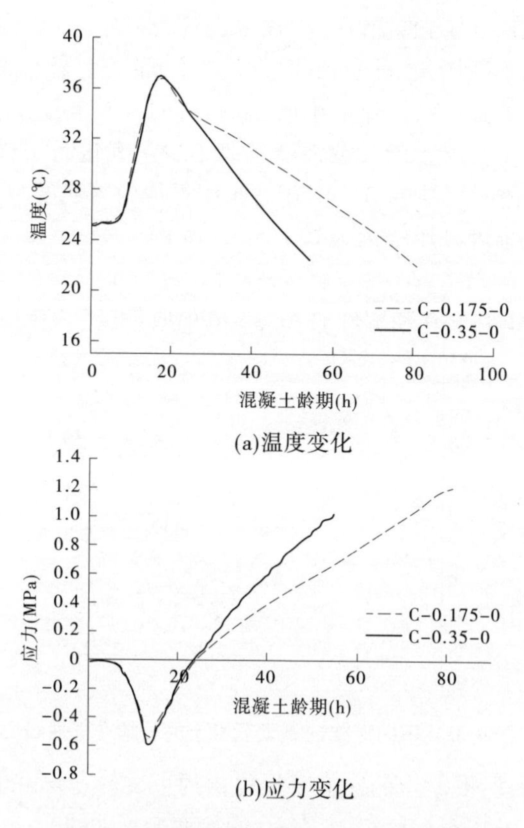

图 4-36　温降速率对素混凝土试件开裂行为影响

由图 4-36 还可以看出,随着温降速率的降低,试件由“第二零应力点”到达开裂时刻的时间间隔增长,从开裂温差的角度更能体现出温降速率对混凝土开裂行为的影响:当混凝土温降速率为 0.175 ℃/h(试件 C-0.175-0)和 0.35 ℃/h(试件 C-0.35-0)时,试件的开裂时刻温度分别为 22.1 ℃和 22.5 ℃,缓慢的温降速率增大了混凝土的温降幅度。

由于混凝土本身属于各向异性材料,混凝土内部容易出现应力集中现象,混凝土容易在应力集中处最先破坏。当混凝土的温降速率较为缓慢时,混凝土有更多的时间“削峰”,降低混凝土内部应力集中的程度,从而间接提高了混凝土的开裂应力;另一方面,当混凝土温降速率快时,混凝土的应力水平更高,更能利用早龄期混凝土的徐变特性,但同时又会与混凝土自身强度增长形成“竞争”;缓慢的温降幅度虽然能使混凝土自身应力水平增长放缓,但与此同时,晚龄期混凝土的徐变特性和较高的弹性模量又会削弱上述优势。从整体结果看,缓慢的温降幅度对于提高混凝土的抗裂行为的优势更为明显。

由图 4-36(b)还可以看出,温降速率为 0.35 ℃/h 和 0.175 ℃/h 的试件开裂应力分别为 1.02 MPa 和 1.2 MPa,较同等养护条件下得到的混凝土劈拉强度分别降低了大约 28%和 22%。长期加载的混凝土开裂应力明显低于混凝土力学性能试验得到的抗拉强度,这与混凝土的加载方式有很大关系。一方面,混凝土力学性能试验采用的是瞬时加载方式,该种方式得到的开裂荷载往往偏大;另一方面,混凝土温度应力试验得到的开裂应力偏低也与混凝土内部微裂纹扩展有很大关系。由于混凝土试件处于长期的加载过程,整个温度应力试验中试件处于频繁的压/拉往复循环,混凝土内部浇筑时形成的微裂纹、孔隙等随着荷载的增加不断增长、贯通;同时混凝土内部又逐渐形成了许多新的微裂纹,这些老旧裂纹对混凝土的强度有严重的削弱作用,从而导致混凝土长期持荷后的开裂应力下降。长期加载条件下混凝土的开裂强度已有不少学者进行了试验研究。例如,文献[44]得到的强度减小幅值为 0.09~0.24 MPa;张涛等得到的强度减小幅值为 0.18~0.33 MPa[45];魏亚等得到的强度减小幅值为 0.15~0.4 MPa[46]。

4.4.3.3 混凝土徐变

图 4-37 为试件 C-0.175-0 和试件 C-0.35-0 的收缩变形曲线。

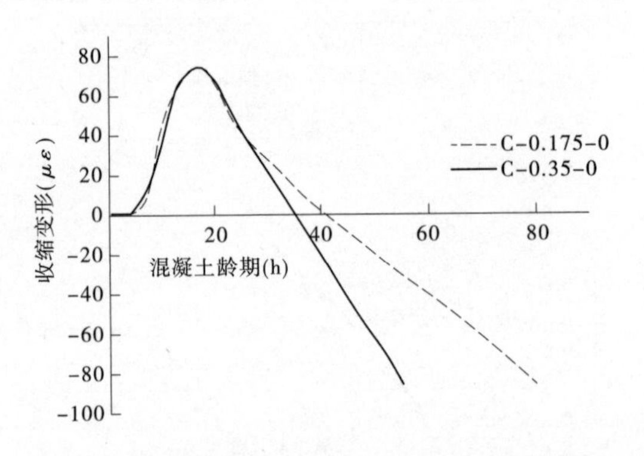

图 4-37 不同温降速率素混凝土的收缩变形曲线

基于 TSTM 设计原理,混凝土的徐变变形可由约束试件和自由试件的变形差得出。图 4-38 为试件 C-0.175-0 和 C-0.35-0 的徐变变形曲线。

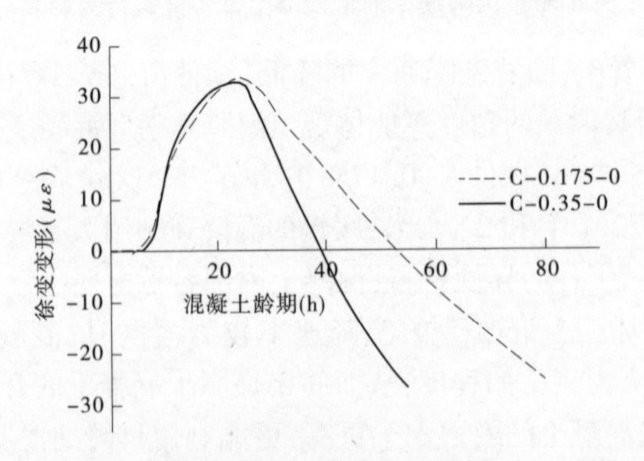

图 4-38 不同温降速率素混凝土的徐变变形曲线

受压阶段,混凝土温度升高膨胀受压产生压应力,同时压徐变变形也不断增长,混凝土在达到压应力峰值时刻的压徐变变形约为 $22\mu\varepsilon$;其后混凝土压应力虽有所降低,但压徐变变形仍有少量增长,试件 C-0.175-0 和试件 C-0.35-0 达到"第二零应力点"时刻的压徐变变形分别为 $34.3\mu\varepsilon$ 和 $33.3\mu\varepsilon$;受拉阶段,随着混凝土温度继续降低,混凝土拉徐变变形随着拉应力的增长而逐渐增大,试件 C-0.175-0 和试件 C-0.35-0 开裂时刻混凝土的拉徐变变形分别达到了 $60.6\mu\varepsilon$ 和 $59.4\mu\varepsilon$。

4.4.3.4 "第二零应力点"温度

"第二零应力点"时刻是混凝土由压应力转向拉应力的时刻,因此对于后期分析混凝土的拉应力发展趋势有重要影响。已有诸多学者对这一临界点进行了研究分析。一般来说,"第二零应力点"温度越高,开裂风险越大[47,48]。

混凝土温度—应力曲线的变化不仅受混凝土自身几何尺寸、力学性能(弹性模量)和热学性能(热膨胀系数、放热系数、导热系数等)的影响,还与所处的环境(温度、湿度、风速、日照等)、施工计划(浇筑间歇、养护条件、集料入仓温度)等因素有关,是一个较为复杂的分析对象。由于与混凝土"第二零应力点"温度相关的因素非常多,因此关于混凝土"第二零应力点"温度的模型文献并不多见。

Schindler[49]等给出了计算"第二零应力点"温度 T_z 的折减系数,该系数定义如下:

$$R = \frac{T_{max} - T_z}{T_{max}} \tag{4-31}$$

式中　T_{max}——混凝土的最高温度,℃;

R——混凝土最高温度 T_{max} 至"第二零应力点"温度 T_z 的折减系数。

Schindler 等通过大量的数值计算发现,R 的数值在 6%~8%变化,即"第二零应力点"温度为混凝土最高温度的 92%~94%。

Larson[43]建议的"第二零应力点"温度模型考虑了浇筑温度 T_0 和最高温度 T_{max} 的影响。同样采用了折减系数的概念计算"第二零应力点"温度 T_z。

"第二零应力点"温度计算公式表达如下:

$$T_z = k(T_{max} - T_0) + T_0 \tag{4-32}$$

通过改变混凝土构件的尺寸、环境温度、浇筑温度、导热系数和约束度等参数,Larson 对不同水胶比的混凝土构件温度—应力曲线进行了数值计算,得到的折减系数 k 的表达式为

$$k = 1.41 - 1.36w/b \tag{4-33}$$

$$k^* = k \cdot (0.93 + 0.09\gamma_R) \quad (0.5 \leqslant \gamma_R \leqslant 1.0) \tag{4-34}$$

可以看出,Larson 给出的折减系数 k 仅与混凝土本身的水胶比有关,与结构几何尺寸、环境温度和浇筑温度等无关。水胶比越低,折减系数 k 越大,这可能与低水胶比引起的高收缩变形有关。

由式(4-34)还可以看出,Larson 给出的考虑约束度的折减系数 k^* 与 k 十分接近。这可由混凝土的约束应力计算公式解释。

混凝土的约束应力可表达为

$$\sigma = \gamma_R \varepsilon E_{c,eff} \tag{4-35}$$

也就是说,在相同的温度历程条件下,不同约束度下的混凝土约束应力应按比例变化,即通过相同的“第二零应力点”时刻,k^* 和 k 的理论值应该是一样的。

Schindler 折减系数:

根据式(4-31)计算出的本次试验 Schindler 折减系数 R 为 8.1%,与 Schindler 给出的 6%~8%较为接近。

Larson 折减系数:

根据式(4-32)和式(4-33)计算出本次试验混凝土“第二零应力点”温度理论值为 34.9 ℃,Larson 折减系数 k 的理论值为 0.825 2,与实测的 34 ℃相差 0.9 ℃。可以看出,二者之间还是存在一定差异的。前面提到,影响混凝土应力发展的因素有很多,上述模型是否具有普遍性还需要更多数据的验证。

4.4.3.5　温降速率对钢筋混凝土开裂行为的影响

图 4-39 为温降速率为 0.175 ℃/h 条件下,试件 C-0.175-0 和试件 C-0.175-0.9 的名义应力发展曲线。

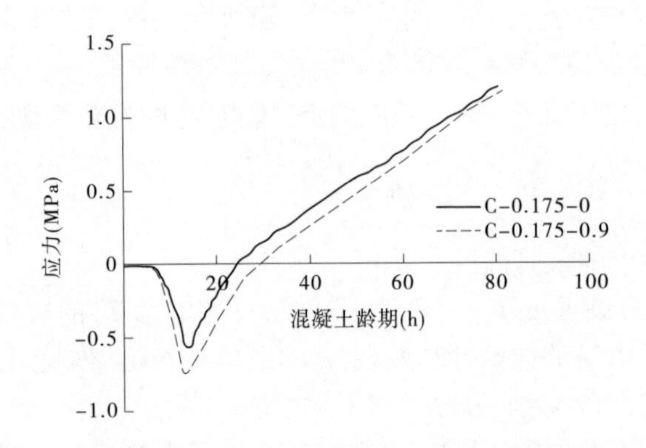

图 4-39　温降速率 0.175 ℃/h 条件下试件名义应力发展曲线

可以看出,温升阶段,素混凝土试件 C-0.175-0 的最大压应力为 0.58 MPa,而钢筋混凝土试件 C-0.175-0.9 在相同时刻的最大名义压应力为 0.77 MPa,由于试件 C-0.175-0.9 加入了钢筋,试验得到的最大名义压应力更大;温降阶段,由于钢筋混凝土试件 C-0.175-0.9 压应力更高,因此试件到达“第二零应力点”的时刻比素混凝土试件 C-0.175-0 晚;之后,随着温度的持续降低,试件 C-0.175-0 和试件 C-0.175-0.9 的名义拉应力持续增大,直至试件发生破坏。从开裂时间角度看,钢筋混凝土试件 C-0.175-0.9 从浇筑至开裂历时约 81 h,开裂应力为 1.15 MPa,素混凝土试件 C-0.175-0 的开裂时间约为 80.6 h,二者的开裂时间基本一致,开裂温度在 22 ℃左右。

温降速率为 0.35 ℃/h 条件下试件的名义应力发展曲线如图 4-40 所示。

温降速率 0.35 ℃/h 条件下钢筋混凝土试件和素混凝土试件的名义应力发展趋势与温降速率为 0.175 ℃/h 的情况类似。钢筋混凝土试件 C-0.35-0.9 和试件 C-0.35-2 开裂时刻分别为 55.4 h 和 60.1 h,相应的开裂温度分别为 22.2 ℃和 20.6 ℃,开裂应力分别为 1.04 MPa 和 1.38 MPa;而素混凝土试件 C-0.35-0 开裂时刻为 54.1 h,开裂温度为 22.5 ℃,加入钢筋后钢筋混凝土构件的开裂温差分别增大了 0.3 ℃和 1.9 ℃。

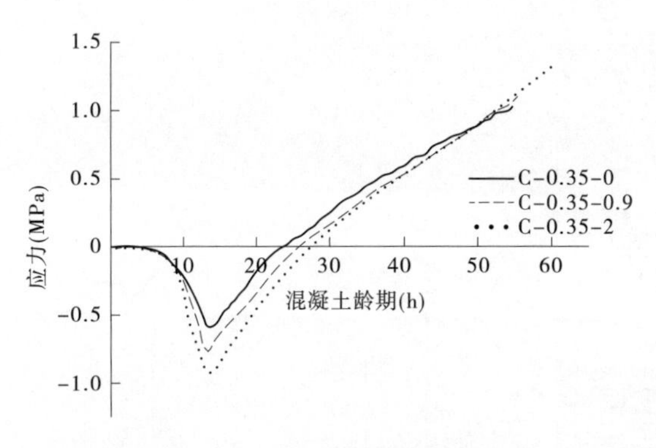

图 4-40　温降速率 0.35 ℃/h 条件下试件名义应力发展曲线

表 4-8 给出了不同温降速率条件下试件的开裂温度和提高率。比较试件 C-0.175-0.9 和 C-0.35-0.9 的开裂数据可以看出,当混凝土温降速率由 0.35 ℃/h 降低至 0.175 ℃/h 后,试件的开裂温度提高幅度不明显。由于试件 C-0.175-0.9 中混凝土的开裂应力偏低,导致试件开裂时间提前,开裂温度偏高。

表 4-8　试件开裂温度比较

试件批次	开裂温度(℃)	提高率(%)
C-0.175-0	22.1	—
C-0.175-0.9	22.0	
C-0.35-0	22.5	
C-0.35-0.9	22.2	2.6
C-0.35-2	20.6	16.5

4.4.3.6　配筋对混凝土开裂行为的影响

由于钢筋混凝土试件的总应力(名义应力)包含了混凝土和钢筋两部分应力,因此需将混凝土所受应力从总应力中提取单独分析。

对于两端完全固定的钢筋混凝土试件,在经历某一温度历程时,钢筋在此过程中产生的应力值为

$$\sigma_{\mathrm{steel}}(t) = \sum \Delta\varepsilon(t_i) E_s = \sum \Delta T \alpha E_s \tag{4-36}$$

如第 3 章所述,TSTM 通过荷载传感器将试件拉/压回原长,TSTM 试件的变形并不总是为 0,而是存在一个变形阈值 ε_0。试件在多次拉/压循环中近似保持完全约束。对于素混凝土试件,其松弛应力的数值是基于这些变形引发的应力累加值,在整个试验过程中 TSTM 荷载系统施加的应力全部由混凝土承担,原理如图 4-3 所示。

对于配筋混凝土试件,其松弛应力的数值虽然也基于多次变形引发的应力累加值,但在整个试验过程中混凝土应力由于钢筋的存在而发生部分重分布,如图 4-41 所示:混凝土在长期持荷过程中产生了徐变变形,导致钢筋和混凝土出现变形不协调,引发内力相互作用,导致在每次循环中(例如 $t_{i-1} \sim t_i$,$t_i \sim t_{i+1}$ 等)会有部分混凝土应力 $\Delta\sigma'_i$ 向钢筋转移。

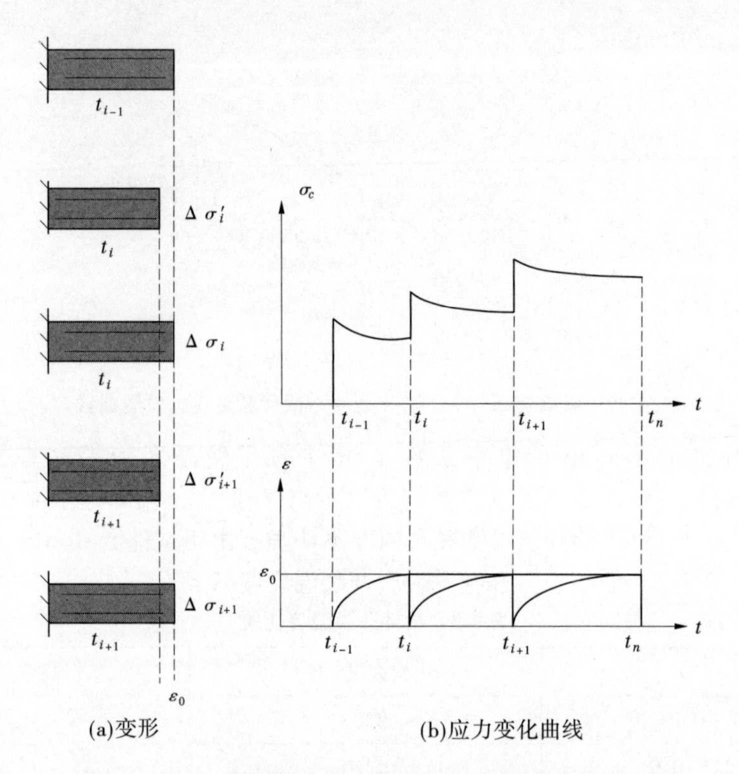

图 4-41　TSTM 钢筋混凝土试件混凝土变形及应力变化曲线

因此,在计算混凝土应力时还应从总荷载中扣除钢筋与混凝土在长期变形中的作用力,则混凝土应力可表示为

$$\sigma_c(t) = \frac{\sigma_{tot}A_{tot} - \alpha\Delta T E_s A_s - \Delta\sigma'_c A_c}{A_c} \tag{4-37}$$

式中　σ_{tot} ——试件的总应力;

A_{tot} ——试件的截面面积;

A_s ——钢筋的截面面积;

A_c ——混凝土的截面面积;

$\Delta\sigma'_c$ ——混凝土长期加载中卸载的应力。

基于变形协调和内力平衡原理,混凝土在长期持荷过程中向钢筋转移的应力值可由式(4-38)计算:

$$\Delta\sigma'_c = \frac{\Delta\varepsilon_{cr}E_s A_s}{A_c} \tag{4-38}$$

基于本章的 TSTM 设计原理,可以得到试件的徐变变形,带入式(4-38)便可计算出混凝土应力转移量。

图 4-42 给出了试件 C-0. 175-0 和试件 C-0. 175-0. 9 的徐变变形历程曲线。受压阶段,试件 C-0. 175-0 膨胀受压产生的压徐变变形不断增长,试件 C-0. 175-0 和试件 C-0. 175-0. 9 达到“第二零应力点”时刻的压徐变变形分别为 34. 3$\mu\varepsilon$ 和 22. 4$\mu\varepsilon$;随后,混凝土温度降低使得混凝土转为承担拉应力,混凝土拉徐变变形随着拉应力的增长而逐渐增

大,开裂时刻试件 C-0. 175-0 和试件 C-0. 175-0. 9 受拉徐变最大幅值分别达到了 60. 6$\mu\varepsilon$ 和 51. 4$\mu\varepsilon$。

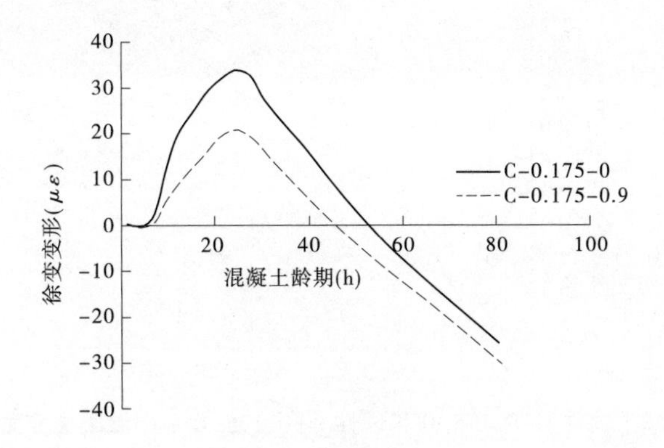

图 4-42　试件 C-0. 175-0 **和试件** C-0. 175-0. 9 **徐变变形**

图 4-43 为试件 C-0. 35-0、试件 C-0. 35-0. 9 和试件 C-0. 35-2 的徐变变形发展曲线。可以看出,受压阶段,试件 C-0. 35-0、试件 C-0. 35-0. 9 和试件 C-0. 35-2 的压徐变变形分别为 33. 3$\mu\varepsilon$,22. 5$\mu\varepsilon$ 和 18. 3$\mu\varepsilon$;随后,混凝土进入受拉阶段直至开裂,在此过程中,混凝土拉徐变变形随着拉应力的增长而逐渐增大,开裂时刻试件 C-0. 35-0、试件 C-0. 35-0. 9 和试件 C-0. 35-2 的受拉徐变最大幅值分别达到了 59. 4$\mu\varepsilon$、52. 2$\mu\varepsilon$ 和 50. 5$\mu\varepsilon$。

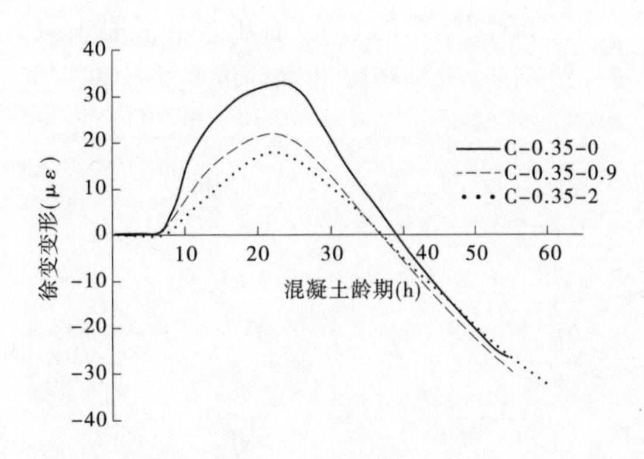

图 4-43　试件 C-0. 35-0、**试件** C-0. 35-0. 9 **和试件** C-0. 35-2 **徐变变形**

图 4-44 给出了温降速率为 0. 175 ℃/h 时,试件 C-0. 175-0 和试件 C-0. 175-0. 9 中混凝土温度应力变化历程曲线。可以看出,考虑钢筋与混凝土之间应力转移后,试件 C-0. 175-0. 9 中混凝土的拉应力在开裂时刻约为 1. 04 MPa,低于试件 C-0. 175-0 的开裂应力(1. 2 MPa);按照欧洲规范 Eurocode 2-Part 3[50] 给出的应力计算公式,试件 C-0. 175-0. 9 较试件 C-0. 175-0 混凝土拉应力水平降幅为 6. 7%;但根据图 4-44 中的两条应力数据可以得出,试件 C-0. 175-0. 9 中混凝土的应力在开裂时刻较试件 C-0. 175-0 减少了约 0. 2 MPa(16. 7%),与采用式(4-38)计算出的应力降幅相差比较大,此结果可能是试件

C-0. 175-0. 9 的混凝土开裂应力偏小导致的。

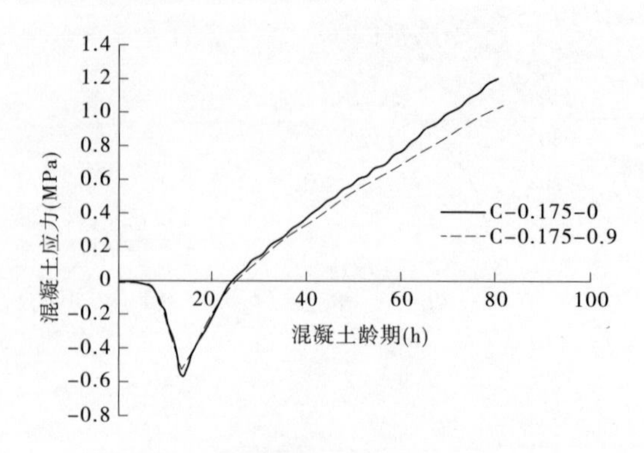

图 4-44　试件 C-0. 175-0 和试件 C-0. 175-0. 9 中混凝土应力变化

图 4-45 为试件 C-0. 35-0、试件 C-0. 35-0. 9 和试件 C-0. 35-2 的混凝土应力变化历程曲线。可以看出，配筋试件 C-0. 35-0. 9 中混凝土的应力发展趋势与试件 C-0. 35-0 类似，开裂时间相差不足 1 h，计算出的混凝土开裂应力为 0. 99 MPa；而配筋率更高的试件 C-0. 35-2 中混凝土的拉应力发展趋势与试件 C-0. 35-0 区别较为明显，开裂时刻混凝土应力为 1. 1 MPa。根据式(4-38)计算得到，试件 C-0. 35-0. 9 和试件 C-0. 35-2 较试件 C-0. 35-0 拉应力水平分别降低了 6. 8%和 13. 7%；同时，根据图 4-45 的混凝土应力数据可以得到，试件 C-0. 35-0. 9 和试件 C-0. 35-2 的拉应力降低水平分别为 4. 9%和 14. 7%，两种计算结果较为接近。

由上述计算结果可知，随着配筋率的增加，有更多的混凝土应力在试件长期持荷过程中借助于混凝土徐变转移给钢筋，进一步降低钢筋混凝土构件中混凝土的温度应力，推迟整个试件的开裂时间。

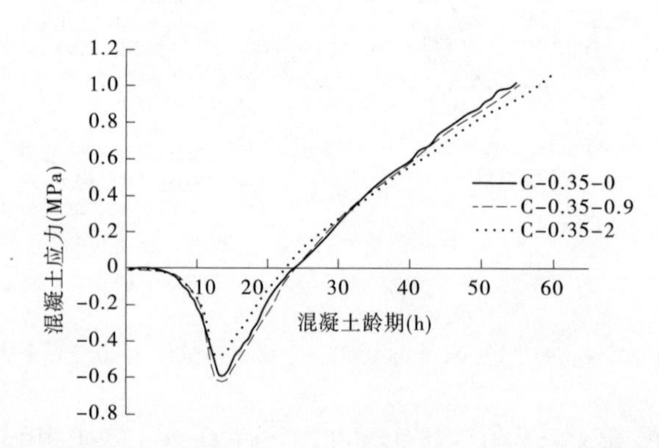

图 4-45　试件 C-0. 35-0、试件 C-0. 35-0. 9 和试件 C-0. 35-2 中混凝土应力变化

考虑配筋后的应力重分布，随着配筋率的增加，混凝土在整个持荷过程中随着循环次数的增加，混凝土的应力减小值不断累加，有更多的应力向钢筋转移，使配筋混凝土试件中的混凝土应力逐渐小于素混凝土应力，减缓了混凝土温度应力的发展趋势，也在一定程度上延缓了整个构件的开裂时间，较素混凝土构件的开裂时间有了一定的增长，同样反映出钢筋在提高整个构件抗裂性方面的积极作用。

参 考 文 献

[1] Breugel K V . Numerical simulation of hydration and microstructural development in hardening cement-based materials (Ⅱ) Applications[J]. Cement & Concrete Research, 1995, 25(3):522-530.

[2] Saul, Ga A . Principles underlying the steam curing of concrete at atmospheric pressure[J]. Magazine of Concrete Research, 1951, 2(6):127-140.

[3] Rastrup, Erik. Heat of hydration in concrete[J]. Magazine of Concrete Research, 1954, 6(17):79-92.

[4] Hansen P F, Pedersen E J. Maturity computer for controlled curing and hardening of concrete[R]. 1977.

[5] Byfors J. Plain concrete at early ages[M]. CBI Report 3:80,Swedish Cement and Conerd Research Institute,Stockholm,1980.

[6] Naik T R. Maturity functions for concrete cured during winter conditions[M]//Temperature Effects on Concrete. ASTM International, 1985.

[7] Committee A . Building code requirements for structural concrete ACI 318 08 and commentary[J]. American Concrete Institute, 2008(2):80.

[8] Code CEBFIPM. CEB-FIP model code for concrete structures, euro-international committe for concrete [J]. Bulletin, 1990:213,214.

[9] 朱伯芳. 大体积混凝土温度应力与温度控制[M].北京:中国电力出版社,1998.

[10] Bogue, RobertHerman. The chemistry of portland cement [M]. New York Reinhold Publishing Corp, 1947.

[11] Schutter G D , Taerwe L . General hydration model for portland cement and blast furnace slag cement [J]. Cement & Concrete Research, 1995(3):593-604.

[12] 侯东伟, 张君, 陈浩宇,等. 干燥与潮湿环境下混凝土抗压强度和弹性模量发展分析[J]. 水利学报, 2012, 43(2):198-208.

[13] Yu R , Spiesz P , Brouwers H J H . Mix design and properties assessment of ultra-high performance fibre reinforced concrete (UHPFRC)[J]. Cement and Concrete Research, 2014:29-39.

[14] Bjontegaard O , Sellevold E J. Effects of silica fume and temperature on autogenous deformation of high performance concrete. in: autogenous deformation of concrete [J]. Publication of American Concrete Institute, 2004:125-140.

[15] Cusson D , Hoogeveen T . An experimental approach for the analysis of early-age behaviour of high-performance concrete structures under restrained shrinkage[J]. Cement and Concrete Research, 2007, 37(2):200-209.

[16] Acker P , Ulm F J . Creep and shrinkage of concrete: physical origins and practical measurements - ScienceDirect[J]. Nuclear Engineering & Design, 1997, 203(2):143-158.

[17] 袁勇. 混凝土结构早期裂缝控制[M].北京:科学出版社, 2004.

[18] Radocea A. A study on the mechanism of plastic shrinkage of cement-based materials[D]. Chalmers University of Technology, 1992.

[19] Persson B . Self-desiccation and its importance in concrete technology[J]. Materials & Structures, 1997, 30(5):293-305.

[20] Powers T C, Brownyard T L. Studies of the physical properties of hardened portland cement paste[C]//

Journal Proceedings. 1946, 43(9): 101-132.

[21] Neville, Adam M. Properties of concrete[M]. London, Pitman, 1963.

[22] 黄国兴, 惠荣炎, 王秀军. 混凝土徐变与收缩[M]. 北京:中国电力出版社, 2012.

[23] Kovler K. Testing system for determining the mechanical behaviour of early age concrete under restrained and free uniaxial shrinkage[J]. Materials and Structures, 1994, 27(6):324-330.

[24] Bloom R, Bentur A. Restrained shrinkage of high strength concrete[C]//Proceedings of the Symposium on Utilization of High Strength Concrete, Lillehammer, Norway. 1993, 2: 1007-1014.

[25] Igarashi S I, Bentur A, Kovler K. Autogenous shrinkage and induced restraining stresses in high-strength concretes[J]. Cement & Concrete Research, 2000, 30(11):1701-1707.

[26] Bjontegaard O. Thermal dilation and autogenous deformation as driving forces to self-induced stresses in high performance concrete[M]. Norulay:The Norwegian University of Science and Technology, 1999.

[27] Darquennes A, Stéphanie Staquet, Espion B. Behaviour of slag cement concrete under restraint conditions[J]. Revue Fran § aise De Gnie Civil, 2011, 15(5):787-798.

[28] Tao Z, Weizu Q. Tensile creep due to restraining stresses in high-strength concrete at early ages[J]. Cement & Concrete Research, 2006, 36(3):584-591.

[29] D'Ambrosia M. Early age creep and shrinkage of emerging concrete materials[D]. Urbana University of Illinois at Urbana-Champaign, 2012.

[30] Atrushi D S. Tensile and compressive creep of young concrete: testing and modelling[M]. Fakultet for ingeniørvitenskap og teknologi, 2003.

[31] RILEM - CEA. Properties of set concrete at early ages state-of-the-art-report[J]. Matériaux Et Construction, 1981, 14(6):399-450.

[32] 陈波, 丁建彤, 石南南, 等. 基于温度-应力试验机的水工混凝土抗裂性试验方法[J]. 混凝土, 2009(8):6-7,11.

[33] Sun-Gyu P, Maruyama I, Jeong-Jin K, et al. Mechanical properties of expansive high-strength concrete under simulated-completely restrained condition at early age[C]//The 9th East Asia-Pacific Conference on Structural Engineering and Construction. 2003: 56-61.

[34] 胡曙光. 混凝土温度—应力检测原理与装备[M]. 北京:国防工业出版社, 2008.

[35] Altoubat S A, Lange D A. Grip-specimen interaction in uniaxial restrained test[J]. ACI SPECIAL PUBLICATIONS, 2002, 206: 189-204.

[36] 刘德富, 黄达海, 田斌. 拱坝封拱温度场及温控优化[M]. 北京:中国水利水电出版社, 2008.

[37] M, Briffaut, Benboudjema F, Torrenti J M, et al. A thermal active restrained shrinkage ring test to study the early age concrete behaviour of massive structures[J]. Cement & Concrete Research, 2011, 4(1): 56-63.

[38] 中华人民共和国住房和城乡建设部, 国家市场监督管理总局. 混凝土物理力学性能试验方法标准: GB/T 50081—2019[S]. 北京:中国建筑工业出版社, 2019.

[39] Shen D, Jiang J, Shen J, et al. Influence of curing temperature on autogenous shrinkage and cracking resistance of high-performance concrete at an early age[J]. Construction & Building Materials, 2016, 103(Jan. 30):67-76.

[40] 中华人民共和国水利部. 水工混凝土试验规程: DL/T 5150—2017[S]. 北京: 中国电力出版社, 2017.

[41] 汪伦焰, 郭磊, 郭利霞, 等. 混凝土早龄期拉伸徐变影响因素敏感性分析[J]. 建筑材料学报, 2014, 17(5):896-900.

[42] 魏亚，姚湘杰. 早龄期水泥混凝土拉伸徐变实测与模型[J]. 工程力学，2015，32(3)：104-109.

[43] Larson M. Thermal crack estimation in early age concrete: models and methods for practical application [D]. Luleå tekniska universitet, 2003.

[44] Altoubat S A, Lange D A. Creep, shrinkage and cracking of restrained concrete at early age[J]. Aci Materials Journal, 2002, 98(4):323-331.

[45] 张涛，覃维祖. 混凝土早期徐变对开裂敏感性的影响[J]. 工业建筑，2005(8)：89-92，105.

[46] Wei Y, Hansen W. Tensile creep behavior of concrete subject to constant restraint at very early ages[J]. Journal of Materials in Civil Engineering, 2013, 25(9):1277-1284.

[47] Springenschmid R, Breitenbucher R, Mangold M. Development of the cracking frame and the temperature-stress testing machine[C]// Thermal Cracking in Concrete at Early Ages, Springenschmid, Ed. Proceedings of the RILEM Symposium, E&FN SPON, 1994: 137-144.

[48] Riding K A. Early age concrete thermal stress measurement and modeling[D]. 2007.

[49] Schindler A K, Dossey T, Mccullough B F. Temperature control during construction to improve the long term performance of portland cement concrete pavements[R]. Chemical Composition, 2002.

[50] Jones A. Eurocode 2-design of concrete structures: Part 3. liquidretaining and containment structures [C]. Dissemination of information workshop, Brussels February, 2008.

第 5 章　准大体积混凝土钢筋承载机制

现有规范中对大体积混凝土中的钢筋作用并不明晰。在温度应力场中钢筋的作用和承载机制探讨对大体积混凝土温控防裂意义重大。本章以理论分析和数值计算为基础，研究了钢筋在准大体积混凝土于变化应力场中的载荷分担作用，并基于温度试验机试验结果对数值计算的正确性进行了验证。本章内容为理解准大体积混凝土的承载特性和开裂风险评估提供依据。

5.1　钢筋对早龄期混凝土的约束

混凝土是一种由水、水泥、骨料，以及外加剂等材料混合而成的人工石材，是多相复合材料。如图 5-1 所示，混凝土浇筑后，水化反应剧烈，混凝土由流态逐渐转为固态；随着混凝土内部水分的减少，水化反应减缓，混凝土的骨架结构和力学性能趋于稳定[1,2]。

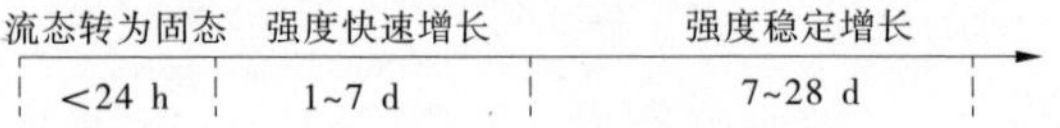

流态转为固态	强度快速增长	强度稳定增长
<24 h	1~7 d	7~28 d

图 5-1　早龄期混凝土强度增长趋势[1]

在混凝土的硬化过程中，混凝土产生大量的体积变形[3]：化学反应引起的自收缩（自干燥）变形，水化热引起的温度变形及水分散失引起的干燥变形等（如图 5-2 所示[4]），如果这些体积变形不受限制，混凝土内部不会产生应力。实际情况是现浇混凝土往往受到地基、相邻混凝土结构或构件的约束而无法自由变形。

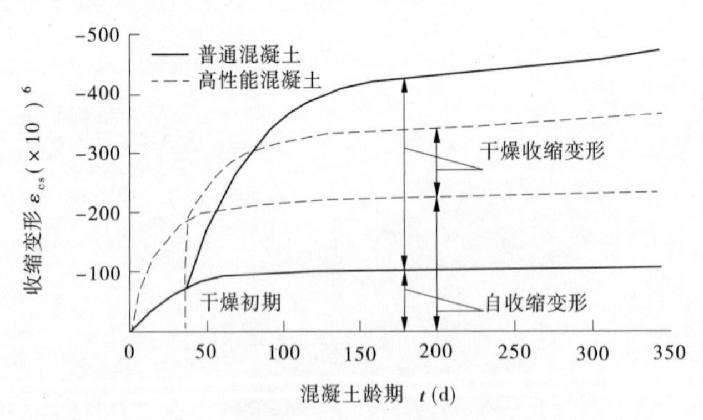

图 5-2　混凝土收缩变形发展规律[4]

当结构发生变形时，结构与结构之间及结构内部各组成部分之间，都可能产生相互作用，产生“约束”[5]。混凝土内部粗、细集料（细砂、碎石等）对水泥浆体变形（水化过程中产生的自收缩、温度变形等）的限制，老混凝土层（地基基础）对新浇混凝土结构层的限制，以及钢筋对混凝土变形的限制都可统称为约束。

约束有多种形式，按照约束作用方式可分为外部约束和内部约束。例如，新浇混凝土构件受到周边构件或者地基的约束就是外部约束，而混凝土构件内部各点间由于温湿度不均而产生变形差，由此产生的约束称为内部约束。

按照约束的程度，可将约束分为无约束、部分约束和完全约束。无约束是指混凝土构件能够自由变形，不受外部条件的限制，内部不产生应力；部分约束是指混凝土构件无法自由变形，有部分变形被约束；完全约束是指混凝土无法变形，即所有变形均被限制住，此条件下混凝土会产生最大的约束力，极易导致开裂的发生。

一维条件下，如图 5-3 所示，混凝土构件在自由状态下的变形量为 Δl_f，受约束状态下产生的变形量为 Δl_r，则混凝土的约束度 γ_R 可用约束状态下产生的变形量和自由状态下的变形量的比值来定义，即

$$\gamma_R = \frac{\Delta l_f - \Delta l_r}{\Delta l_f} \tag{5-1}$$

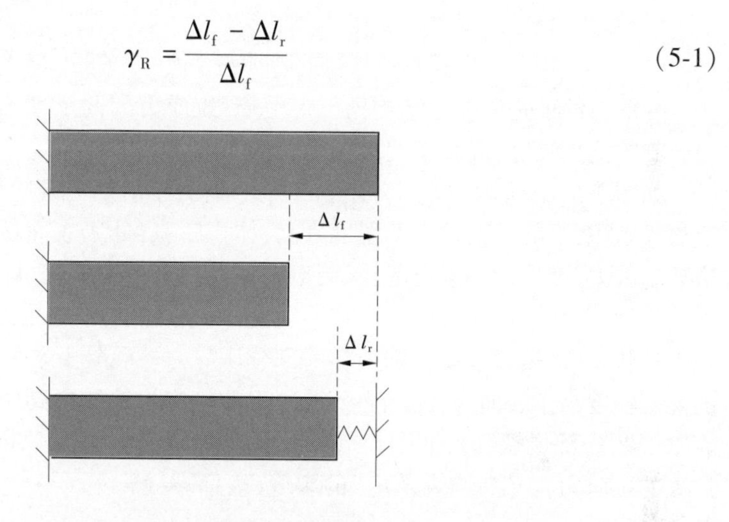

图 5-3　混凝土约束变形示意图

式(5-1)中，分子项代表混凝土构件被约束的变形部分，分母项代表混凝土构件自由状态下的变形。当 $\Delta l_r = 0$ 时，即受约束状态下不产生任何变形，那么混凝土构件被完全约束，此时 $\gamma_R = 1.0$；当 $\Delta l_r = \Delta l_f$ 时，即受约束状态下产生的变形量和自由状态下的变形量相同，表明混凝土构件处于自由状态，不受约束，此时 $\gamma_R = 0$；当 Δl_r 处于 $0 \sim \Delta l_f$ 时，表明混凝土构件受到部分约束，此时 γ_R 处于 0~1.0。

这种约束的程度，在多维条件下还可表达为关于被约束体和约束体的尺寸和刚度比的函数，如式(5-2)所示：

$$\gamma_R = \gamma_R\left(\frac{L}{H}, \frac{A_c E_c}{A_f E_f}\right) \tag{5-2}$$

式中　A_c 和 A_f—— 被约束体和约束体的面积；

E_c 和 E_f—— 被约束体和约束体的弹性模量；

L 和 H ——被约束体的长度和高度。

由式(5-2)可以看出，被约束体受到的约束程度与自身刚度或者约束体刚度的绝对值无关，而与二者之间的比值有关。

图 5-4 给出了刚性基础约束下,不同 L/H 的墙体沿高度方向的约束度。可以看出,随着 L/H 的增加,沿高度方向的约束程度逐渐增大。

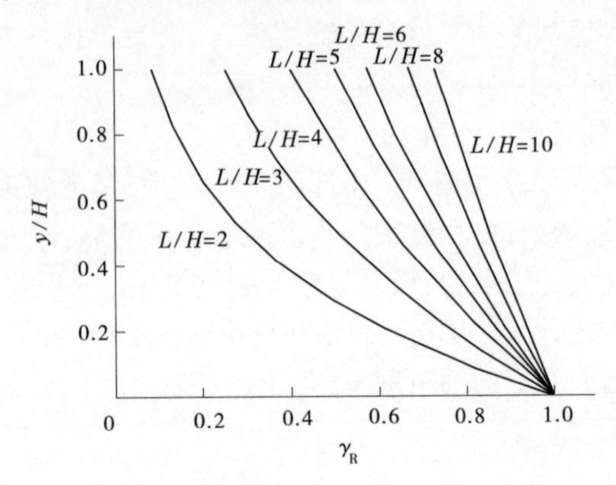

图 5-4　不同部位混凝土约束度的变化规律[6]

变形与约束是混凝土结构内部产生压/拉应力的两个基本要素。一旦拉应力超过相应时刻的抗拉强度,混凝土便会有开裂的风险。

如图 5-5(a)所示,对于一现浇混凝土结构,早龄期温升阶段,由于混凝土水化反应导致热量堆积,混凝土结构内部温度升高,体积膨胀;处于表面位置的混凝土由于热量向周边环境散失,变形量小于内部,从而对内部混凝土产生压应力,自身则受到拉应力;当混凝土结构处于温降阶段时,由于内部混凝土体积收缩受到表面混凝土的约束,内部混凝土呈现受拉状态,而表面混凝土则残存一部分压应力。混凝土本身导热性质较差,内部混凝土的温变幅度高于表面点,因此内部混凝土的拉应力往往要高于表面混凝土,产生"由里及表"的裂缝(深层裂缝),如图 5-5(b)所示。如果表面保护不足,则表面混凝土有可能产生过大的拉应力,产生"由表及里"的裂缝(表面裂缝)。

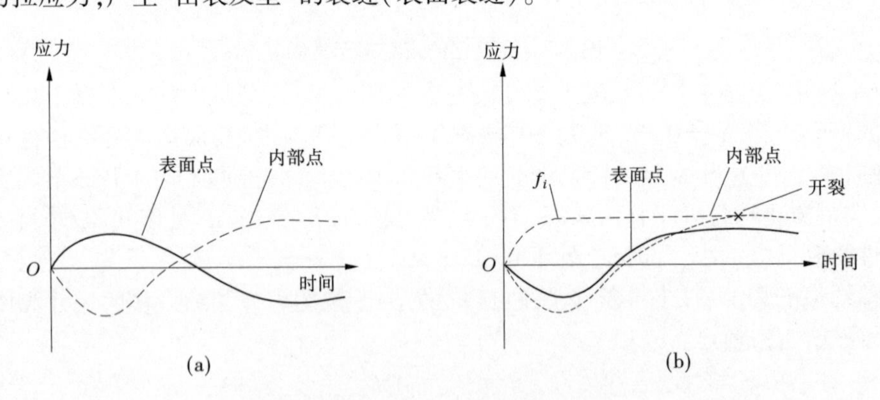

图 5-5　早龄期混凝土约束应力的发展

图 5-6 为水处理设施混凝土结构的裂缝分布示意图[7]。整个结构高度为 8.1 m,宽度为 0.5~0.75 m,分 8 个阶段浇筑,采用的混凝土等级为 C25~C30。阶段 2 开裂现象较为严重,出现较多的竖向裂缝,部分位置甚至产生了贯穿性裂缝,原因主要是底板处约束度较高,混凝土拉应力超过当时龄期混凝土的抗拉强度引发开裂;此外,阶段 4 也出现了

部分裂缝,大多从混凝土结构1/2高度附近起裂,逐步向上、向下扩展,形成“枣核”状。这类裂缝通常是由于后期温降时混凝土中心位置散热不利,温差变形过大,导致拉应力超限引发的。

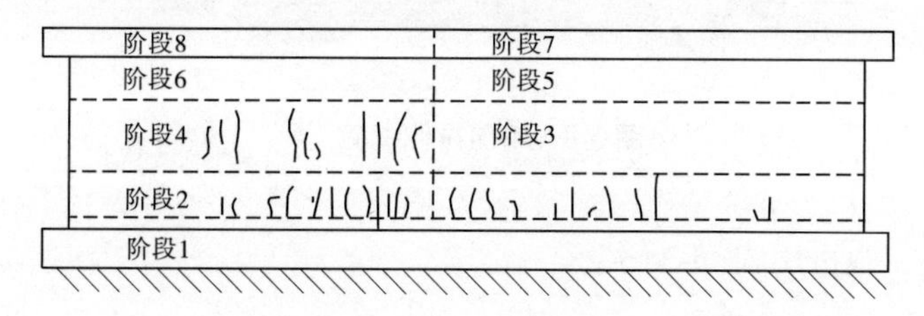

图5-6 水处理设施混凝土结构的裂缝分布示意图[7]

与混凝土的收缩性质类似,徐变也是一种具有时间依存性的材料性质,并且随着龄期的增长逐渐减缓[3]。长期加载下考虑混凝土的应力松弛特性,可以使混凝土的开裂风险显著降低[8-12],如图5-7所示。

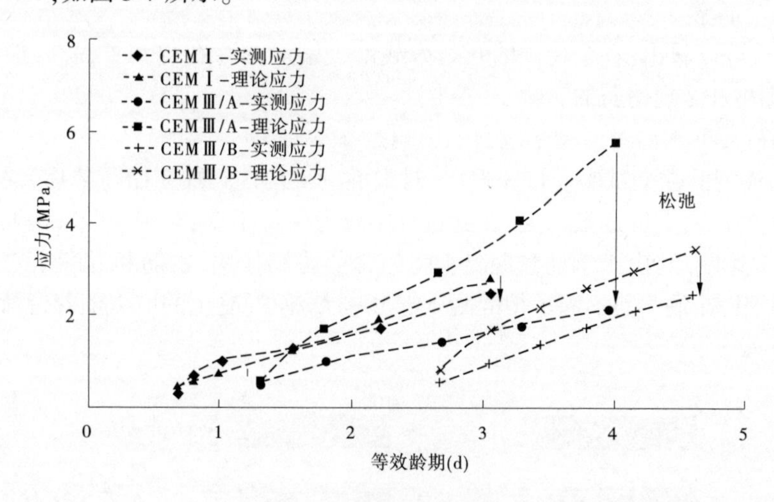

图5-7 混凝土应力松弛[8]

钢筋和混凝土构成一种组合材料的基本条件是:二者具有相似的热膨胀系数及可靠的黏结。在工民建领域中,由于结构本身尺寸较小,并且多面临空,混凝土水化过程中产生的水化热可以迅速散失到周围环境中,因此水化热引起的温变问题通常忽略不计,结构进行设计时仅考虑正常使用状态和极限状态下的实体荷载。配置钢筋的作用通常体现在限制结构或构件开裂后出现过大的挠度和裂缝宽度[13-17]。

然而,对于需要考虑水化热影响的混凝土结构,温度变形和约束引发的应力已远远超过此类结构受到的外部实体荷载[5]。对大量的工程实测数据分析表明,这些工程中的混凝土结构产生裂缝的原因,有80%以上是由于变形(温度、收缩和沉降等)引起,剩余部分由结构受实体荷载产生。而在变形裂缝中温度、收缩裂缝又占了很大的比例。

长期受荷状态下混凝土会产生徐变变形(尤其是早龄期阶段),由此引发的钢筋和混凝土变形不协调,使我们需要特别关注钢筋在此过程中对混凝土应力发展的影响。

(1)短期荷载下钢筋对混凝土应力的影响。

图 5-8 是一典型混凝土构件轴向拉伸试验。

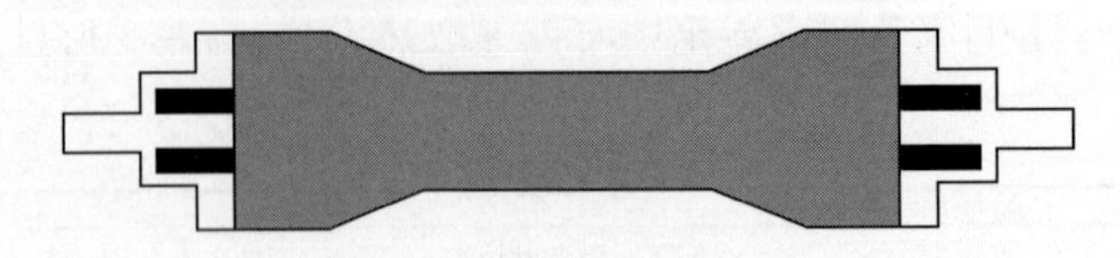

图 5-8　轴向拉伸试验[13]

构件的开裂荷载可用式(5-3)表示：

$$N_{cr}=f_t A\left[1+\left(\frac{E_s}{E_c}-1\right)\rho\right] \tag{5-3}$$

式中　f_t—— 混凝土的抗拉强度；

A—— 构件的截面面积；

E_s、E_c—— 钢筋和混凝土的弹性模量；

ρ ——配筋率。

由式(5-3)可以看出，整个构件的开裂荷载由于钢筋的存在得到了提高，但混凝土应力的发展趋势并未受到钢筋的影响。

(2)长期荷载下钢筋对混凝土应力的影响。

图 5-9 为典型的徐变试验。可以看出，对素混凝土构件施加初始荷载后，混凝土由于长期持荷产生的徐变变形逐渐加大，在此过程中应力保持不变；对于一配置钢筋的混凝土构件，考虑钢筋影响后，由于钢筋和混凝土间的变形协调作用，钢筋和混凝土之间不断发生力的相互作用，导致钢筋不断承担混凝土部分应力，而混凝土的应力随着持荷时间的增长不断减小。

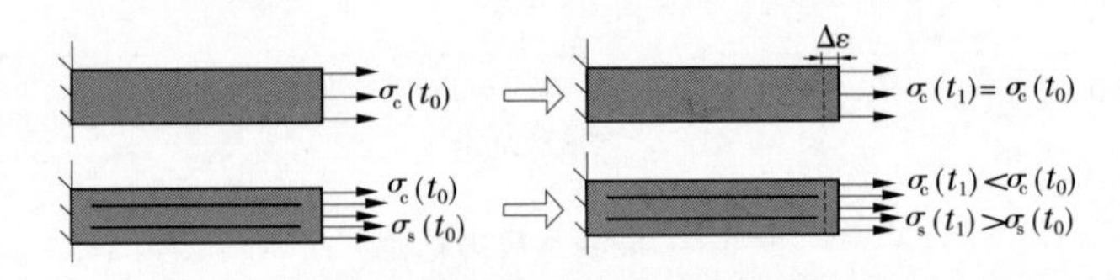

σ_c— 混凝土应力，σ_s —钢筋应力

图 5-9　徐变试验中钢筋对混凝土应力的影响

松弛过程中(见图 5-10)，假定构件本身不发生任何变形，钢筋和混凝土之间不存在变形协调的过程，因此素混凝土构件和钢筋混凝土构件中的混凝土应力发展历程一致。此条件下，钢筋对混凝土应力发展无影响。

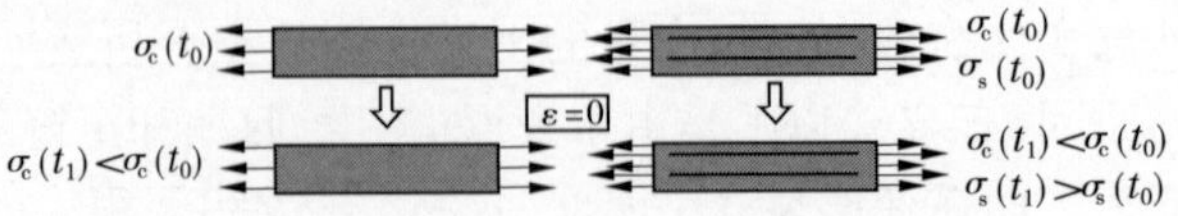

σ_c— 混凝土应力，σ_s —钢筋应力

图 5-10　松弛试验中钢筋对混凝土应力的影响

5.2　温度作用下钢筋分载的内在机制

5.2.1　单因素分析钢筋混凝土约束应力

5.2.1.1　混凝土收缩的影响(弹性分析)

图 5-11 为某一约束条件下,钢筋对混凝土收缩变形的影响示意图。

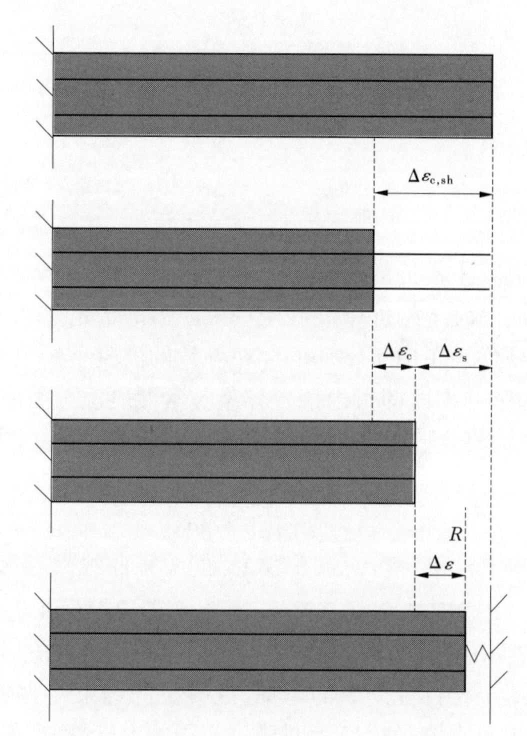

图 5-11　钢筋对混凝土收缩变形的影响

假定混凝土在时间段 Δt 内产生的收缩应变增量为 $\Delta\varepsilon_{c,sh}$。基于钢筋和混凝土之间的变形协调和内力平衡原理,可以得到下述关系:

$$\Delta\varepsilon_s E_s A_s = (\Delta\varepsilon_{c,sh} - \Delta\varepsilon_s) E_c A_c \tag{5-4}$$

式中　$\Delta\varepsilon_s$—— 钢筋的应变增量;

E_c 和 E_s—— 钢筋和混凝土的弹性模量;

A_c 和 A_s ——钢筋和混凝土的截面面积。

将式(5-4)整理后可得钢筋应变增量 $\Delta\varepsilon_s$ 的表达式为

$$\Delta\varepsilon_s = \frac{\Delta\varepsilon_{c,sh} E_c A_c}{E_c A_c + E_s A_s} \tag{5-5}$$

则受钢筋约束后的混凝土实际应变增量 $\Delta\varepsilon_c$ 的表达式为

$$\Delta\varepsilon_c = \frac{n\rho}{1 + n\rho}\Delta\varepsilon_{c,sh} \tag{5-6}$$

式中，$n = E_s/E_c, \rho = A_s/A_c$。

图 5-11 中的钢筋混凝土构件受到外部条件约束而无法自由变形。现假定钢筋混凝土构件受到的外部约束度为 γ_R，则整个钢筋混凝土构件的总变形量 $\Delta\varepsilon_{tot}$ 可以表达为

$$\Delta_{tot}\varepsilon = \frac{n\rho}{1 + n\rho}\Delta\varepsilon_{c,sh} + \Delta\varepsilon_R \tag{5-7}$$

式中 $\Delta\varepsilon_R$—— 钢筋混凝土构件被约束的变形量，$\Delta\varepsilon_R = \gamma_R(\Delta\varepsilon_{c,sh} - \Delta\varepsilon_c)$。

则钢筋混凝土构件的实际变形量 $\Delta\varepsilon_{tot}$ 可改写为

$$\Delta_{tot}\varepsilon = \frac{n\rho + \gamma_R}{1 + n\rho}\Delta\varepsilon_{c,sh} \tag{5-8}$$

为了分析钢筋在不同约束度条件下对混凝土约束应力的影响，首先定义一个钢筋影响系数 λ，该系数表达如下：

$$\lambda = \frac{\Delta\sigma_c|_{plain} - \Delta\sigma_c|_{rein}}{\Delta\sigma_c|_{plain}} \tag{5-9}$$

式中 $\Delta\sigma_c|_{plain}$——素混凝土构件的约束应力增量；

$\Delta\sigma_c|_{rein}$——钢筋混凝土构件中混凝土约束应力的增量。

式(5-9)中的分子项代表了由于钢筋的存在导致的混凝土约束应力的差异量，因此钢筋对混凝土约束应力的影响程度即可由该差异量与素混凝土约束应力增量的比值确定。

基于式(5-9)，考虑混凝土收缩变形条件下的钢筋影响系数 λ_{sh} 可表达为

$$\lambda_{sh} = \frac{n\rho(\gamma_R - 1)}{\gamma_R(1 + n\rho)} \tag{5-10}$$

图 5-12 给出了配筋率 ρ 和钢筋约束系数 λ_{sh} 的关系曲线。参数 n 分别取为 10($E_s = 2 \times 10^5$ MPa，$E_c = 2 \times 10^4$ MPa) 和 6.67($E_s = 2 \times 10^5$ MPa 和 $E_c = 3 \times 10^4$ MPa)。

图 5-12 中的负号表示由于钢筋存在导致的混凝土约束应力的增加。从图 5-12(a)中可以看出，随着钢筋混凝土构件配筋率的增加，混凝土的约束应力随之增大，并且随着约束度的降低，混凝土约束引力增长得更为明显。不同约束度下，配筋率与混凝土约束应力的增量大体呈线性关系。当钢筋混凝土构件配筋率由 0.5%增大至 2.5%后，在约束度 $\gamma_R = 0.1$ 的条件下，混凝土的约束应力增长了近 4 倍；而且，钢筋影响系数 λ_{sh} 在低约束度 ($\gamma_R = 0.1$) 的条件下甚至超过了 1.0，低约束条件加剧了钢筋和混凝土变形不协调引发的混凝土约束应力增量。也就是说，考虑混凝土收缩变形条件下，钢筋对混凝土约束应力的影响是一种内约束，并且在低约束条件下该影响程度愈发明显。

此外，从图 5-12(a)中还可以看出，随着外部约束度的提高 ($\gamma_R > 0.5$)，钢筋混凝土构件配筋率的增加对混凝土约束应力的影响程度逐渐减弱。不同配筋率条件下，钢筋影响系数 λ_{sh} 随着外部约束度的降低呈现增大的趋势。低约束条件下，混凝土可以产生更多的自生体积变形，由于钢筋的内约束作用导致混凝土的约束应力增大。

对于现浇混凝土结构，混凝土的刚度在浇筑初期较小，随着水化度的增加，混凝土的刚度也不断加大。不同龄期下，钢筋对混凝土约束应力的影响也可由图 5-12 看出。图 5-12(a)、(b) 可理解为早龄期和晚龄期条件下受钢筋和约束度因素影响的混凝土约束应力规律。在配筋率和外部约束度不变的情况下，钢筋影响系数 λ_{sh} 随着混凝土水化度

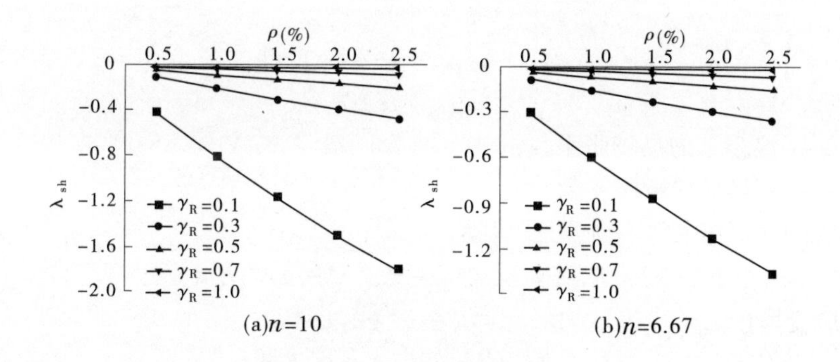

图 5-12　ρ 与 λ_{sh} 关系曲线

的增加而不断减小，说明由钢筋带来的不利影响随着混凝土刚度的增大而减小。

5.2.1.2　热膨胀系数的影响（弹性分析）

图 5-13 为考虑混凝土水化温升条件下，钢筋对混凝土温度变形的影响规律。

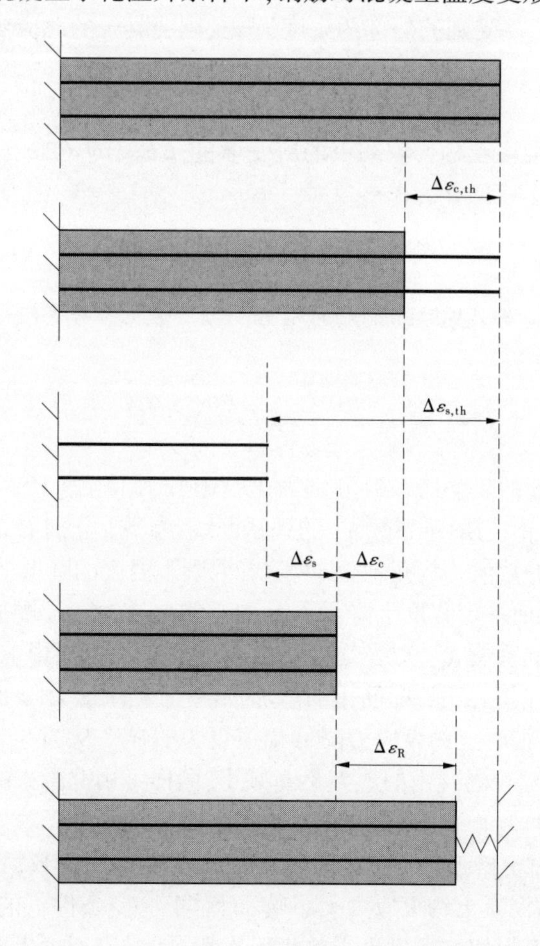

图 5-13　钢筋对混凝土温度变形的影响（$\Delta T<0$）

假定混凝土在时间段 Δt 内产生的温度增量为 ΔT，则钢筋和混凝土的温度变形增量

可表达为

$$\Delta\varepsilon_{c,th} = \alpha_c \Delta T \tag{5-11}$$

$$\Delta\varepsilon_{s,th} = \alpha_s \Delta T \tag{5-12}$$

式中 α_c—— 混凝土的热膨胀系数；

α_s ——钢筋的热膨胀系数。

基于变形协调和内力平衡原理,可得:

$$\Delta\varepsilon_s E_s A_s = (\Delta\varepsilon_{s,th} - \Delta\varepsilon_{c,th} - \Delta\varepsilon_s) E_c A_c \tag{5-13}$$

则钢筋的应变增量 $\Delta\varepsilon_s$ 可表达为

$$\Delta\varepsilon_s = \frac{(\Delta\varepsilon_{s,th} - \Delta\varepsilon_{c,th}) E_c A_c}{E_c A_c + E_s A_s} \tag{5-14}$$

将式(5-11)和式(5-12)代入式(5-14),则混凝土的实际应变增量 $\Delta\varepsilon_c$ 可表达为

$$\Delta\varepsilon_c = \frac{n\rho}{1 + n\rho}(\alpha_s - \alpha_c)\Delta T \tag{5-15}$$

假定钢筋混凝土构件受到的外部约束度为 γ_R,则混凝土的总应变增量 $\Delta\varepsilon_{tot}$ 可表达为

$$\Delta\varepsilon_{tot} = \Delta\varepsilon_R - \frac{n\rho}{1 + n\rho}(\alpha_s - \alpha_c)\Delta T \tag{5-16}$$

式中 $\Delta\varepsilon_R$—— 钢筋混凝土构件被约束的应变增量,$\Delta\varepsilon_R = \gamma_R(\Delta\varepsilon_{c,th} + \Delta\varepsilon_c)$ 。

则钢筋混凝土构件的总应变增量 $\Delta\varepsilon_{tot}$为

$$\Delta\varepsilon_{tot} = \frac{n\rho}{1 + n\rho}(\alpha_s - \alpha_c)\Delta T(\gamma_R - 1) + \gamma_R \alpha_c \Delta T \tag{5-17}$$

与考虑混凝土自生体积变形的钢筋影响系数 λ_{sh} 类似, 考虑混凝土水化温升的钢筋影响系数 λ_{th} 可表示为

$$\lambda_{th} = \frac{n\rho(1 - \gamma_R)(\alpha_s - \alpha_c)}{\alpha_c \gamma_R (1 + n\rho)} \tag{5-18}$$

假定混凝土和钢筋的热膨胀系数分别为 10×10^{-6}/℃和 12×10^{-6}/℃。图 5-14 为钢筋混凝土构件配筋率 ρ 和钢筋影响系数 λ_{th} 的关系曲线,参数 n 分别取为10 和6. 67。可以看出,钢筋影响系数 λ_{th} 的数值均为正值,表明随着混凝土温度的降低,钢筋的存在给混凝土施加了部分压应力,从而一定程度上降低了混凝土约束应力。与配筋率和考虑混凝土自生体积变形的钢筋影响系数 λ_{sh} 关系类似,考虑水化温升的钢筋影响系数 λ_{th} 也与配筋率呈现近似的线性关系;同时,随着配筋率的增加,混凝土约束应力降低幅度随之增加,并且在低约束度的条件下,混凝土约束应力降低幅值更为明显。从图 5-14(a)、(b) 中也可看出,钢筋影响系数 λ_{th} 随着混凝土的成熟不断减小,同样可用混凝土的刚度增大解释。

5.2.1.3 徐变的影响

如图 5-10 所示,由于松弛条件下的钢筋混凝土构件无法变形,钢筋无法与混凝土发生变形差,因此钢筋对混凝土约束应力无影响;而对于徐变条件下的钢筋混凝土构件,钢筋则由于混凝土徐变变形使二者发生力的相互作用,在一定程度上降低了混凝土的约束应力。本节采用龄期调整有效模量法给出钢筋影响混凝土应力发展的规律曲线。

对于一钢筋混凝土构件,在时刻 τ 施加初始应力 $\sigma_0(\tau)$,$\tau \sim t$ 的时间段内总应变为

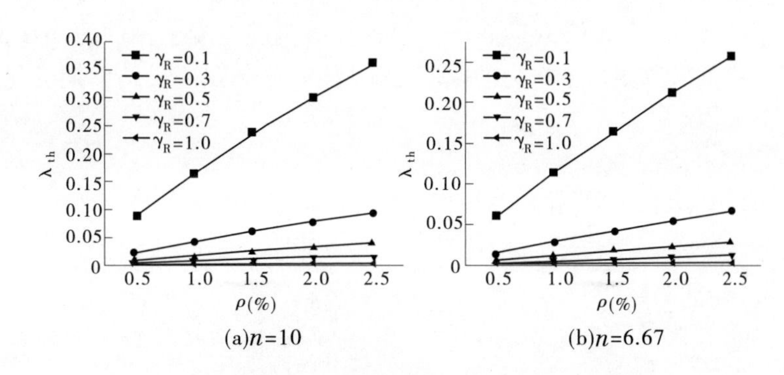

图 5-14　热膨胀系数影响下 ρ 与 λ_{th} 的关系曲线

$$\varepsilon_{total}(t)=\frac{\sigma_0(\tau)}{E_c(\tau)}[1+\varphi(t,\tau)]+\frac{\sigma(t)-\sigma_0(\tau)}{E_c(\tau)}[1+\chi(t,\tau)\varphi(t,\tau)] \tag{5-19}$$

混凝土的应变增量表达式为

$$\Delta\varepsilon(t,\tau)=\frac{\sigma_0(\tau)}{E_c(\tau)}\varphi(t,\tau)\Big/\left\{1+\frac{E_sA_s}{E_c(\tau)A_c}[1+\chi(t,\tau)\varphi(t,\tau)]\right\} \tag{5-20}$$

则根据式(5-9)可得考虑混凝土徐变的钢筋影响系数，即

$$\lambda_{cr}=\frac{n\rho\varphi(t,\tau)}{1+n\rho[1+\chi(t,\tau)\varphi(t,\tau)]} \tag{5-21}$$

考虑一方形钢筋混凝土构件，边长 $b=200$ mm，混凝土弹性模量和徐变参数按照表 5-1、表 5-2 的算例取值，钢筋弹性模量 $E_s=2\times10^5$ MPa，轴向荷载为 60 kN。早龄期加载的钢筋混凝土构件，取 $n=10,\tau=1$ d，晚龄期加载的钢筋混凝土构件，取 $n=6.67,\tau=28$ d。为了简化分析，本例取混凝土的老化系数 $\chi(t,\tau)$ 为 0.8[12]。

表 5-1　混凝土材料参数

参数	单位	公式
温度	℃	$55\times(1-e^{-2t})$
弹性模量	MPa	$44\ 000\times(1-e^{-0.4t^{0.34}})$
抗拉强度	MPa	$4.0\times(1-e^{-0.2t^{0.41}})$

表 5-2　混凝土徐变度参数

参数	$f_i(\times10^{-4})$	$g_i(\times10^{-4})$	p_i	γ_i
$i=1$	0.113 5	0.761 4	0.7	0.4
$i=2$	0.203 1	0.301 2	0.7	0.05

图 5-15 为配筋率 ρ 和钢筋影响系数 λ_{cr} 的关系曲线。可以看出，随着配筋率的增加，有更多的混凝土应力可以向钢筋转移，但转移效率降低。对于早龄期加载的钢筋混凝土构件[见图 5-15(a)]，钢筋影响系数 λ_{cr} 在配筋率较低($\rho=0.5\%$)的情况下约为 0.1，随着配筋率的提高($\rho=2.5\%$)，该系数增长至 0.4。由图 5-15(b) 可以看出，晚龄期加载的钢筋混凝土构件与早龄期加载的钢筋混凝土构件相比，在配筋率相同的条件下($\rho=2.5\%$)，

其钢筋影响系数 λ_{cr} 仅为0.025,远低于早龄期加载钢筋混凝土构件的0.043 2。早龄期加载对于提高钢筋转移混凝土应力的幅度更为有利,这与混凝土随龄期变化的徐变特性密切相关。

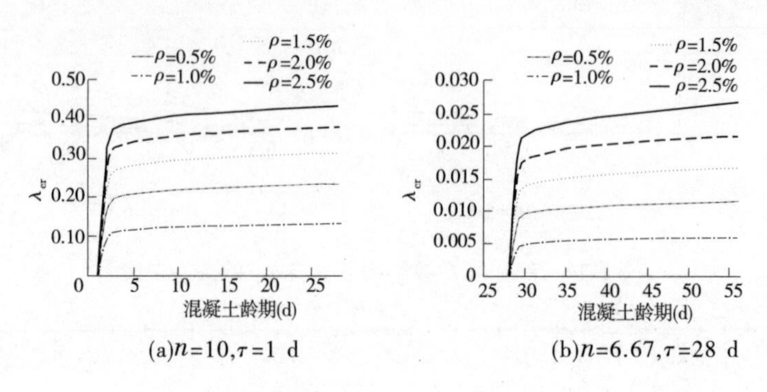

图 5-15　徐变影响下 ρ 与 λ_{cr} 的关系曲线

5.2.2　钢筋混凝土墙温度应力作用机制

对于现浇钢筋混凝土墙,由于混凝土刚度和地基刚度间的较大差异,往往容易引起较大的约束,导致钢筋混凝土墙结构在温降过程中承受较大的约束应力;另外,钢筋混凝土墙的长高比及截面面积也对混凝土约束应力的发展有显著影响,地基对钢筋混凝土墙的约束能力沿墙高呈现出下强上弱的变化规律[6]。

考虑到长高比大于3的情况下,整个墙沿高度方向均呈现受拉状态,本节选择长高比分别为3、4和5的钢筋混凝土墙作为数值分析的对象。三种钢筋混凝土墙的尺寸分别为15.0 m×5.0 m×0.8 m(长×高×厚)、20.0 m×5.0 m×0.8 m(长×高×厚)、25.0 m×5.0 m×0.8 m(长×高×厚)。所有分析的钢筋混凝土墙配筋率为2.0%。

为了更清晰地分析外部约束及钢筋对混凝土约束应力的影响,本节假定钢筋混凝土结构断面的湿度分布一致。

考虑到结构的对称特点,以及便于简化计算,本书选取了1/2钢筋混凝土墙建模和温度应力场分析。图5-16给出了墙体的有限元网格划分情况。沿 X 和 Z 方向的单元最小尺寸为0.25 m,沿 Y 方向的单元最小尺寸为0.1 m。混凝土和钢筋分别采用八节点等参单元和二节点桁架单元。沿钢筋混凝土墙高度方向选取5个特征点(0.1H、0.3H、0.5H、0.7H、和0.9H),用于分析混凝土约束应力的变化情况。

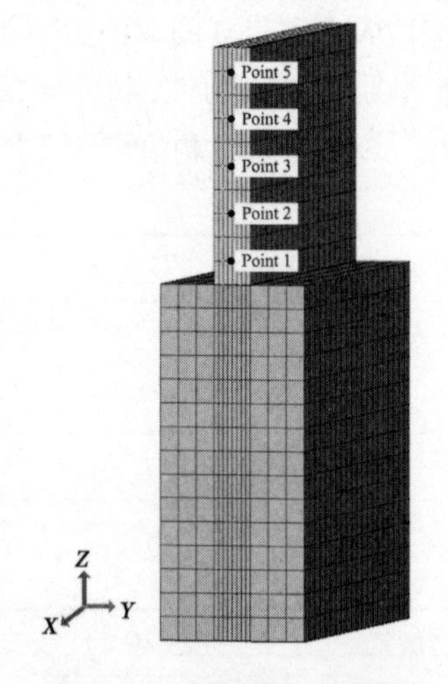

图 5-16　墙体网格与特征点

图5-17给出了钢筋混凝土墙有限元数值分析的边界条件、约束条件和对流条件。钢筋的应力—应变关系曲线如图5-18所示。

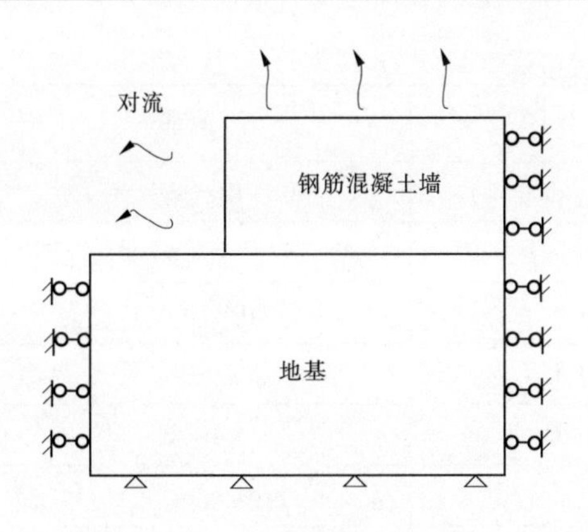

图 5-17　数值分析的条件

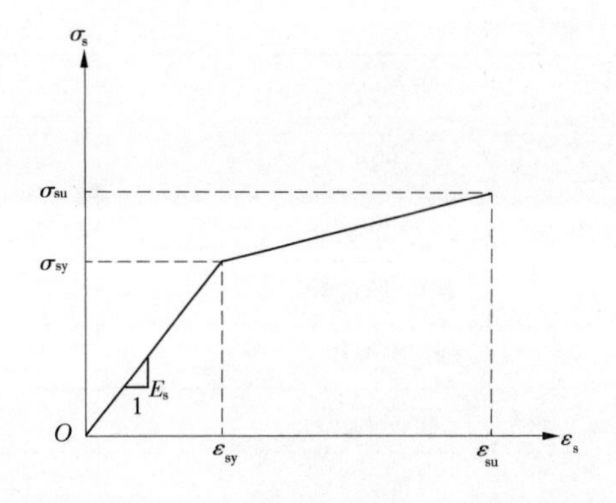

图 5-18　钢筋应力—应变关系曲线

图 5-19 为混凝土弹性模量 E_c 增长曲线。用于钢筋混凝土墙温度场和应力场分析的材料参数分别列于表 5-3 和表 5-4。混凝土收缩和徐变特性依据 CEB-FIP 规范[18]。环境湿度为 75%。

考虑到混凝土水化前期较快，前两天的计算步长取为 0.1 d，随着温降阶段混凝土弹性模量趋于稳定，相应的计算步长取为 2 d。

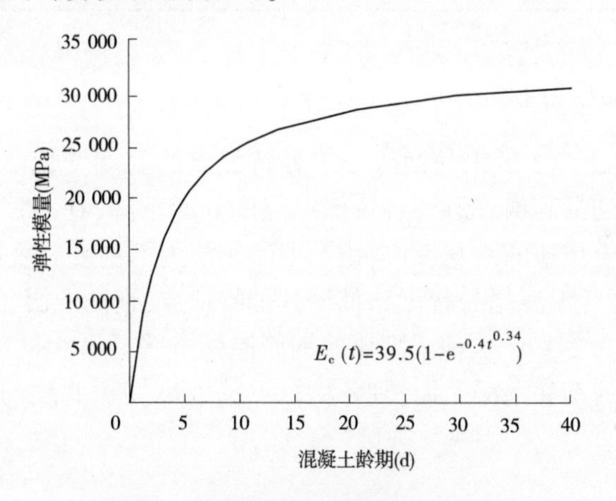

图 5-19　混凝土弹性模量增长曲线

表 5-3　混凝土和地基有限元分析输入参数

参数	混凝土	地基
弹性模量	$E_c(t)=39.5(1-e^{-0.4t^{0.34}})$	30 GPa
抗压强度(28 d)	30 MPa	—
泊松比	0.18	0.20
最高温升	50 ℃	—
水化反应率	0.6	—

续表 5-3

参数	混凝土	地基
比热	0.9 kJ/(kg · ℃)	0.9 kJ/(kg · ℃)
导热率	2.1 W/(m · ℃)	1.9 W/(m · ℃)
热膨胀系数	10×10^{-6}/℃	10×10^{-6}/℃
浇筑温度	20 ℃	—
环境温度	10 ℃	10 ℃
对流系数	14 W/(m^2 · ℃)	14 W/(m^2 · ℃)

表 5-4　钢筋有限元分析输入参数

参数	数值
热膨胀系数	12×10^{-6}/℃
屈服强度	360 MPa
弹性模量	200 GPa
泊松比	0.3

5.2.3　计算结果及分析

图 5-20 为长高比为 3 的钢筋混凝土墙各特征点的温度变化曲线。钢筋混凝土墙内部温度在第二天达到最高值;随后,各特征点温度开始下降,在一段时间后逐步趋近于环境温度。早期混凝土快速的水化反应,钢筋混凝土墙内部温度一度超过 40 ℃。由于 1 号特征点接近地基,因此温度增长幅度略低于其他特征点,钢筋混凝土墙中部位置处特征点温度值最高,达到 43.2 ℃。三种长高比的钢筋混凝土墙具有相同的厚度和高度,因此对于长高比为 4 和 5 的钢筋混凝土墙,其各特征点的温度变化曲线与长高比为 3 的钢筋混凝土墙基本一致。

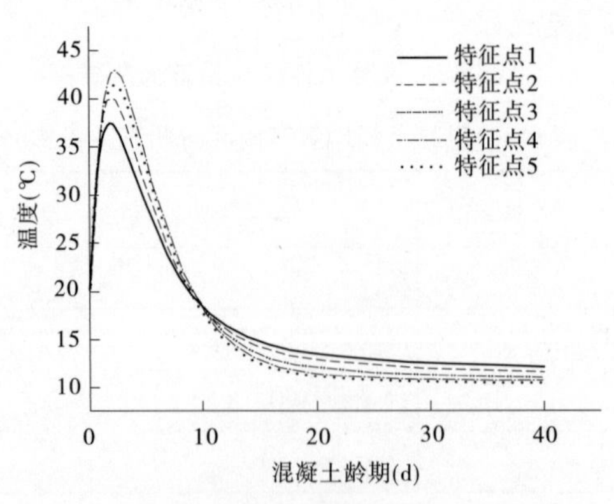

图 5-20　墙体特征点温度变化曲线($L/H=3$)

图5-21～图5-23为三种长高比的钢筋混凝土墙各特征点的混凝土约束应力变化曲线（X方向）。可以看出，混凝土浇筑后，由于早期的温度升高，混凝土的压应力产生并逐渐增长，在第二天达到最大值；随后，由于温度的下降，混凝土的压应力逐渐消退并在“第二零应力点”时刻降为零，并且由于各特征点的温度历程各不相同，还看出各特征点到达“第二零应力点”时刻也各异；随着混凝土温度继续降低，各特征点处的混凝土拉应力逐步增长并趋于稳定。

比较图5-21～图5-23（a）、（b）可以看出，配置钢筋后，各特征点的混凝土约束应力的变化情况。例如，图5-21（a）中素混凝土墙的5号特征点混凝土压应力的最大压应力值为0.31 MPa，并且在龄期为5.8 d时到达“第二零应力点”；而从图5-21（b）可以看出，配置钢筋后，钢筋混凝土墙的5号特征点混凝土压应力到达“第二零应力点”的时刻明显提前，约为4.2 d，同时在混凝土温降阶段，该点的混凝土约束应力值也得到了显著降低，反映出钢筋在降低混凝土约束应力方面的作用。

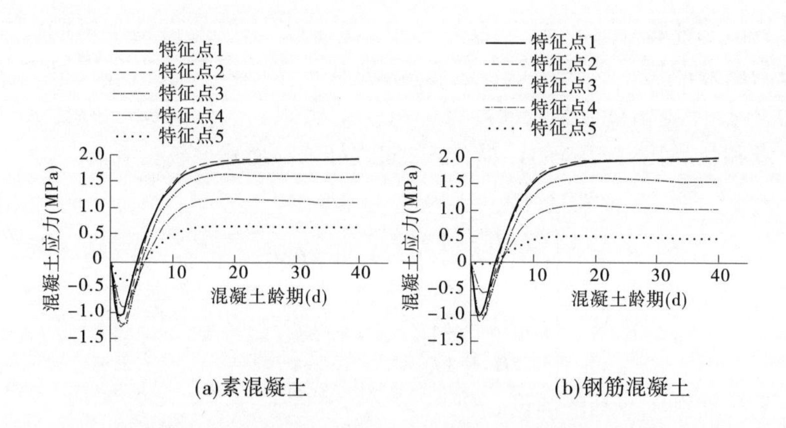

图5-21　素混凝土和钢筋混凝土墙约束应力发展曲线（$L/H=3$）

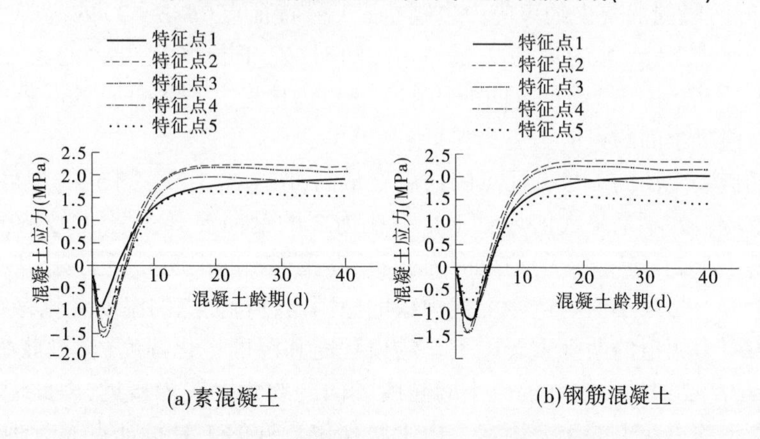

图5-22　素混凝土和钢筋混凝土墙约束应力发展曲线（$L/H=4$）

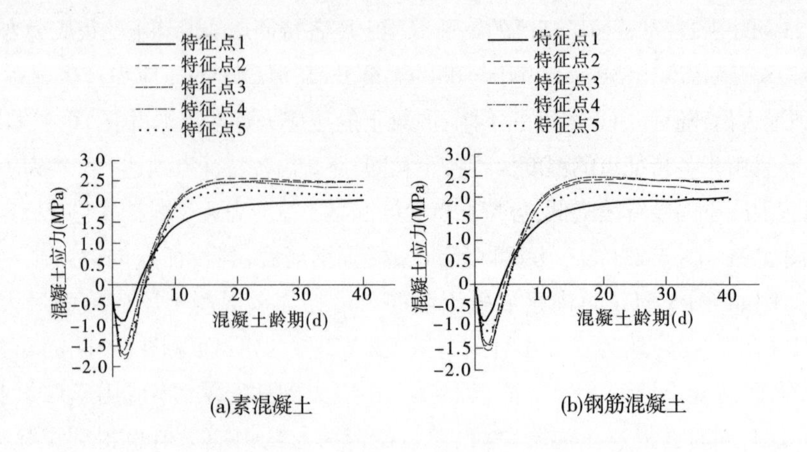

图 5-23　素混凝土和钢筋混凝土墙约束应力发展曲线($L/H=5$)

由于计算的墙体长高比较大,因此地基带来的高约束度使得整个钢筋混凝土墙在温降过程中沿高度方向均呈现受拉状态。通常,地基带来的外部约束程度可表达为关于长高比(L/H)和特征点相对地基表面高度(y/H)的函数。美国混凝土协会 ACI 给出了用于估算约束度和长高比(L/H)的计算公式,如式(5-22)所示[19]。

$$\gamma_R = \begin{cases} \left(\dfrac{L/H-1}{L/H+10}\right)^{y/H} & (L/H < 2.5) \\ \left(\dfrac{L/H-2}{L/H+1}\right)^{y/H} & (L/H \geqslant 2.5) \end{cases} \tag{5-22}$$

式中　y——特征点距地基的高度,m。

由式(5-22)可以看出,随着长高比(L/H)的减小,钢筋混凝土墙上部的约束度逐渐减小,引起的温降阶段的混凝土约束应力也越小。1 号特征点($L/H=3$)的混凝土约束应力大约为 5 号特征点混凝土约束应力的 3 倍;同时,对于长高比更大的钢筋混凝土墙($L/H=3$ 和 4)来说,由于沿高度方向的约束系数更为接近,1 号特征点的混凝土约束应力与 5 号特征点混凝土的约束应力更为接近。

虽然钢筋混凝土墙的 1 号特征点的约束度最高,但从图 5-21~图 5-23 中可以看出,该点混凝土约束应力并不是最大值。对于长高比为 3 的钢筋混凝土墙,1 号特征点的混凝土约束应力要小于 2 号特征点的约束应力,而长高比为 5 的钢筋混凝土墙,其 1 号特征点的混凝土约束应力是最小值。产生上述现象的原因是各特征点的温度变化存在差异。影响混凝土约束引力幅值的两个重要因素是约束程度和温度变化幅度(温度收缩幅度),当长高比较大($L/H>2$)时,沿钢筋混凝土墙高度方向的约束度较为接近,因此温度变化 ΔT 成为影响混凝土约束应力的重要因素。由于底部位置处的 1 号特征点靠近地基,迅速散失的热量使得该点温度较上部各特征点更低,导致相应位置处的混凝土约束应力并不总是最大值。根据有限元数值计算结果,可以得到耦合了约束度、徐变和收缩等因素的钢筋影响系数 λ 的变化特点。

图 5-24 为长高比(L/H)和钢筋影响系数 λ 的关系曲线。可以看出,对于不同长高比

的钢筋混凝土墙,随着约束系数的降低(y/H 增大),钢筋降低混凝土约束应力的幅度也越大;此外,还可看出钢筋影响系数 λ 随着长高比的降低而逐渐增大。对于长高比分别为 3 和 5 的钢筋混凝土墙,底部 1 号特征点的钢筋影响系数分别为 3. 79%和 3. 19%;然而,5 号特征点的钢筋影响系数 λ 分别达到了 31. 68%和 8. 83%。随着长高比的增加,钢筋混凝土墙的约束度也不断提高,导致钢筋降低混凝土约束应力的幅度降低。

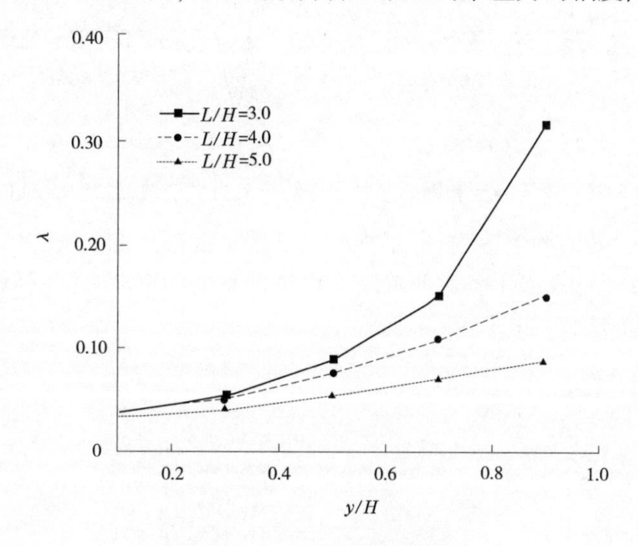

图 5-24　L/H 与 λ 关系曲线

有限元法分析钢筋混凝土墙约束应力时,选取的特征点是根据高度比(y/H)确定的,因此不同长高比的钢筋混凝土墙在相同特征点处的约束度不完全一致,无法直接进行比较,或者分析约束度与钢筋影响系数 λ 的关系;此外,由于各特征点的温度变化不一致,因此也无法根据计算结果按照式(5-22)的计算方法确定各特征点的约束系数。

基于上述原因,为了便于分析约束度和钢筋约束系数之间的关系,本章继续对底部完全约束,且各点等温变化的钢筋混凝土墙进行了有限元计算,选取的墙体长高比分别为 3、4 和 5。

由于不同长高比条件下各特征点的混凝土约束应力曲线较为类似,因此仅给出长高比为 3 的条件下各特征点的约束应力曲线,如图 5-25 所示。

图 5-25(a)给出了素混凝土墙各特征点的混凝土约束应力发展曲线。可以看出,随着特征点位置的升高,相应的混凝土约束应力逐渐增大,这与式(5-22)给出的约束系数和 y/H 的关系一致;此外还可以看出,由于各特征点具有完全一致的温度历程,因此各特征点的约束应力按比例变化,各特征点的混凝土约束应力在相同时刻达到“第二零应力”点,这与图 5-21 的曲线不同。

当混凝土配置钢筋后,钢筋对混凝土约束应力的影响,导致各特征点的混凝土约束应力发生变化,由图 5-25(b)可以明显看出,各特征点的混凝土约束应力达到“第二零应力”点的时刻发生变化。例如,对于 5 号特征点,在温升阶段由于钢筋对混凝土约束应力的削弱作用,混凝土的压应力最大值减弱,并且较素混凝土墙更快达到“第二零应力”点;温降阶段,由于钢筋持续影响混凝土的约束应力,导致 5 号特征点的混凝土约束应力低于素混

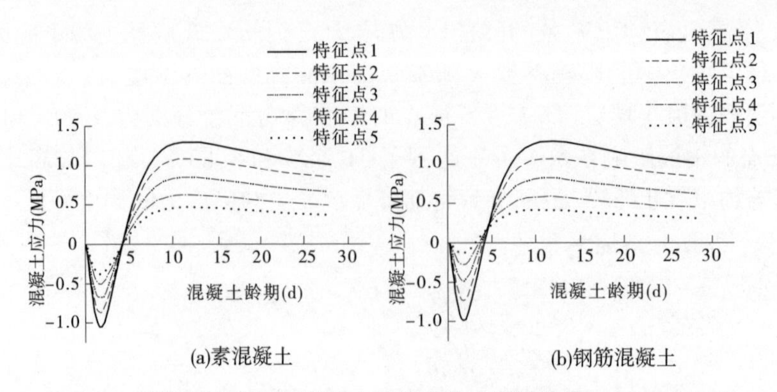

图 5-25　素混凝土和钢筋混凝土墙约束应力发展曲线($L/H=3$)(二)

凝土墙的相应位置处的约束应力,一定程度上延缓了混凝土约束应力的增长趋势。

根据式(5-22),计算出了各钢筋混凝土墙特征点的约束度,并与弹性分析法得到的钢筋影响系数进行了比较,如图 5-26 所示。

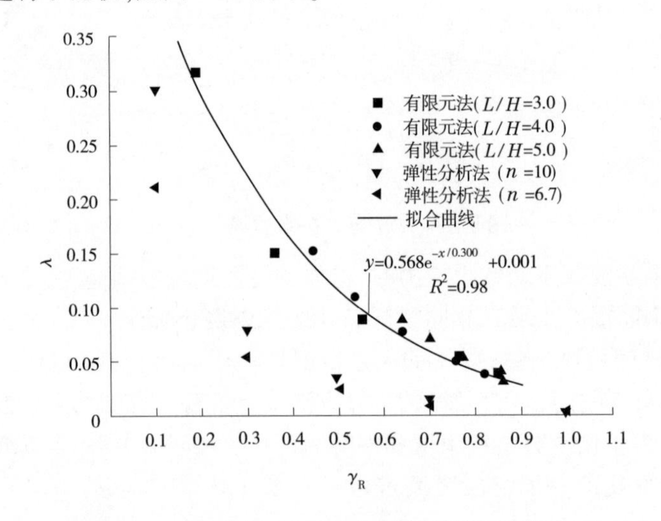

图 5-26　弹性分析法与有限元法计算结果比较($\rho=2.0\%$)

可以看出,在配筋率完全相同的情况下,弹性分析法和黏弹性分析法得到的约束度和钢筋影响系数的曲线趋势类似,但明显看出弹性分析法由于忽略了混凝土徐变的作用,导致得到的钢筋影响系数偏保守。

不同长高比条件下的钢筋混凝土墙约束度和钢筋影响系数的关系曲线发展趋势也较为类似,但也不完全一致。在约束度较低($\gamma_R<0.5$)的情况下,钢筋影响系数随着长高比的增大有增长的趋势,而约束度较高时,不同长高比钢筋混凝土墙的钢筋影响系数差异不大。上述现象产生的原因主要是各特征点位置处的约束应力幅值不同。影响混凝土徐变特性的因素有很多,包括加载龄期、持荷时间和持荷水平等。在长高比较大的情况下,钢筋混凝土墙各特征点的混凝土约束应力值较高,加剧了混凝土的徐变变形,在一定程度上提高了钢筋转移混凝土约束应力的幅度,从而呈现出图 5-26 的变化规律。

根据计算得到的不同长高比条件下的约束度和钢筋影响系数,采用式(5-23)拟合了

二者的关系,即

$$\lambda = \lambda_{asy} + a e^{-x/b} \tag{5-23}$$

式中　λ_{asy}—— 钢筋影响系数的渐进值;

x—— 约束度;

a 和 b ——由数值计算结果拟合的常数。

本例中, λ_{asy}、a 和 b 的值分别为 0.001、0.568 和 0.300。拟合曲线的拟合优度为 0.98, 说明采用式(5-23)拟合效果较为理想。

5.2.4　早龄期钢筋混凝土温度应力作用机制

本节基于早龄期混凝土温度应力试验的设计原理,采用 Matlab 软件编制了早龄期钢筋混凝土温度应力的计算程序。借助于试验混凝土材料参数,计算并分析了配筋率、温降速率等因素对早龄期钢筋混凝土温度应力的影响。

5.2.4.1　温度应力数值分析计算

1. 计算理论

本章给出了计算素混凝土温度应力的计算流程。对于钢筋混凝土温度应力,需要考虑钢筋和混凝土二者在长期加载过程中由变形不同导致的内力。

由钢筋和混凝土的变形协调,可得

$$\Delta\varepsilon_n = \frac{\Delta\sigma_n}{\bar{E}_n} + \eta_n = \Delta\varepsilon_{sn} = \frac{\Delta f_n - c\Delta\sigma_n}{E_s} \tag{5-24}$$

式中　c—— 混凝土和钢筋截面面积的比值;

$\Delta\varepsilon_{sn}$—— 钢筋的应变增量;

Δf_n ——构件的荷载增量。

式(5-24)变形得

$$\Delta\sigma_n = k(\Delta f_n / E_s - \eta_n) \tag{5-25}$$

$$k = \frac{E_s \bar{E}_n}{E_s + c\bar{E}_n} \tag{5-26}$$

由此建立了钢筋和混凝土在持荷过程中应力转移的关系式。通过观察式(5-25)和式(5-26)可以发现, c、η_n、E_s 和$\bar{E}_n$ 均可根据试验混凝土的材料参数计算得出,唯一需要确定的参数是 Δf_n 。

根据温度应力试验机的设计原理,试件每次变形(膨胀或收缩)达到变形阈值 $\Delta\varepsilon_0$ 后,端部的加载装置立即施加荷载以保证试件回到初始位置,因此借助于此固定变形量便可确定早龄期混凝土温度应力试验过程中构件的荷载增量,即

$$\Delta f_n = \varepsilon_0 (E_s A_s + E_c A_c) \tag{5-27}$$

由上述公式建立了早龄期钢筋混凝土温度应力的计算过程,图 5-27 为相应的早龄期混凝土温度应力的计算流程。根据试验获取的混凝土材料参数,以及钢筋和混凝土应力转换关系式,便可定量分析不同参数条件下钢筋对混凝土温度应力的影响规律。

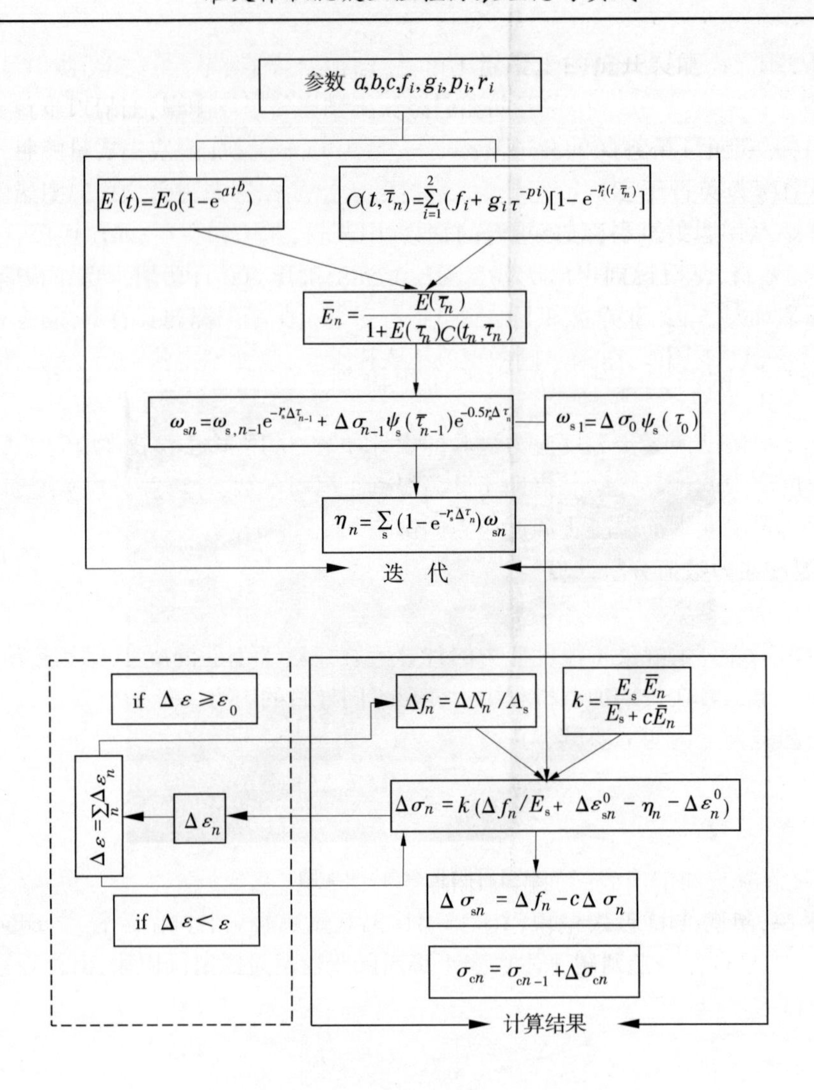

图 5-27　钢筋混凝土温度应力计算流程

2. 计算参数

混凝土浇筑后的时间段内经历由塑态到固态的复杂转换过程，混凝土与钢筋之间的黏结力较弱。通常认为混凝土在终凝后能够承担外力，并且与钢筋的接触面产生足够的黏结力，保证二者共同变形，因此本书计算钢筋影响混凝土温度应力的起始时刻为 6 h。

钢筋的热膨胀系数没有进行材料试验确定，由钢筋混凝土的温度变形曲线（见第 4 章）可知，加入钢筋后的混凝土，其变形曲线与素混凝土变形基本一致，因此定义钢筋具有与混凝土相同的热膨胀系数。温度曲线按照第 4 章钢筋混凝土试件的半绝热温度曲线设定。

表 5-3 给出了计算早龄期钢筋混凝土温度应力的热力学材料参数。

表 5-3　早龄期钢筋混凝土温度应力计算参数

参数	单位	取值或公式
混凝土热膨胀系数	1/℃	10×10^{-6}
钢筋热膨胀系数	1/℃	10×10^{-6}
钢筋弹性模量	MPa	2×10^{5}
混凝土弹性模量	MPa	式(5-28)
混凝土徐变度	10^{-6}/MPa	式(5-30)
混凝土劈拉强度	MPa	式(5-29)

其中,根据试验结果拟合出的混凝土弹性模量公式为:

$$E_c(t) = 39.5(1 - e^{-0.4t^{0.34}}) \tag{5-28}$$

根据试验结果拟合出的混凝土劈拉强度公式为:

$$f_t(t) = 3.2(1 - e^{-0.31t^{0.44}}) \tag{5-29}$$

拟合混凝土徐变度的公式采用文献[20]中的八参数表达式

$$C(t,\tau) = \sum_{i=1}^{2}(f_i + g_i\tau^{-pi})\left[1 - e^{-ri(t-\tau)}\right] \tag{5-30}$$

式中,τ 是加载时刻混凝土龄期, t 是混凝土龄期。

混凝土徐变度参数见表 5-4。

表 5-4　混凝土徐变度参数

参数	$f_i(\times10^{-4})$	$g_i(\times10^{-4})$	p_i	r_i
$i=1$	0.209 0	1.192 1	0.45	0.95
$i=2$	0.354 0	0.601 8	0.45	0.005

试件编号如表 5-5 所示。编号的第一个数字代表温降速率,第二个数字代表配筋率。

表 5-5　试件编号及参数说明

试件编号	降温速率(℃/h)	配筋
C-0.175-0	0.175	—
C-0.175-0.9	0.175	4 Φ 8
C-0.35-0	0.35	—
C-0.35-0.9	0.35	4 Φ 8
C-0.35-2	0.35	4 Φ 12

5.2.4.2 计算结果及分析

1. 温降速率对混凝土温度应力的影响

图 5-28 为不同温降速率条件下,素混凝土构件温度应力的变化曲线。可以看出,从计算起始时刻(6 h)至 17 h 的温升阶段,随着混凝土温度的不断升高,混凝土因膨胀变形受到约束导致压应力逐渐增大,14 h 时压应力达到了最大值 0.57 MPa;随后,混凝土因应力松弛和温度降低产生收缩变形,混凝土压应力逐渐被抵消,并在“第二零应力点”时刻降为 0,混凝土拉应力随后出现并随着温度的下降逐渐增大,直至达到混凝土的开裂强度。

图 5-28 同时给出了混凝土在不同温度历程下的抗拉强度增长曲线。混凝土在长期持荷过程中发生损伤,导致强度下降。为了与第 6 章的早龄期钢筋混凝土温度应力试验结果比较,这里选取的 0.175 ℃/h 和 0.35 ℃/h 温降速率下混凝土的长期抗拉强度折减系数为 0.8,由此得到的混凝土开裂应力与试验结果基本一致。选取其他强度折减系数会对开裂参数产生影响,但仍能反映钢筋与混凝土温度应力的关系。

不同的温降速率导致混凝土出现不同应力变化历程,温降速率越小,混凝土应力增长速率越慢。温降速率为 0.35 ℃/h 时,混凝土到达“第二零应力点”的时刻为 25 h,达到开裂强度的时刻约为 55 h,混凝土的开裂温差为 10.5 ℃;温降速率为 0.175 ℃/h 时,混凝土到达开裂强度的时刻为 87 h,混凝土的开裂温差为 10.68 ℃。从开裂温差角度看,温降速率为 0.175 ℃/h 时,混凝土试件的开裂温差较 0.35 ℃/h 提高约 2%。缓慢的温降,能够降低混凝土的应力增长速率,一定程度上降低混凝土的开裂温差并推迟混凝土开裂。

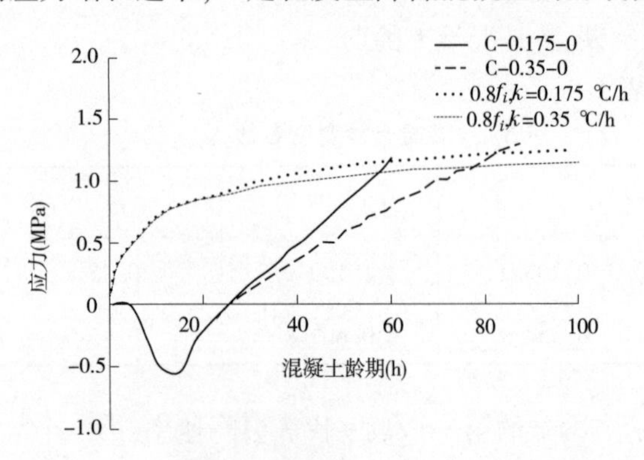

图 5-28 不同温降速率条件下素混凝土构件温度应力变化曲线

2. 配筋对混凝土温度应力的影响

图 5-29 为计算得到的 0.175 ℃/h 条件下素混凝土应力与钢筋混凝土构件中混凝土应力变化曲线,图 5-30 是计算出的混凝土应力转移量。可以看出,在混凝土处于受压阶段和拉应力的初始阶段,由于混凝土的持荷水平较低,徐变变形引起的混凝土应力的卸载量不高;温降阶段随着受荷水平的增长,钢筋对转移混凝土应力的效果逐渐凸显。理论计算的结果显示,钢筋混凝土构件中混凝土应力和素混凝土构件应力达到开裂强度的时刻分别为 94 h 和 87 h。

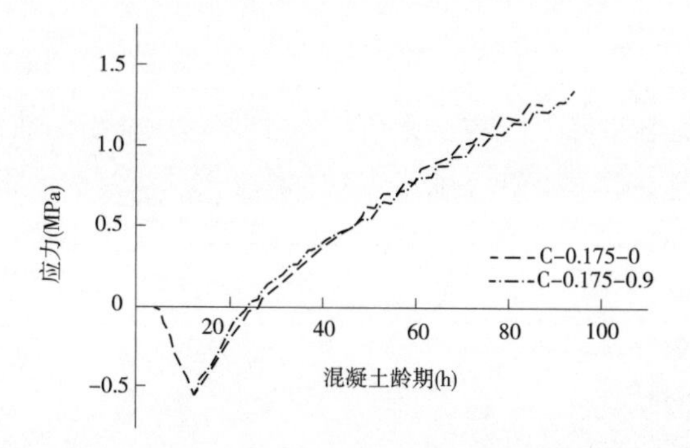

图5-29　$k=0.175$ ℃/h 条件下混凝土应力变化曲线

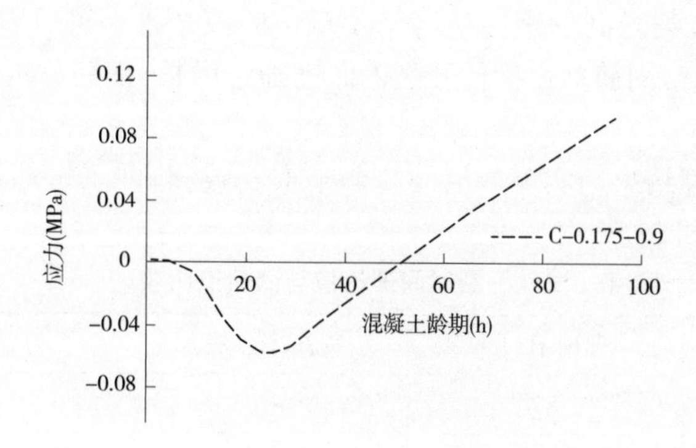

图5-30　$k=0.175$ ℃/h 条件下混凝土应力变化增量曲线

图5-31为计算得到的0.35 ℃/h条件下素混凝土应力与钢筋混凝土构件中混凝土应力变化曲线,图5-32是相应的混凝土应力转移量。可以看出,与0.175 ℃/h条件下得到的结果类似,随着持荷水平的增长,钢筋对转移混凝土应力的效果逐渐显现,并且随着配筋率的增大,有更多的混凝土应力向钢筋卸载。理论计算结果显示,随着混凝土配筋率的提高(由0增大至2%),试件的开裂时间相应推迟。试件C-0.35-0、试件C-0.35-0.9和试件C-0.35-2达到开裂强度的时刻分别为55 h、58 h和60 h。

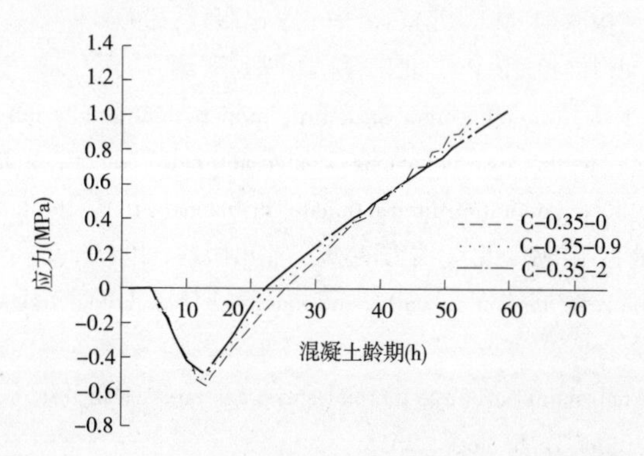

图5-31　$k=0.35$ ℃/h 条件下混凝土应力变化曲线

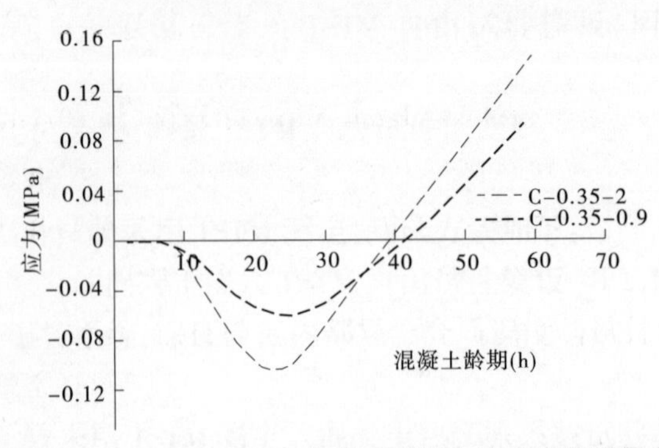

图 5-32 $k = 0.35$ ℃/h 条件下混凝土应力变化增量曲线

表 5-6 给出了试件开裂时间的理论值与第 4 章试验值结果。可以看出,随着温降速率的减缓和配筋率的提高,钢筋推迟构件开裂的时间随之增长,钢筋分担混凝土荷载的能力增强。

开裂时间的理论计算结果与实测数值的趋势基本一致,验证了钢筋在混凝土温度应力发展过程中的"分载"机制。

表 5-6 试件开裂时间理论值与试验值比较

试件	理论值(h)	提高率(%)	试验值(h)
C-0.175-0	87	—	80.6
C-0.175-0.9	94	11.3	81.0
C-0.35-0	55	—	54.1
C-0.35-0.9	58	10.0	55.4
C-0.35-2	60	16.7	60.1

参 考 文 献

[1] 过镇海. 钢筋混凝土结构原理[M]. 北京:清华大学出版社,1999.

[2] 袁勇. 混凝土结构早期裂缝控制[M]. 北京:科学出版社,2004.

[3] Mehta P K, Monteiro J M. Concrete: microstructure, properties and materials[M]. MeGraw Hill, 2005.

[4] Fib. Structural concrete: textbook on behaviour, design and performance, updated knowledge of the CEB/FIP Model Code 1990[Z]. Fédération internationale du béton (Fib), 1999.

[5]王铁梦. 工程结构裂缝控制[M]. 北京:中国建筑工业出版社, 1997.

[6] Larson M. Thermal crack estimation in early age concrete[D]. Lulea: Lulea University of technology, 2003.

[7] Knoppik-Wróbel A. Analysis of early-age thermal-shrinkage stresses in reinforced concrete walls[D]. Poland: Silesian University of Technology, 2015.

[8] Darquennes A, Staquet S, Delplancke-Ogletree M-P, et al. Effect of autogenous deformation on the cracking risk of slag cement concretes[J]. Cement and Concrete Composites, 2011, V33:368-379.

[9] Benboudjema F, Torrenti J M. Early-age behaviour of concrete nuclear containments [J]. Nuclear Engi-

neering and Design, 2008, 238(10): 2495-2506.

[10] Darquennes A, Staquet S, Espion B. Behaviour of slag cement concrete under restraint conditions[J]. European Journal of Environmental and Civil Engineering, 2011, 15(5):1017-1029.

[11] Jeon S J, Choi M S, Kim Y J. Advanced assessment of cracking due to heat of hydration and internal restraint[J]. ACI Materials Journal, 2008, 105(4):325-333.

[12] Briffaut M, Benboudjema F, Torrenti J M, et al. Numerical analysis of the thermal active restrained shrinkage ring test to study the early age behavior ofmassive concrete structures[J]. Engineering Structures, 2011, 33(4):1390-1401.

[13] 宋伟,袁勇,龚剑. 配筋混凝土抗拉性能试验研究[J]. 东南大学学报(自然科学版),2002, 32:98-101.

[14] 肖成安,徐子亮,王巧玲,等. 高强钢筋混凝土梁的裂缝及挠度研究[J]. 北方工业大学学报, 2008, 20(3):89-94.

[15] 金伟良,陆春华,王海龙,等. 500级高强钢筋混凝土梁裂缝宽度试验及计算方法探讨[J]. 土木工程学报, 2011,44(3):16-23.

[16] Han D, Keuser M, Zhao X, et al. Influence of transverse reinforcing bar spacing on flexural crack spacing on reinforced concrete[J]. Procedia Engineering, 2011, 14: 2238-2245.

[17] Colotti V, Spadea G. An analytical model for crack control in reinforced concrete elements under combined forces[J]. Cement and Concrete Composites, 2005, 27(4):503-514.

[18] CEB-FIP. Mode code 90: Design code[M]. London: Thomas Telford,1993.

[19] ACI Committee 318. Building Code Requirements for Structural Concrete (ACI 318-08) and Commentary[S]. MI:Farmington Hills, 2008.

[20] 朱伯芳. 大体积混凝土温度应力与温度控制[M]. 北京:中国电力出版社,1998.

第6章 准大体积混凝土温控防裂工程实践

混凝土的温控防裂问题虽然已由大量的研究成果和技术方法推出,但在工程中一直没能得到很好的解决。温控防裂问题本身的复杂性使得难以有经济且普适有效的技术适用于不同的工程。解决准大体积混凝土结构温控防裂问题仍需要有针对性地研究每一个工程。现有一些准大体积混凝土温控方式各不相同,有的比较成功,有的没有达到预期效果。本章选取几个典型工程,介绍开展该类结构温控防裂问题分析的常用方法,以及温控技术实施的要点。从工程实践经验来看,目前比较成熟有效的措施主要有:①尽量埋设冷却水管,并把握好通水与停水节奏;②普遍采取表面保护措施,在北方冬季,尽量采用跨季节保温;③任何季节都要注意表层混凝土的降温速度,以不超过2 ℃/d的标准执行。

6.1 工程案例1:燕山水库溢洪道混凝土闸墩工程[1,2]

6.1.1 工程概况

燕山水库位于淮河最大的支流沙颍河的上游,水库控制流域面积1 169 km^2,是一座以防洪为主兼顾灌溉、供水和发电等综合效益的大型枢纽工程。水库工程最大坝高34.7 m,总库容9.25亿m^3,工程等别和规模属Ⅱ等大(2)型,其主要建筑土坝、溢洪道、泄洪道、泄洪洞和输水洞进水口为2级。根据水库运行要求,泄洪洞和溢洪道消能防冲建筑物设计洪水标准为50年一遇。

水库溢洪道位于水库大坝右岸,堰顶高程为102 m,净宽为90 m,采用敞开式宽顶堰结构形式,共6孔。溢洪道闸墩为准大体积混凝土结构,在施工设计阶段通过仿真计算温度应力,选择合适的施工时间和浇筑进度计划方案,分析结构温度开裂的风险,制定温控防裂措施。溢洪道混凝土闸墩上游、下游如图6-1、图6-2所示。

图6-1 溢洪道混凝土闸墩上游

图6-2　溢洪道混凝土闸墩下游

6.1.2　基本资料

6.1.2.1　气象条件

工程所在地区年平均温度约14.5 ℃,历年最低温度在1月,为-15 ℃,最高温度在7月,达45 ℃。年平均无霜期为221 d,年平均相对湿度约为69%,月平均以12月最小,约为50%,8月最大,为88%。年平均水面蒸发量为769.4 mm,月蒸发量随气温变化,其中以5~8月较大,为129~175 mm。12月及1月最小,约40 mm。因受季风影响,冬春季多西北及东北风,夏秋季多东南及西南风,年最大风力为8级,风速观测资料统计如表6-1所示。

表6-1　风速观测资料统计(当地气象局提供)

年份	历年各风向最大风速(m/s)																瞬时最大风速及风向	
	N	NE	E	SE	S	SW	W	NNE	ENE	ESE	SSE	SSW	WSW	WNW	NNW	NW		
1971	7	11	5	5	6	11	5	12	8	4	5	8	9	8	10	17	17	NW
1972	7	12	10	4	7	5	6	14	6	5	5	8	6	8	13	18	18	NW
1973	6	9	5	5	6	6	4	12	6	6	4	10	5	7	12	18	18	NW
1974	10	10	5	6	6	10	5	11	5	6	7	11	6	7	8	13	13	NW
1975	7	8	8	6	6	6	4	9	7	6	5	8	5	14	16	16	16	NW
1976	8	8	5	5	7	12	3	7	7	5	5	8	6	7	15	18	18	NW
1977	9	8	5	6	7	7	5	10	7	4	4	12	6	7	11	23	23	NW
1978	8	10	4	5	6	10	4	9	10	5	5	7	6	7	14	18	18	NE
1979	7	14	4	7	7	9	10	11	19	4	5	10	8	11	18	18	23	NNW
1980	8	10	7	4	6	10	4	8	8	4	6	8	7	15	16	10	19	NNW
1981	11	11	4	5	6	8	6	12	8	6	9	10	5	10	15	18	16	NW
1982	4	11	5	5	8	4	4	4	9	5	5	7	5	8	15	20	21	NW

续表 6-1

年份	历年各风向最大风速(m/s)																瞬时最大风速及风向	
	N	NE	E	SE	S	SW	W	NNE	ENE	ESE	SSE	SSW	WSW	WNW	NNW	NW		
1983	7	8	6	8	5	6	4	4	8	7	6	8	6	8	12	16	16	NW
1984	4	8	5	5	5	6	4	4	8	5	4	7	5	9	15	10	13	NW
1985	7	12	6	3	6	10	5	12	7	4	4	8	6	5	12	15	21	NW
1986	6	13	6	7	6	10	4	10	8	6	5	12	4	6	13	13	20	NW
1987	7	14	4	6	7	10	3	13	6	5	5	10	10	5	13	15	19	NW
1988	5	10	5	7	10	11	3	12	8	6	5	10	6	9	19	15	23	NW
1989	6	9	6	6	9	6	5	10	6	7	6	9	5	5	10	14	17	NW
1990	6	10	6	7	6	8	12	11	5	5	9	11	7	13	22	13	21	NW
1991	6	12	4	3	6	8	4	12	6	4	6	8	4	16	14	15	18	NW
1992	7	8	5	4	6	10	6	9	5	4	5	8	7	9	12	13	19	NW
1993	8	8	3	5	8	6	4	12	5	4	5	10	4	11	9	13	15	NW
1994	4	12	3	4	4	7	5	9	6	4	5	7	4	9	8	15	17	NW
1995	6	9	4	3	5	6	3	6	4	5	3	5	4	14	7	10	17	NW
1996	5	10	5	2	4	8	3	8	6	4	3	8	4	6	7	15	15	NW
1997	5	9	6	4	4	8	4	13	7	5	7	8	4	8	17	10	20	NNW
1998	6	9	3	6	6	6	4	10	7	6	5	9	7	10	15	8	17	NNW
1999	7	10	5	5	6	7	4	9	7	4	7	10	5	12	12	13	20	NW
2000	8	9	4	3	10	7	4	9	9	4	4	10	6	7	12	8	18	NW
2001	10	8	4	3	5	7	5	8	7	4	5	7	4	10	13	10	17	NNW
2002	8	10	6	4	4	8	5	4	14	4	2	7	7	5	14	6	20	NNW
2003	6	8	4	3	6	5	4	9	10	4	4	8	4	7	10	15	19	NW
最大值	11	14	10	8	10	12	12	14	19	7	9	12	10	16	22	23	23	
平均值	6.85	9.94	5.06	4.88	6.24	7.82	4.70	9.48	7.55	4.88	5.15	8.70	5.67	8.88	13.00	14.21	18.24	

气温的变化是引起混凝土裂缝的主要原因,也是计算温度应力和制定温度控制措施的重要依据。依据给定的气象资料拟合年平均气温变化曲线。

按照 2005 年、2006 年气温资料(见表 6-2),气温变化幅值为 14 ℃,拟合气温变化曲线为

$$T_a = 15.0 - 14.0\cos\left[\frac{2\pi}{360}(d - D_0)\right] \tag{6-1}$$

深层地基温度取恒定温度 14.5 ℃。

表 6-2　2005 年月平均气温与年平均气温、2006 年 1~7 月月平均气温　(单位:℃)

年份	1 月	2 月	3 月	4 月	5 月	6 月	7 月	8 月	9 月	10 月	11 月	12 月	平均
2005	0.4	0.9	8.9	17.6	21.0	25.9	26.6	24.9	21.2	15.8	12.0	2.8	15.0
2006	0.7	3.7	11.8	16.6	21.4	27.8	27.1	—	—	—	—	—	

6.1.2.2　材料参数

仿真计算中材料的基本参数如表 6-3 所示。

表 6-3　仿真计算中材料的基本参数

项目	基岩	闸墩混凝土
导热系数 λ [kJ/(m · d · ℃)]	245.38	168.0
导温系数 a (m^2/d)	0.120 4	0.073 2
密度 γ (kg/m^3)	2 700	2 450
比热 c [kJ/(kg · ℃)]	0.76	0.85
线膨胀系数 α ($\times10^{-6}$/℃)	10.0	6.5
泊松比(无量纲)	0.3	0.2
放热系数 β [kJ/(m^2 · d · ℃)]	无	3 664.6

1. 绝热温升公式

绝热温升公式采用指数公式,形式如下:

$$\theta = \theta_0(1 - e^{-a\tau}) \tag{6-2}$$

式中　θ——绝热温升值,℃;

θ_0——最大绝热温升值,℃;

τ——浇筑龄期;

a——拟合系数。

根据试验数据拟合得到绝热温升公式参数,如表 6-4 所示。

表 6-4　混凝土绝热温升公式参数

混凝土类型	C25 二级配	C25 三级配	C40 二级配	C40 三级配
最大绝热温升 θ_0 (℃)	30	26	40	35
拟合系数 a	0.32	0.31	0.36	0.35

2. 弹性模量

混凝土弹性模量适合采用复合指数公式,形式如下:

$$E(\tau) = E_0(1 - e^{-a\tau^b}) \tag{6-3}$$

式中　τ——时间,d;

$E(\tau)$——τ 时刻的弹性模量,MPa;

E_0——最终弹性模量,MPa;

a、b——参数。

根据试验资料,拟合材料弹性模量公式参数如表 6-5 所示。

表 6-5　混凝土弹性模量公式参数

混凝土类型	C25	C40
最终弹性模量 E_0(MPa)	29.4	33.5
拟合系数 a	0.281	0.457
拟合系数 b	0.354	0.415

3. 混凝土徐变

混凝土徐变公式采用八参数公式,形式如下:

$$C(t,\tau) = (x_1 + x_2\tau^{-x_3})[1 - e^{-x_4(t-\tau)}] + (x_5 + x_6\tau^{-x_7})[1 - e^{-x_8(t-\tau)}] \tag{6-4}$$

式中　t——时间,d;

τ——加载龄期,d;

$C(t,\tau)$——加载龄期为 τ、t 时刻的徐变度;

x_i——徐变参数,$i = 1 \sim 8$。

根据资料,拟合徐变度参数如表 6-6 所示。

表 6-6　徐变度参数

混凝土强度等级	徐变度参数							
	x_1	x_2	x_3	x_4	x_5	x_6	x_7	x_8
C25 二级配 C25 三级配	5.40	89.89	0.70	0.49	0.01	33.58	0.26	0.02
C40 二级配 C40 三级配	4.12	65.28	0.60	0.73	0.09	70.22	0.43	0.03

6.1.3　结构计算模型

闸墩平面图如图 6-3 所示。

根据设计资料,建立混凝土闸墩边墩和中墩结构的三维有限元模型(见图 6-4)。由于荷载和结构对称,中墩(2# ~6#闸墩)浇筑过程和荷载边界条件对称,因此取一半结构建立模型;边墩(1#、7#闸墩)取整个结构建立模型。

6.1.4　施工方案与进度计划

按照制订的施工浇筑方案,分三仓浇筑:闸墩底板、墩墙第一层、墩墙第二层。先浇筑

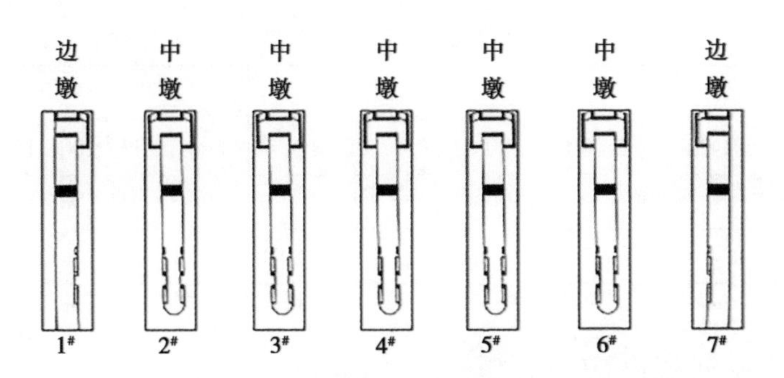

图 6-3　闸墩平面图

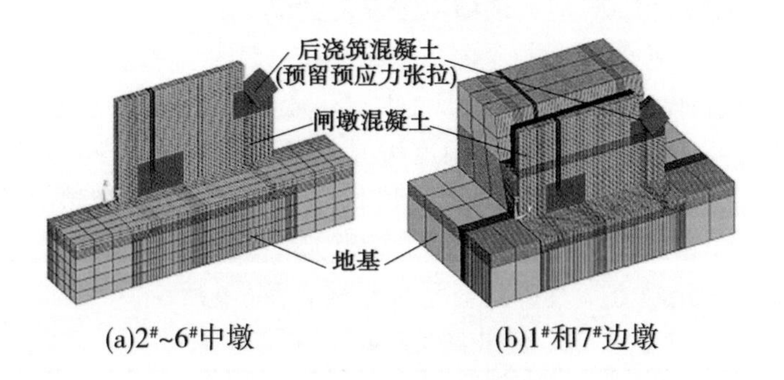

图 6-4　闸墩有限元计算模型

闸墩底板,再浇筑闸室底板。混凝土浇筑允许间隔时间按 1.5 h 控制,浇筑强度要求达到 34.3 m^3/h。闸墩底板浇筑时,设立 1.2 m 悬空模板,完成 1.2 m 高闸墩混凝土的浇筑。闸墩底板浇筑尺寸如图 6-5 所示。

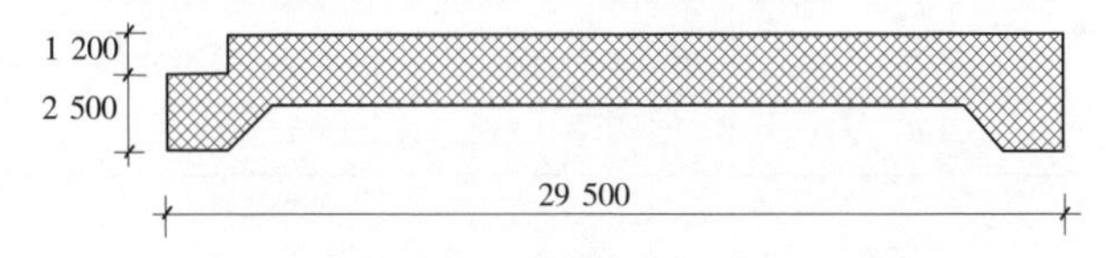

图 6-5　闸墩底板浇筑尺寸　(单位:mm)

闸墩浇筑次序从左岸到右岸跳墩施工,共 5 个中墩,2 个边墩。

闸墩混凝土浇筑分层情况及分仓浇筑进度计划如图 6-6、表 6-7 所示。

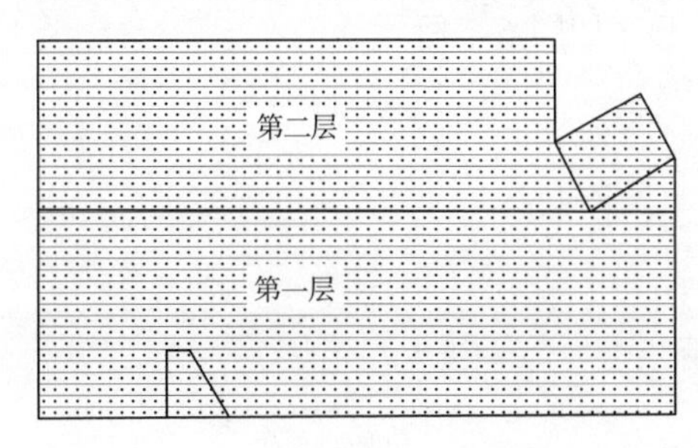

图 6-6　闸墩混凝土浇筑分层

表 6-7 闸墩分仓浇筑进度计划(日期:年-月-日)

闸墩编号	1	2	3	4	5	6	7
闸墩底板	2007-01-20	2006-10-01	2006-11-05	2006-10-07	2006-12-13	2006-11-11	2007-01-15
第一层	2007-02-02	2006-10-14	2006-11-19	2006-10-20	2006-12-25	2006-11-25	2007-01-28
第二层	2007-02-16	2006-10-28	2006-12-03	2006-11-03	2001-01-08	2006-12-08	2007-02-12

6.1.5 混凝土闸墩温度应力分析

6.1.5.1 中墩 2# 闸墩温度场、应力场模拟工况及结果

1. 中间闸墩典型工况施工方案

2# 闸墩浇筑初始时间为 2006 年 10 月 1 日,10 月 28 日完成全部混凝土浇筑。计算中提前一个月作为时间的计算起点,确保温度边界合理。从 9 月 1 日开始计算气温变化条件下地基的温度场,10 月 1 日计算的地基温度场作为闸墩浇筑时初始的条件。按照无保温、底板突出分仓、不设后浇带的一种典型工况模拟混凝土中墩的温度场、应力场变化。

中墩 2# 闸墩施工浇筑方案及典型工况如表 6-8、表 6-9 所示。

表 6-8 中墩 2# 闸墩施工浇筑方案

日期(年-月-日)	时间步(d)	浇筑部位	浇筑高程(m)	入仓温度
2006-09-01	1	—	—	控制在 10~18 ℃
2006-10-01	31	底板	103.2	
2006-10-14	44	第一层	112.0	
2006-10-28	58	第二层	120.0	
2007-01-01	120	—	—	

表 6-9 2# 闸墩施工典型工况

计算工况	表面保温方案	分仓方案	后浇带方案	入仓条件	说明
1	1(无保温)	1(突出 1.2 m)	1(不设)	控制温度	

中墩施工期气温边界条件如图 6-7 所示。

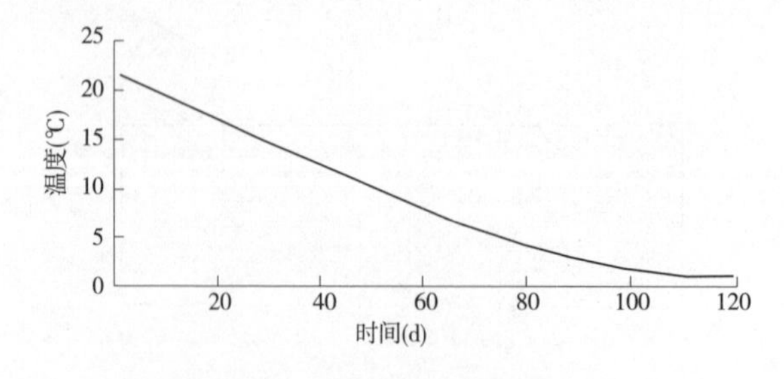

图 6-7 中墩施工期气温边界条件

2. 温度场、应力场计算结果及分析

选取典型时刻输出 $2^{\#}$闸墩结构温度场与应力场分布云图(见图 6-8、图 6-9)。典型时刻选取:闸墩底板浇筑后第 4 天(时间第 35 天:10 月 5 日)、第一层闸墩浇筑后第 4 天(时间第 48 天:10 月 18 日)、完成闸墩浇筑第 4 天(时间第 62 天:11 月 1 日)和浇筑完成后 1 个月(时间第 95 天:12 月 4 日)和 2 个月(时间第 120 天:12 月 29 日)。

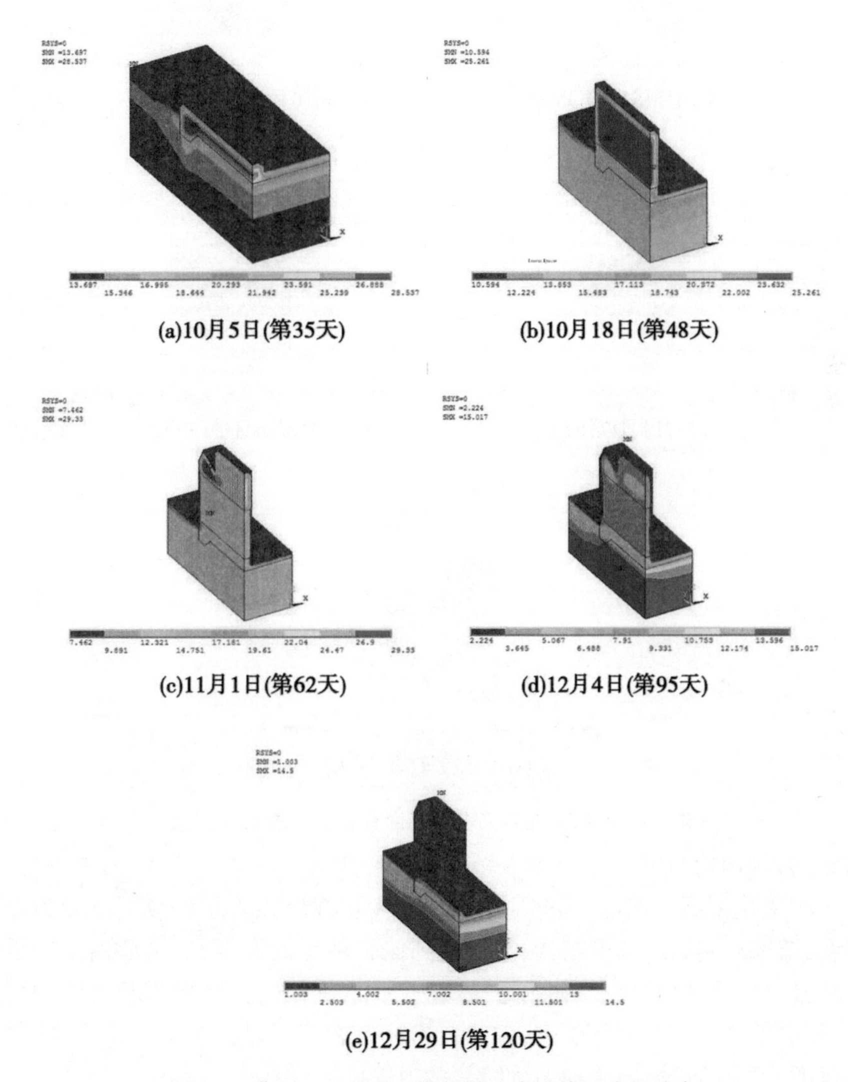

(a)10月5日(第35天)　(b)10月18日(第48天)　(c)11月1日(第62天)　(d)12月4日(第95天)　(e)12月29日(第120天)

图 6-8　典型工况不同日期闸墩分仓浇筑温度场分布

模拟结果显示,$2^{\#}$闸墩底板浇筑完成后,温度场高温区域主要在两端混凝土较厚处。设计施工工况最高温度不超过 30 ℃;高应力区出现在分段浇筑界面处,温度应力达到 2. 92 MPa。分析可知,主要原因是高温区域降温在分层交界处产生较大温差和较强的约束,高应力区在混凝土表面。应力值处于混凝土抗拉强度边缘,需要重点设防。

选取典型部位,分析温度与水平应力随时间变化规律。温度典型部位选取在闸墩中心,高度分别位于靠近底板、中部和上部,水平应力典型部位对应于温度典型部位高度,位

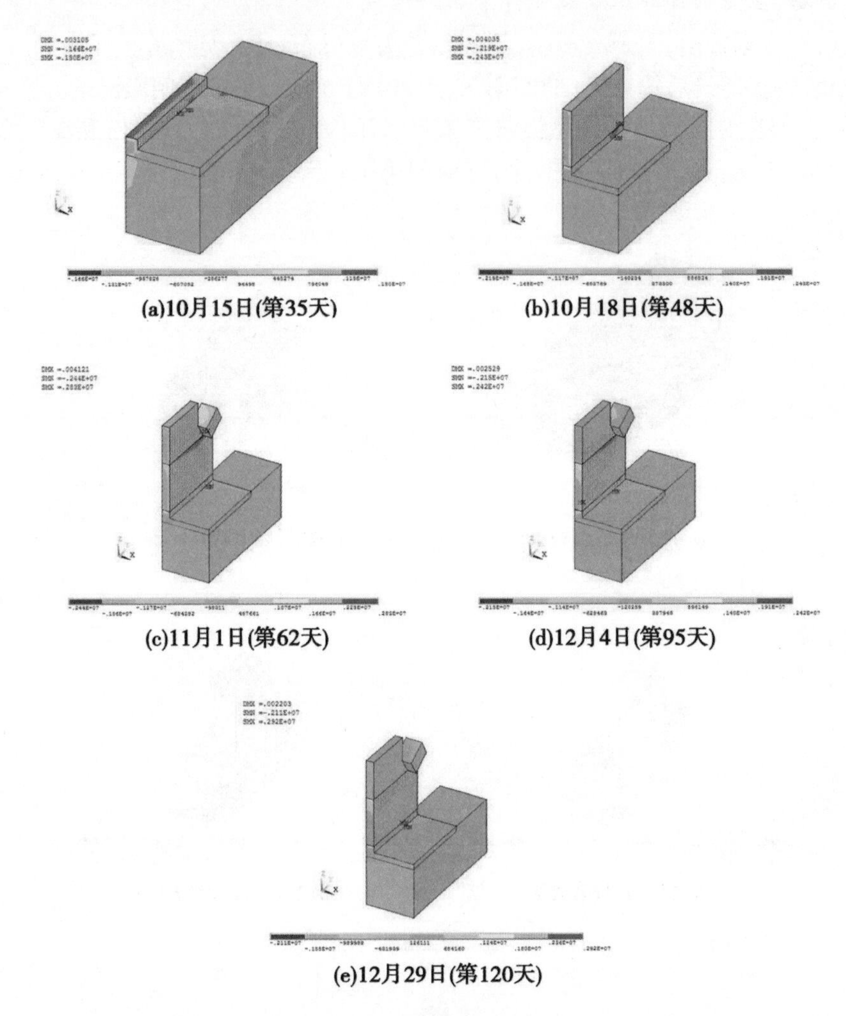

(a)10月15日(第35天)　(b)10月18日(第48天)

(c)11月1日(第62天)　(d)12月4日(第95天)

(e)12月29日(第120天)

图 6-9　典型工况不同日期闸墩分仓浇筑应力场分布

于闸墩表面,如图 6-10 所示。

中间 $2^{\#}$中墩典型部位温度、纵向应力随时间变化规律如图 6-11 所示。从典型部位温度变化来看,结构整体温度降低很快,很快达到比较稳定的温度,这主要由于闸墩结构较薄;从应力变化曲线可以看出,结构水平拉应力不大,结构发生竖向贯穿裂纹的可能性不大;闸墩中部水平应力较上下部位大,因此结构竖向裂纹一般在闸墩中部产生;最大应力峰值发生在施工过程阶段,施工期结构防裂最为关键。

依据 $2^{\#}$中墩施工过程模拟结果,$2^{\#}$中墩发生贯穿性开裂的风险低;表面最大拉应力接近混凝土强度值,表面开裂风险较高,有必要做好表面保护及防裂措施。

同样,可对 $3^{\#}$~$5^{\#}$闸墩分别进行典型施工工况条件下的温度场、应力场模拟,分析温度场和应力场分布及随时间变化规律,给出风险评估和温控措施建议,这里不再赘述。

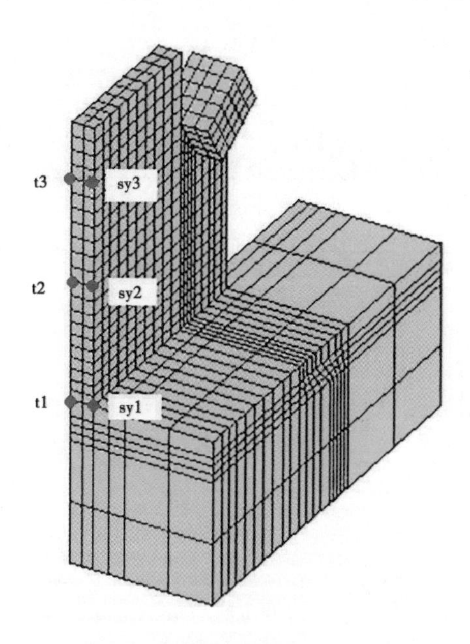

图 6-10　2# 闸墩计算结果输出典型部位

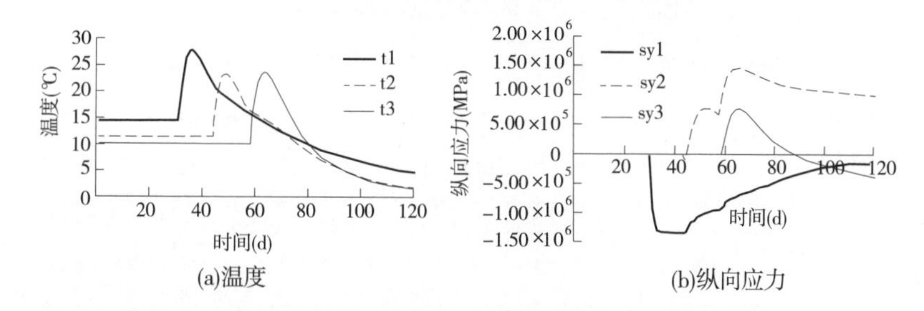

(a)温度　(b)纵向应力

图 6-11　中间 2# 闸墩典型部位温度、纵向应力随时间变化规律

6.1.5.2　边墩 1# 闸墩温度场、应力场模拟工况及结果

1. 边墩典型工况施工方案

1# 闸墩浇筑初始时间为 2007 年 1 月 20 日，2 月 16 日完成全部混凝土浇筑。1# 闸墩为边墩，同样地基温度初值采用提前一个月计算的地基温度分布值。按照无保温、底板突出分仓、不设后浇带的一种典型工况模拟混凝土闸墩中墩的温度场、应力场变化。边墩 1# 闸墩施工浇筑方案及典型工况如表 6-10、表 6-11 所示。

表 6-10　边墩 1# 闸墩施工浇筑方案

日期(年-月-日)	时间步(d)	浇筑部位	浇筑高程(m)	入仓温度
2006-12-11	1	—	—	
2007-01-20	41	底板	103.2	
2007-02-02	53	第一层	112.0	控制在 10~18 ℃
2007-02-16	67	第二层	120.0	
2007-04-01	120	—	—	

边墩施工期气温边界条件如图 6-12 所示。

表 6-11　边墩 1#闸墩施工典型工况

计算工况	表面保温方案	分仓方案	后浇带方案	入仓条件	说明
2	1(无保温)	1(突出 1.2 m)	1(不设)	控制温度	

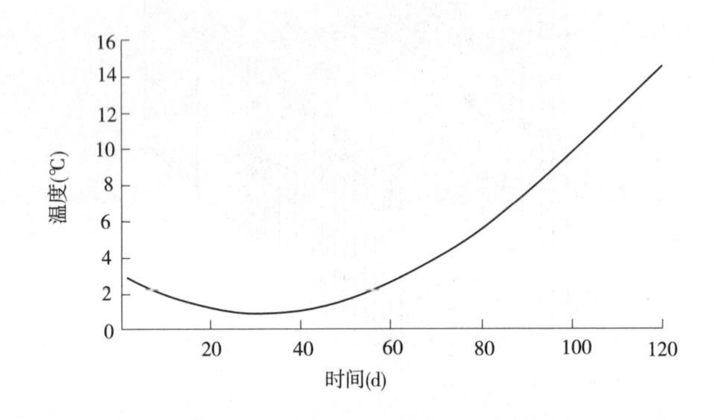

图 6-12　边墩施工期气温边界条件

2. 温度场、应力场计算结果及分析

选取典型时刻输出 1#闸墩结构温度场与应力场分布云图(见图 6-13、图 6-14)。典型时刻选取:闸墩底板浇筑后(2007 年 1 月 23 日,第 44 天)、第一层闸墩浇筑后(2007 年 2 月 5 日,第 56 天)、完成闸墩浇筑(2007 年 2 月 19 日,第 70 天)和浇筑完成后 2 个月(2007 年 4 月 1 日,第 120 天)。

模拟结果显示,1#闸墩与边坡联结部位混凝土体积大,有高温度区域,结构内外温差相对较大;混凝土主要最大拉应力区同样位于分段浇筑界面局部,但应力值较小,分析可知主要原因是浇筑时期产生的季节温差小,对混凝土内部残余应力产生的不利影响小;内外温差对结构影响显著,内外温差使表面产生较大拉应力,其值接近混凝土抗拉强度,需要采取措施降低内外温差,防范造成较大的温度拉应力,有必要通过埋设冷却水管措施进行温控。

温度典型部位选取在闸墩中心,高度分别位于靠近底板、中部和上部,水平应力典型部位对应于温度典型部位高度,位于闸墩表面,如图 6-15 所示。

边墩 1#闸墩典型部位温度、纵向应力随时间变化如图 6-16 所示。从典型部位温度与应力变化来看,由于入仓温度不高,结构整体温度变化幅度小。结构纵向应力相对较小;结构纵向拉应力不大,发生竖向贯穿裂纹的风险小;闸墩中部水平应力较上下部位大,可能的裂纹形式是竖向裂纹,在闸墩中部产生。

综合分析,1#边墩结构表面开裂可能性较大,需要考虑必要的温控措施进行预防,建议采用冷却水管措施;温度作用下结构贯穿性裂缝出现可能性不大。同样,边墩 7#闸墩进行了典型施工工况条件下的温度场应力场模拟,给出风险评估和温控措施建议。

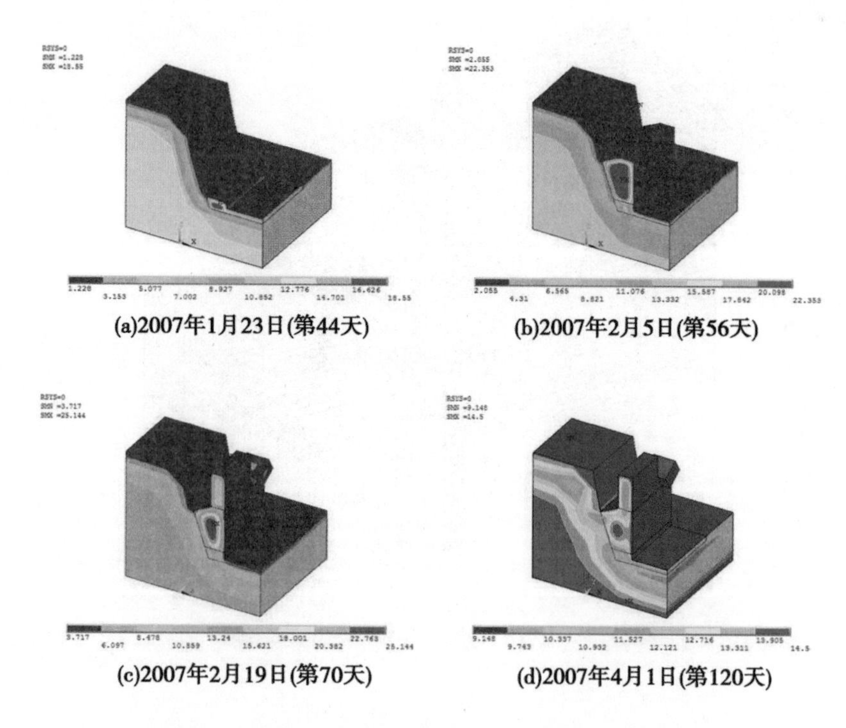

(a)2007年1月23日(第44天) (b)2007年2月5日(第56天)

(c)2007年2月19日(第70天) (d)2007年4月1日(第120天)

图6-13 典型工况不同日期闸墩分仓浇筑温度场分布

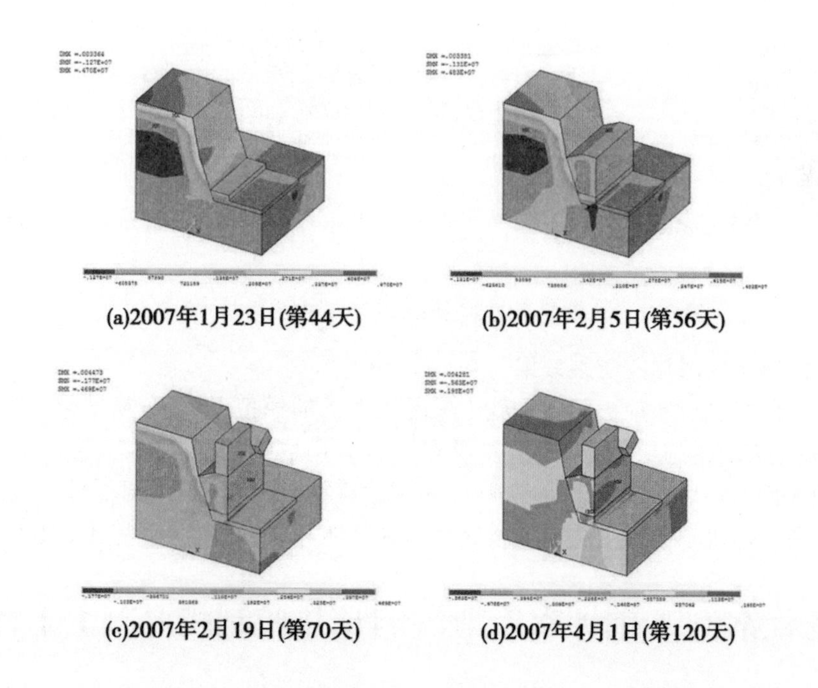

(a)2007年1月23日(第44天) (b)2007年2月5日(第56天)

(c)2007年2月19日(第70天) (d)2007年4月1日(第120天)

图6-14 典型工况不同日期边墩分仓浇筑应力场分布

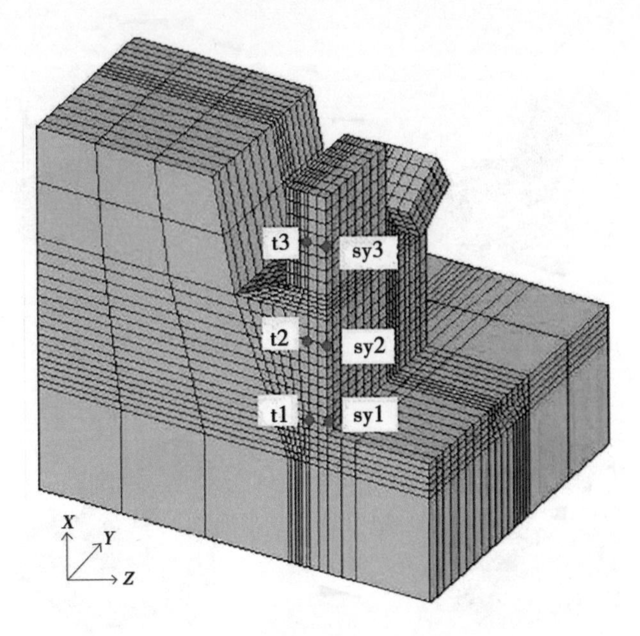

图 6-15　边墩 1#闸墩计算结果输出典型部位

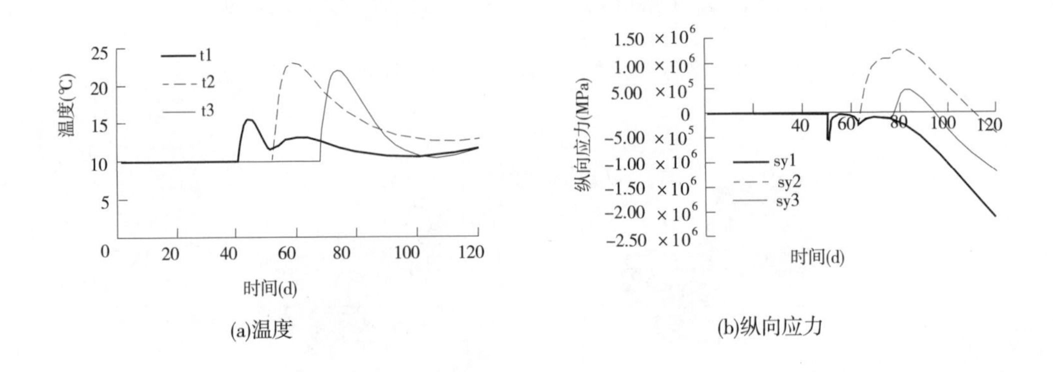

(a)温度　(b)纵向应力

图 6-16　边墩 1#闸墩典型部位温度、纵向应力随时间变化

6.1.5.3　混凝土闸墩温控防裂效果

通过对闸墩温度场、应力场各种施工工况条件下的模拟，结合分析结果，对施工方案和温控措施及表面措施给出建议调整。实际工程采用取消后浇带方案、边墩冷却水管措施、拆模期表面保温等措施。工程完成后，质量跟踪结果显示：采用调整后的施工方案及温控措施，所有溢洪道闸墩混凝土质量完全达到预期标准，没有发生表面开裂。

6.2　工程案例 2：前坪水库泄洪洞竖井控制段混凝土工程[3-5]

6.2.1　工程概况

前坪水库位于河南省汝阳县前坪村，泄洪洞布置在主坝左侧，工程包括引渠段、扭坡段、竖井控制段、洞身段、消能段等部分。本节重点研究竖井控制段大体积混凝土温度应力。

进口洞底高程为 360.0 m,闸室采用有压短管形式,工作闸门和事故检修闸门分别采用孔口直径为 6.5 m×7.5 m 的弧形钢制闸门和孔口尺寸为 6.5 m×7.8 m 的平板闸门。竖井控制段(356~425 m)总高 69 m,控制段长 38 m。底板(356~360 m)厚 4 m、宽 18 m。边墩(360~369 m)混凝土高 9 m,每侧墩墙厚 6 m。边墩以上(369~425 m)混凝土高 56 m、长 28 m。洞口宽 6 m、高 9 m。底板设有后浇带,除底板外混凝土每 3 m 作为一仓,一次性浇筑。第 1~3 仓混凝土设有冷却水管。

底板、流道顶、墩墙 370.0 m 高程以下迎水面 0.8 m 范围内采用 HFC40W6F100 防冲耐磨混凝土,底板、墩墙其余部位和支铰大梁为 C40W6F100,二期混凝土为 C50,384.10 m 高程以上主体结构采用 C30W6F10 混凝土。

6.2.2　泄洪洞竖井控制段模型

根据实体工程结构,建立三维有限元模型,前坪泄洪洞竖井控制段模型(剖面)如图 6-17 所示。基岩范围选取 1.5 倍结构主体高度,上下游及周围各取 1 倍主体结构高度。结构主体混凝土、岩基均采用三维实体单元。基岩底面所有自由度约束,上下游两个侧面的水平方向位移约束,垂直于水流流向的两个侧面,将垂直于流向方向位移约束。

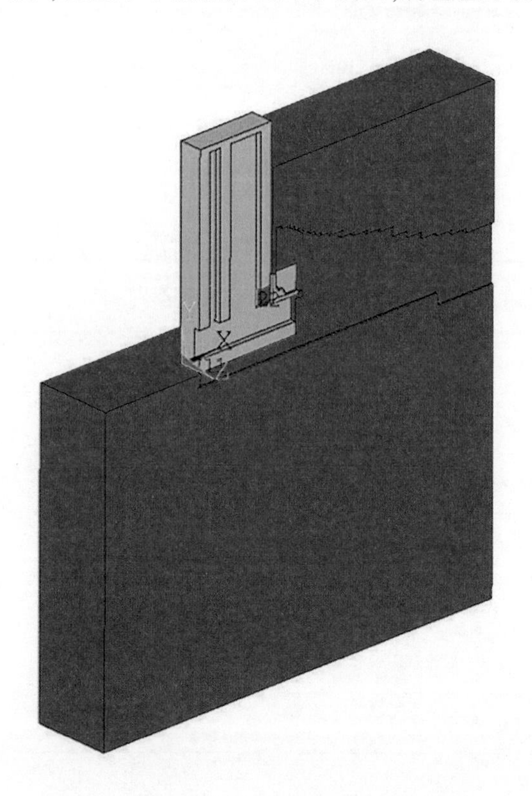

图 6-17　前坪泄洪洞竖井控制段模型(剖面)

6.2.3　基本资料

6.2.3.1　冷却水管方案

通一期冷却水,水管布置形式为1.5 m×1.5 m,管长200 m,冷却水温14 ℃,每仓冷却水持续时间为5 d。冷却水管采用非金属水管,具体参数如下:

管长200 m,管壁厚2 mm,外半径16 mm,内半径14 mm,冷却水流量1.20 m^3/h。

冷却水管布置形式下的混凝土等效导温系数如表6-12所示。

表6-12　冷却水管布置形式下的混凝土等效导温系数

项目	取值
碾压导温系数 a(m^2/d)	0.085 2
等效碾压导温系数 a'(m^2/d)	0.101
常态导温系数 a(m^2/d)	0.073 2
等效常态导温系数 a'(m^2/d)	0.087

6.2.3.2　材料属性

绝热温升公式采用双指数公式,即

$$\theta(\tau) = \theta_0(1 - e^{-a\tau^b}) \tag{6-5}$$

式中,θ_0 = 60 ℃,a = 0.90,b = 1.00。

材料基本参数如表6-13所示。

表6-13　材料基本参数

项目	基岩	主体结构
导热系数 λ[kJ/(m·d·℃)]	360.00	217.68
导温系数 a (m^2/d)	0.144 7	0.103 2
密度 γ (kg/m^3)	2 670.00	2 470.00
比热 c [kJ/(kg·℃)]	0.76	0.95
线膨胀系数 α($\times10^{-6}$/℃)	6.00	7.00
泊松比 μ	0.25	0.20
热交换系数 β[kJ/(m^2·d·℃)]	1 500	1 500
弹性模量 E (GPa)	36.00	32.50

6.2.3.3　气温拟合

根据当地气象资料,水库附近气温资料如表6-14所示。

表 6-14 月平均气温资料

月份	1	2	3	4	5	6	7	8	9	10	11	12	全年
气温(℃)	4.5	8.2	12.0	18.4	22.8	26.0	28	26.9	23.6	16.8	10.0	7.1	17.0

考虑太阳辐射影响，依据当地气象资料，当地日照影响相当于年平均气温增加 5.3 ℃，即

$$\Delta T_a = R/\beta = 5.3(℃) \tag{6-6}$$

6.2.3.4 混凝土其他选项

1. 混凝土弹性模量、徐变度和松弛系数

根据资料，水工大体积常态混凝土弹性模量计算公式为

$$E(\tau) = E_0[1 - e^{-0.40\tau^{0.34}}] \tag{6-7}$$

徐变度与松弛系数计算公式为

$$C(t,\tau) = C_1(1 + 9.20\tau^{-0.45})[1 - e^{-0.30(t-\tau)}] + C_2(1 + 1.70\tau^{-0.45})[1 - e^{-0.005(t-\tau)}] \tag{6-8}$$

$$K(t,\tau) = 1 - (0.25 + 0.25\tau^{-0.40})[1 - e^{-0.20(t-\tau)}] - (0.15 + 0.30\tau^{0.40})[1 - e^{-0.006(t-\tau)}] \tag{6-9}$$

其中，$C_1 = 0.23E_0{}^{-1}$，$C_2 = 0.52E_0{}^{-1}$，$E_0 = 1.05E(360\ d)$。

2. 混凝土表面模板和保温层的传热系数

通过计算可得，$\beta = 0.569\ W/(m^2 \cdot K)$。

6.2.4 温度场计算结果

6.2.4.1 施工过程温度场分布

采用自主开发的温度场、应力场仿真程序 FZFX 计算温度场与应力场。选取的典型时刻输出温度场结果如图 6-18 所示。

6.2.4.2 计算温度与现场实测结果对比

工程中利用分布式光纤测温技术，结合泄洪洞实际施工措施与施工进度安排实施计划。根据实测温度与计算温度对比(见图 6-19~图 6-25)，检验温度场仿真计算的精度。

从温度仿真云图及计算温度与实测温度对比图可以看出，测温结果与计算结果能够较好地符合。新浇仓温度在 3 d 左右达到最大，先浇仓随着时间的推移，温度逐渐降低，最后趋于稳定。

由于天气和施工过程的不确定性，计算温度与实测温度并不能完全相同，但偏差在允许的范围内。

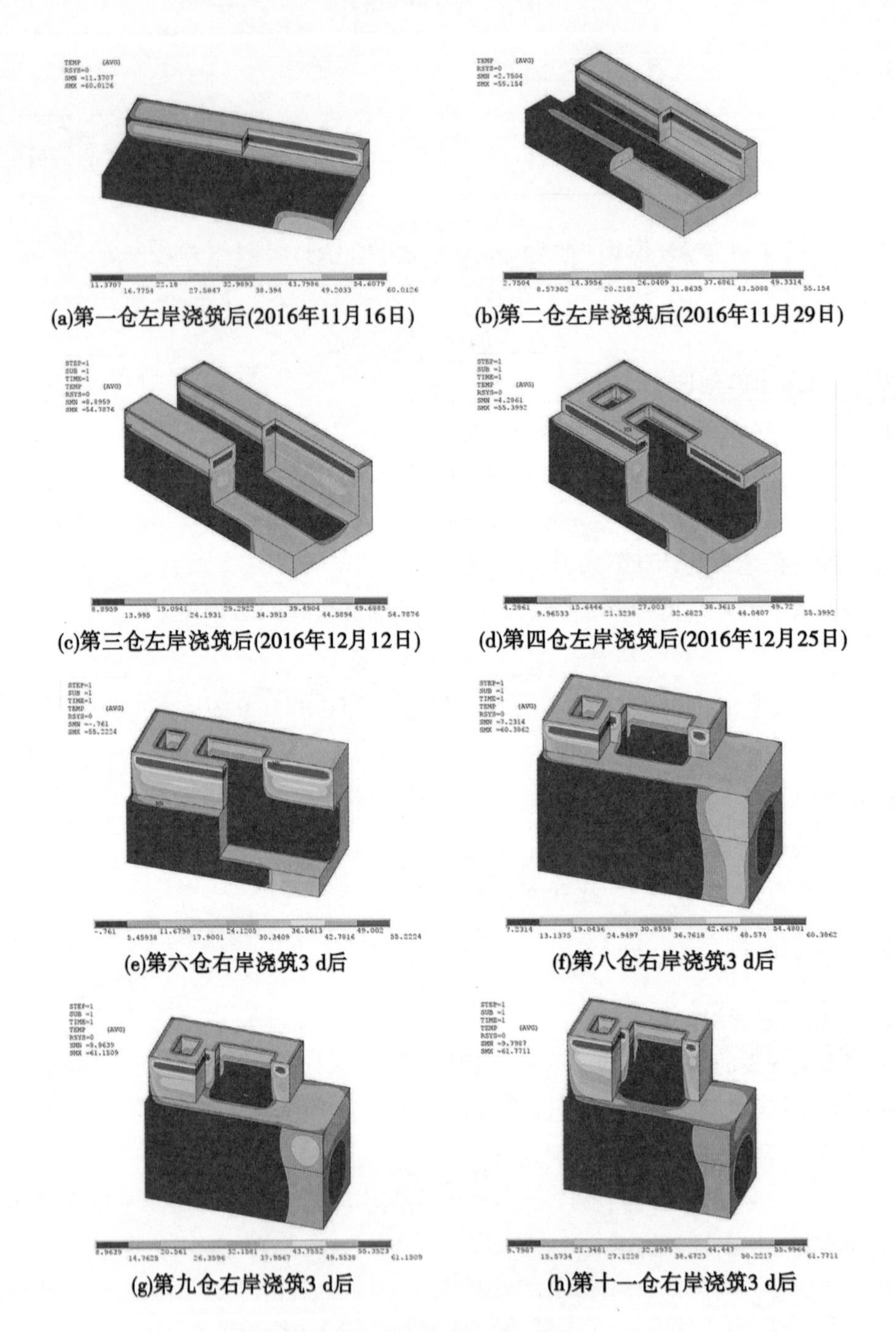

(a)第一仓左岸浇筑后(2016年11月16日)

(b)第二仓左岸浇筑后(2016年11月29日)

(c)第三仓左岸浇筑后(2016年12月12日)

(d)第四仓左岸浇筑后(2016年12月25日)

(e)第六仓右岸浇筑3 d后

(f)第八仓右岸浇筑3 d后

(g)第九仓右岸浇筑3 d后

(h)第十一仓右岸浇筑3 d后

图 6-18　典型时刻输出温度场

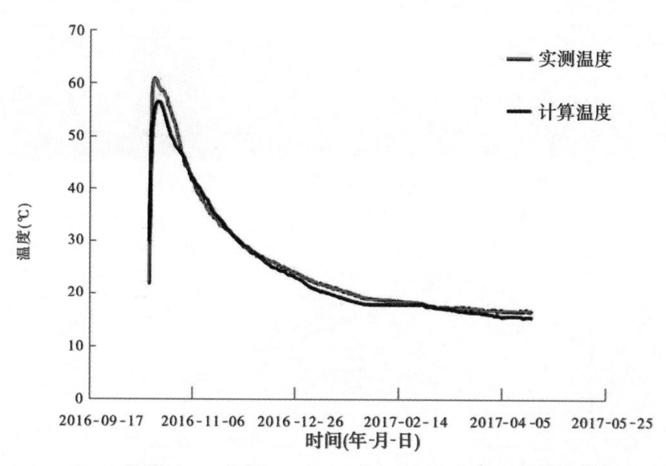

图6-19　底板(356~360 m)计算温度与实测温度

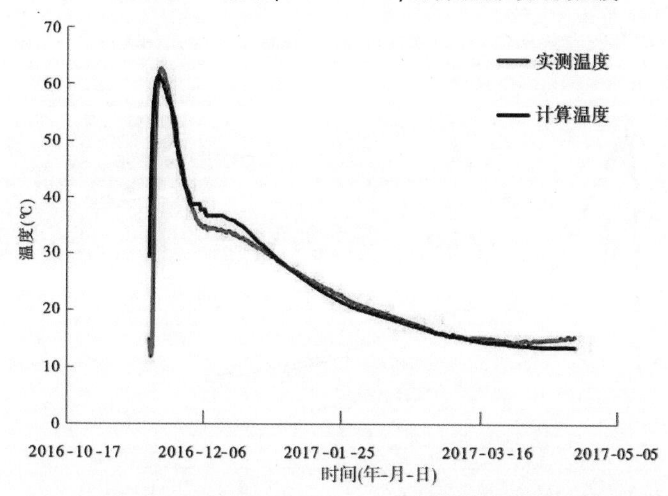

图6-20　第一仓(360~363 m)右岸计算温度与实测温度

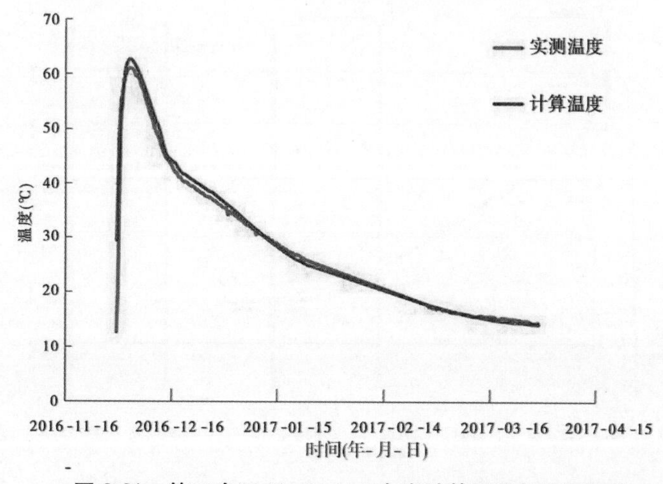

图6-21　第二仓(363~366 m)右岸计算温度与实测温度

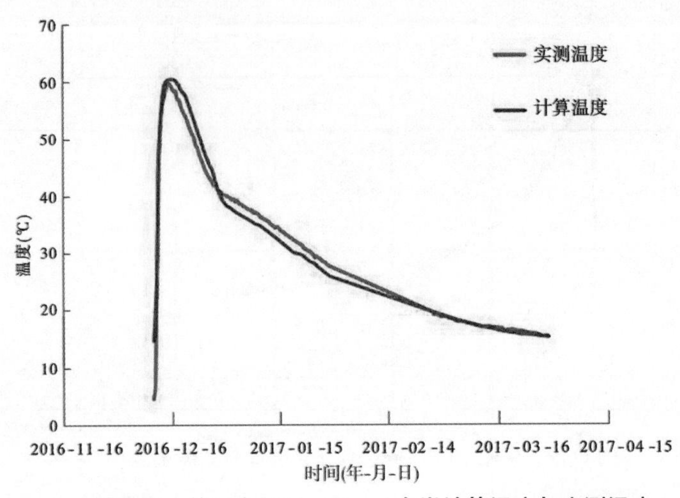

图 6-22　第三仓(366~369 m)右岸计算温度与实测温度

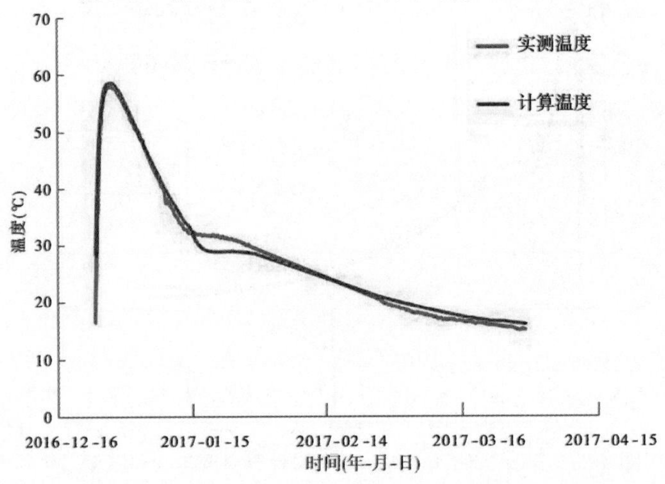

图 6-23　第四仓(369~372 m)右岸计算温度与实测温度

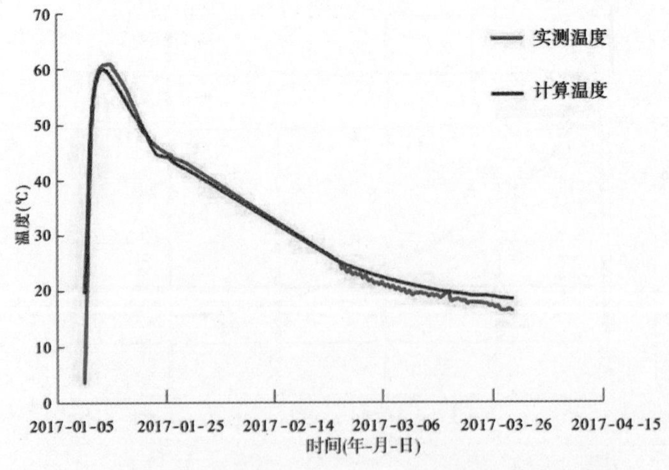

图 6-24　第五仓(372~375 m)计算温度与实测温度

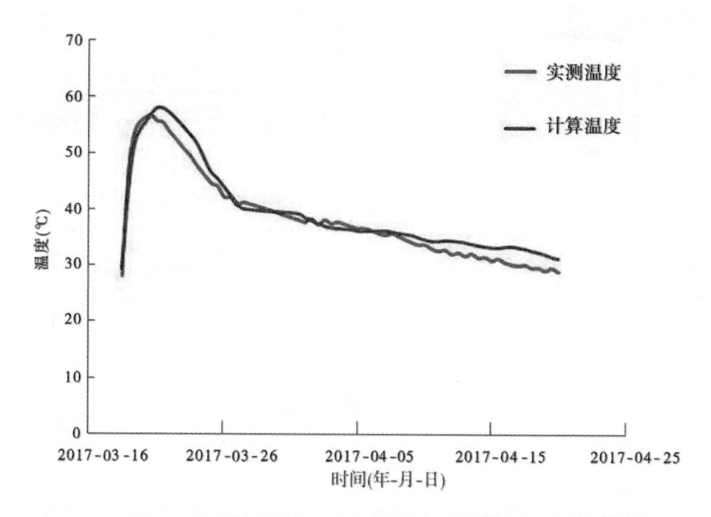

图6-25　第十仓(387~390 m)计算温度与实测温度

6.2.5　泄洪洞底板的开裂评价

底板混凝土采用的是C40混凝土，抗拉强度可以表示为

$$f_{tk}(\tau) = 2.39(1 - e^{-0.3\tau}) \tag{6-10}$$

混凝土的抗裂性能可按式(6-11)计算：

$$\frac{\lambda f_{tk}(\tau)}{\sigma_x} \geqslant K \tag{6-11}$$

式中　σ_x ——混凝土的温度应力，MPa；

$f_{tk}(\tau)$—— 混凝土龄期 τ 时刻的轴心抗拉强度标准值；

λ ——掺和料对混凝土抗拉强度影响系数，一般取值为1；

K——混凝土的抗裂安全系数，取 $K=1.15$。

根据实测温度历程，计算得到竖井底板混凝土在浇筑完75 d时的抗裂安全系数为

$$K = \frac{\lambda f_{tk}(\tau)}{\sigma_x} = \frac{1 \times 2.39 \times (1 - e^{-0.3\times75})}{2.5} = 0.96 \tag{6-12}$$

根据仿真计算温度历程，计算得到竖井底板混凝土在浇筑完75 d时的抗裂安全系数为

$$K = \frac{\lambda f_{tk}(\tau)}{\sigma_x} = \frac{1 \times 2.39 \times (1 - e^{-0.3\times75})}{2.16} = 1.11 \tag{6-13}$$

由以上计算可知，泄洪洞竖井底板实测温度历程得到的抗裂安全系数为0.96，不满足规范规定的要求，理论上底板混凝土会出现裂缝；根据仿真计算得到的抗裂安全系数为1.11，仍然不满足要求，预测底板混凝土会出现裂缝。

由图6-26可知，泄洪洞底板竖井在浇筑完74 d左右拉应力开始大于抗拉强度，由此可知，若不采取温控和防裂技术措施，泄洪洞底板内部会产生裂缝。

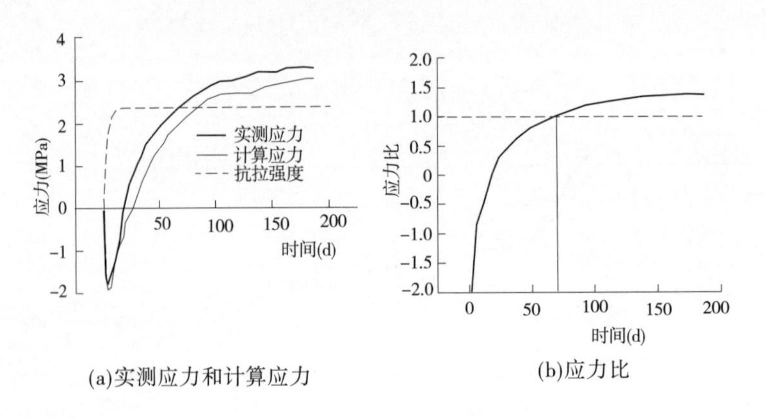

(a)实测应力和计算应力　　(b)应力比

图 6-26　泄洪洞底板混凝土

6.2.6　泄洪洞竖井的开裂评价

泄洪洞竖井结构主要采用 C50 混凝土,混凝土的轴心抗拉强度可以表示为

$$f_{tk}(\tau) = 2.64 \times (1 - e^{-0.3\tau}) \tag{6-14}$$

泄洪洞竖井 384.10 m 高程以上主体结构采用 C30W6F10 混凝土,混凝土强度等级为 C30,第十仓混凝土的轴心抗拉强度可以表示为

$$f_{tk}(\tau) = 2.01 \times (1 - e^{-0.3\tau}) \tag{6-15}$$

根据混凝土徐变度和弹性模量,计算了实测温度历程和仿真温度历程下的温度应力。由于第六仓至第九仓和前五仓的温度历程较为类似,不再赘述,得到泄洪洞竖井底板和结构各特征点的温度应力历程,如图 6-27～图 6-32 所示。

泄洪洞竖井结构各部位的应力比(温度应力和抗拉强度比值)根据式(6-16)确定:

$$\eta = \frac{\sigma(t)}{f_{tk}(t)} \tag{6-16}$$

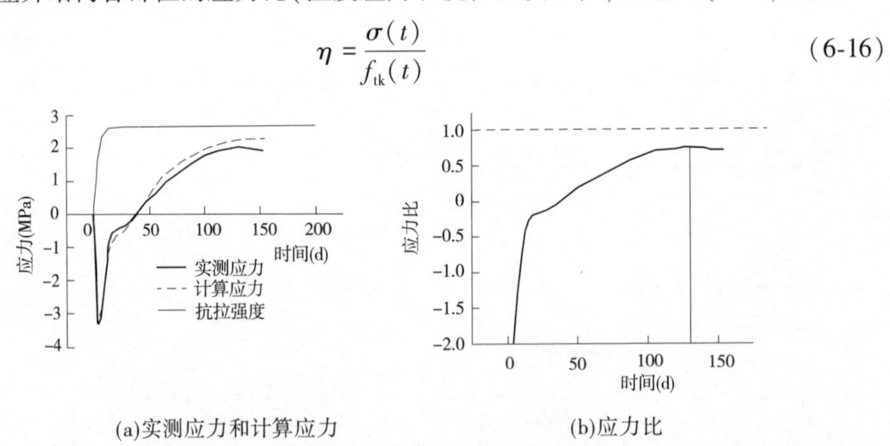

(a)实测应力和计算应力　　(b)应力比

图 6-27　第一仓混凝土的温度应力历程和应力比

通过研究分析,浇筑温度对温度应力影响较大,底板和第三仓都是在第 3 天达到最高温度 60 ℃,但是底板在第 75 天左右拉应力就超过了抗拉强度,有开裂的风险,主要是由于底板浇筑温度 20 ℃以上,而第三仓的浇筑温度在 10 ℃以下,在相同升温速率的条件

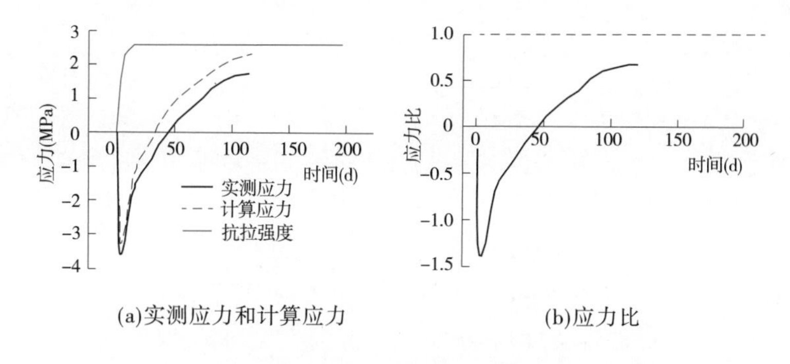

(a)实测应力和计算应力　　(b)应力比

图 6-28　第二仓混凝土的温度应力历程和应力比

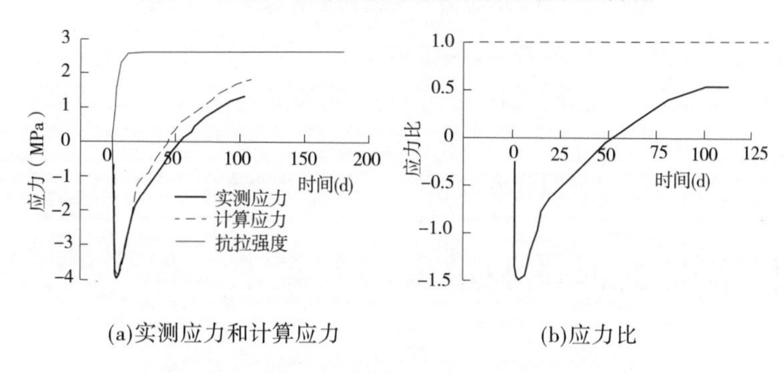

(a)实测应力和计算应力　　(b)应力比

图 6-29　第三仓混凝土的温度应力历程和应力比

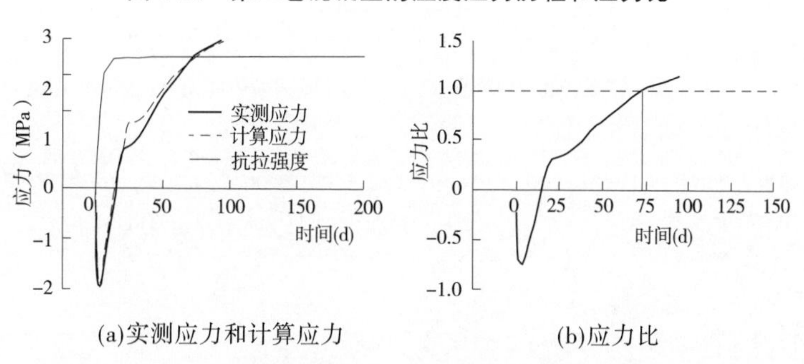

(a)实测应力和计算应力　　(b)应力比

图 6-30　第四仓混凝土的温度应力历程和应力比

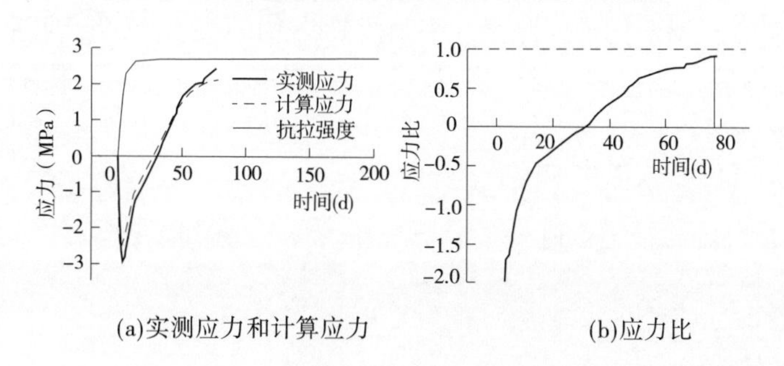

(a)实测应力和计算应力　　(b)应力比

图 6-31　第五仓混凝土的温度应力历程和应力比

下，延长了混凝土升温膨胀的时间。在设计最高温度相同的情况下，增加了混凝土的升温

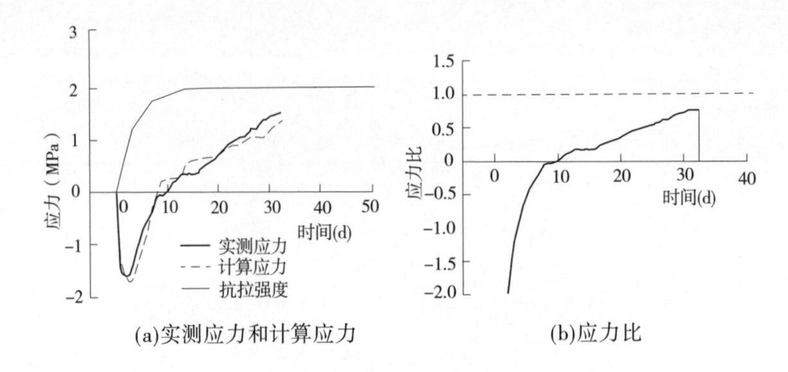

(a)实测应力和计算应力　　(b)应力比

图 6-32　第十仓混凝土的温度应力历程和应力比

膨胀期间的压应力,减小了竖井结构混凝土的开裂风险。第四仓浇筑的混凝土同样有开裂的风险,除和浇筑温度有关外,还和第二阶段的降温速率有关,降温速率过大,使其拉应力快速增加,增大了开裂风险。第十仓浇筑温度虽然在 20 ℃以上,但由于是结构表面,最高温度不到 60 ℃,并且第二阶段降温速率较小,减小了开裂风险。

6.3　工程案例 3:泄洪洞进水塔混凝土工程[6]

6.3.1　工程概况

河口村水库工程位于河南省济源市克井镇黄河一级支流沁河下游。水库总库容 3.17 亿 m^3,最大坝高 122.5 m(趾板处坝高),正常蓄水位 275 m,正常蓄水位以下原始库容 2.5 亿 m^3,装机容量 11.6 MW。

河口村水库工程中泄洪洞为整个水库混凝土浇筑主体工程。水库共有 1#、2#两个泄洪洞,每个泄洪洞前端各布置一个进水塔。1#泄洪洞进水塔高 104.9 m。2#泄洪洞进水塔高 86.0 m。

6.3.2　基本资料

6.3.2.1　气温拟合

使用光缆对日气温变化进行监测。将某段长约 10 m 的光缆置于阴凉处,避免太阳直射,测得该部位每日温度变化。通过测得每日最高温度和最低温度,拟合出施工位置年气温变化,如图 6-33 所示。

多年日平均气温公式拟合如下:

$$T_{ad} = 14.3 + 13.7\cos\left[\frac{2\pi}{365}(\tau_d - 198)\right] \tag{6-17}$$

式中　T_{ad} ——按日计算的气温;

τ_d ——天数。

6.3.2.2　水温拟合

河口村水库蓄水后,上游正常蓄水位高程为 275 m。1#泄洪洞进水塔底板顶部高程

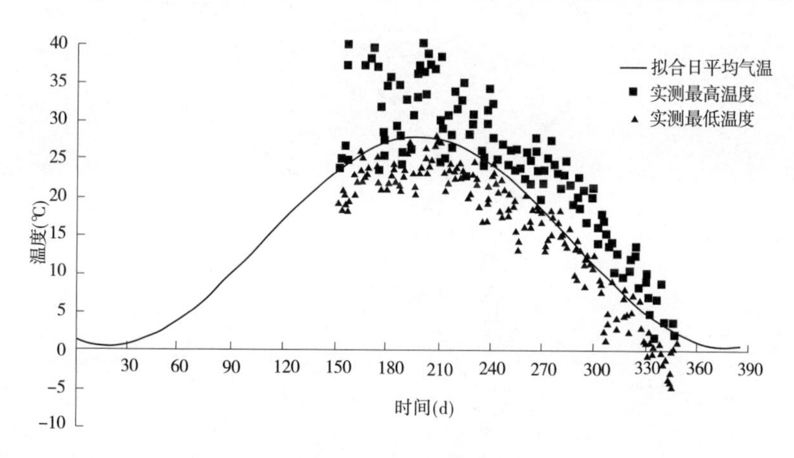

图 6-33　年气温变化

195 m,整个水库水深超过 80 m。蓄水后,1[#]泄洪洞进水塔下部被水淹没,水温随气温和水深变化。上游库水温度年周期变化过程可按式(6-18)计算:

$$T_w(y,\tau) = T_{wm}(y) + A_w(y)\cos\omega[\tau - \tau_0 - \varepsilon(y)] \tag{6-18}$$

式中　$T_w(y,\tau)$ ——水深 y (m)处、τ (月)时刻的多年月平均水温;

$T_{wm}(y)$ ——水深 y (m)处的多年年平均水温;

$A_w(y)$ ——水深 y (m)处的多年平均水温变幅;

τ_0——气温年周期变化过程的初始相位,与气温变化取值相同;

$\varepsilon(y)$ ——水深 y (m)处的水温年周期变化过程与气温年周期变化过程的相位差。

根据上述方法,参照资料确定了库水温度随时间和深度的变化过程。其中表层水温可按式(6-19)计算:

$$T_{w_0}(\tau) = 18.5 + 13.6\cos\left[\frac{2\pi}{12}(\tau - 7.13)\right] \tag{6-19}$$

表层水温与多年月平均气温对比如图 6-34 所示,由图 6-34 可见,水温较气温变化有明显滞后,且表层水温始终高于气温。不同季节的水库水温随深度变化如图 6-35 所示。

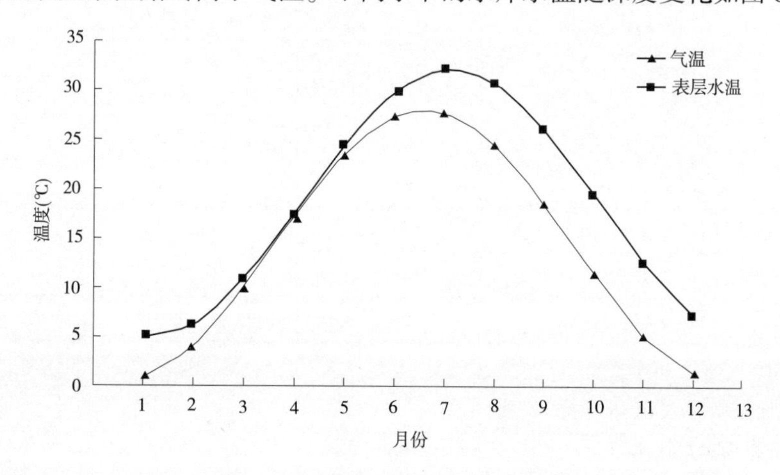

图 6-34　气温和表层水温变化对比

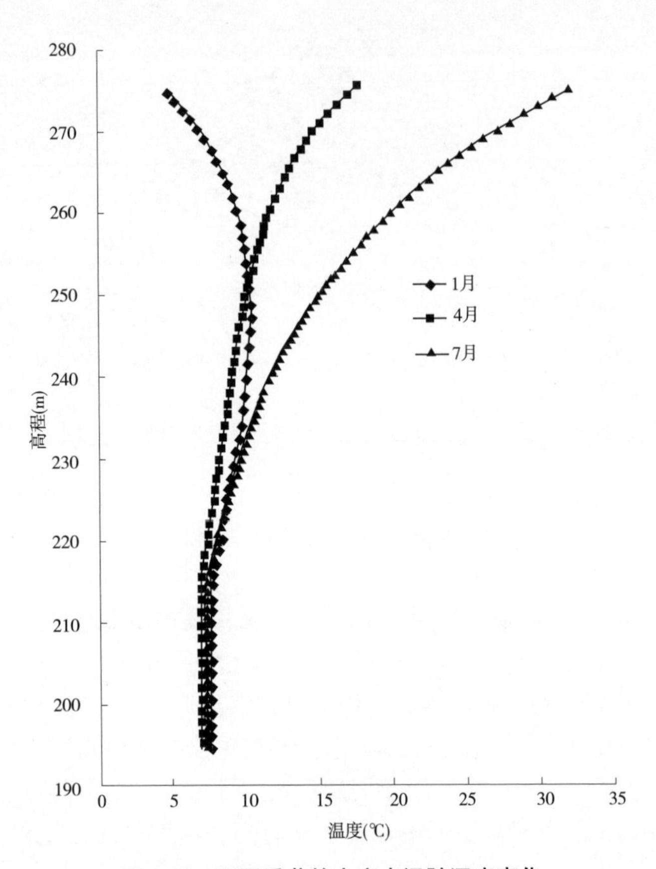

图 6-35　不同季节的水库水温随深度变化

6.3.2.3　材料参数

基岩、混凝土的材料热学力学参数根据工程实测资料和实测数据反演获得。材料的热学力学参数如表 6-15 所示。

表 6-15　材料参数

参数	材料		
	基岩	混凝土	
		C25 常态混凝土	C50 硅粉混凝土
密度 γ(kg/m^3)	2 730	2 388	2 395
比热 c[kJ/(kg · ℃)]	0.72	1.00	0.98
导热系数 λ[kJ/(m · d · ℃)]	252.12	226.42	216.42
导温系数 a(m^2/d)	0.175 4	0.073 9	0.072 5
最终绝热温升 θ_0(℃)	—	40.6	54.6
泊松比(无量纲)	0.25	0.17	0.17
线膨胀系数 α($\times 10^{-6}$/℃)	6	6	6
最终弹性模量 E_0(GPa)	10.0	28.0	34.5
放热系数 β[kJ/(m^2 · d · ℃)]	800	800	800

6.3.3 数值有限元模型

图 6-36 为 1#泄洪洞进水塔 240 m 高程以下混凝土和基岩的布置图,红色为混凝土,灰色为基岩。图 6-37 为进水塔混凝土浇筑分仓。建立整体温度场、应力场有限元仿真模型,如图 6-38 所示。

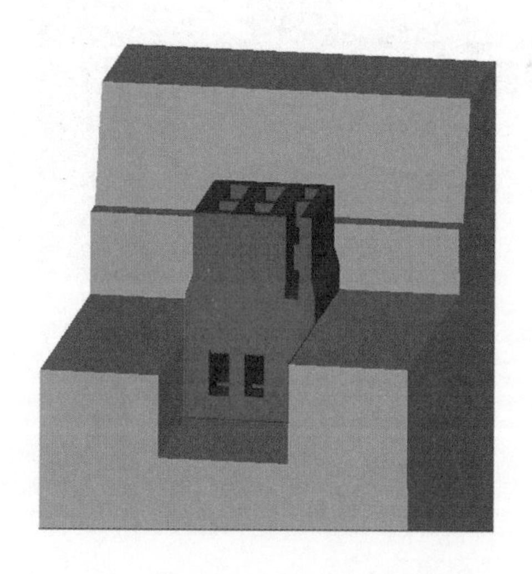

图 6-36　1#泄洪洞进水塔布置

图 6-37　进水塔混凝土浇筑分仓

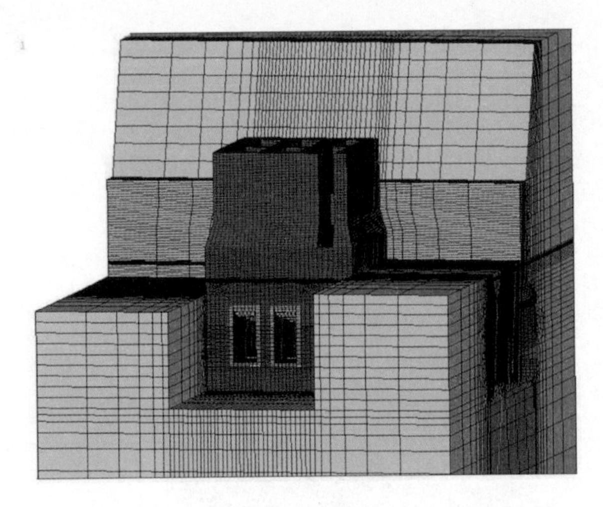

图 6-38　泄洪洞进水塔温度场、应力场有限元模型

6.3.4　稳定温度场

正常蓄水位 275.0 m 高程，此高程以下进水塔外露边界为水温，以上为气温。以气温最接近年平均气温的 4 月的准稳定温度场作为稳定温度场。计算出整个 240 m 高程以下进水塔的稳定温度场分布，如图 6-39 所示。

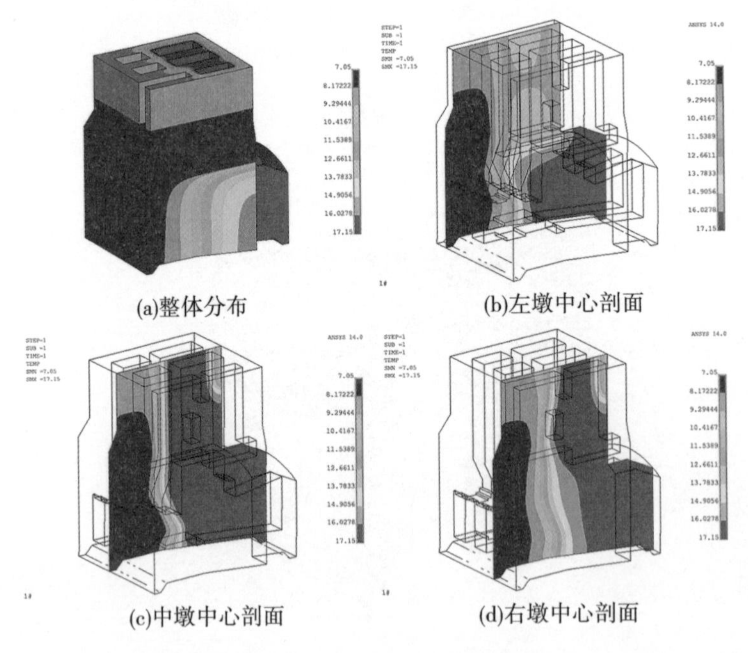

(a)整体分布　(b)左墩中心剖面

(c)中墩中心剖面　(d)右墩中心剖面

图 6-39　进水塔的稳定温度场

6.3.5　最高温度控制标准

水工混凝土的最高温度与稳定温度之差 ΔT 为

$$\Delta T = T_p + T_r - T_f \tag{6-20}$$

式中　T_p——浇筑温度；

T_r——水化热温升；

T_f——最终稳定温度。

根据朱伯芳的《大体积混凝土的温度应力与温度控制》，混凝土的允许基础温差可按式(6-21)确定：

$$\sigma_1 + \sigma_2 + \sigma_3 \leqslant [\sigma] = \frac{E\varepsilon_t}{k} \tag{6-21}$$

$$\sigma_1 = \frac{K_p R E \alpha}{1 - \mu}(T_p - T_f) \tag{6-22}$$

$$\sigma_2 = \frac{K_1 K_p A E \alpha}{1 - \mu} T_r \tag{6-23}$$

$$\sigma_3 = \frac{K_2 K_p E}{1 - \mu} G \tag{6-24}$$

式中　σ_1—— 由温差 $T_p - T_f$ 引起的拉应力；

K_p——由徐变引起的应力松弛系数；

R——基础约束系数；

σ_2——水化热温升引起的拉应力；

K_1——考虑早期升温压应力影响的折减系数；

A——基础影响系数；

σ_3——自生体积变形 G 引起的拉应力；

K_2——考虑自生体积变形随龄期而变化的过程的系数；

ε_t——最大极限拉伸值；

k——安全系数。

这里忽略自生体积变形参数，允许温差的最大值确定为

$$\sigma_1 + \sigma_2 = \frac{E\varepsilon_t}{k} \tag{6-25}$$

将式(6-22)、式(6-23)代入式(6-25)，整理得到：

$$T_r = \frac{\rho - R(T_p - T_f)}{K_1 A} \tag{6-26}$$

其中

$$\rho = \frac{\varepsilon_t(1 - \mu)}{k K_p \alpha} \tag{6-27}$$

因此，可确定混凝土的最高温度标准为

$$[T] = T_p + T_r \tag{6-28}$$

混凝土的最大极限拉伸值 ε_t 可根据抗压强度进行换算。根据第三方取样试验，获得了各浇筑仓共 246 个 C25 立方体混凝土试块（150 mm^3）的 28 d 龄期的抗压强度值，可根据式（6-29）换算出 C25 混凝土 28 d 龄期的极限拉伸值。

$$\varepsilon_t = 31.7 f_{cu}^{0.30} \times 10^{-6} \tag{6-29}$$

选取上游浇筑块中心线和下游浇筑块中心线（见图 6-40），分别计算最高温度控制标准。根据计算结果，左墩上、下游中心最高温度控制标准如图 6-41 所示。中墩和右侧混凝土最高温度控制标准与左墩相比只在 205 m 高程以下有微小差别，故不再赘述。

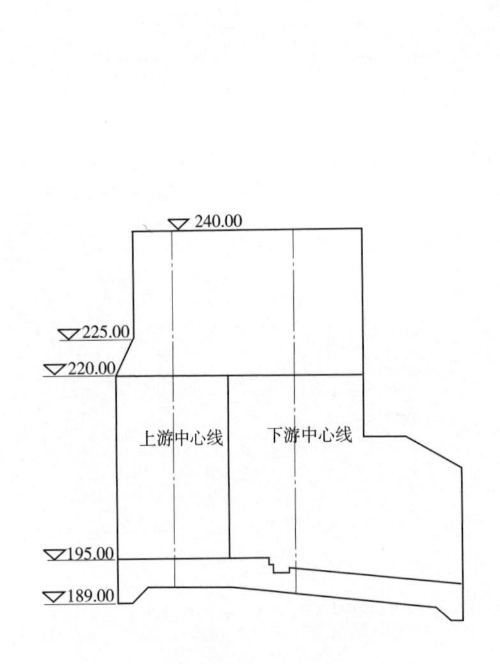

图 6-40　上、下游浇筑块中心线位置

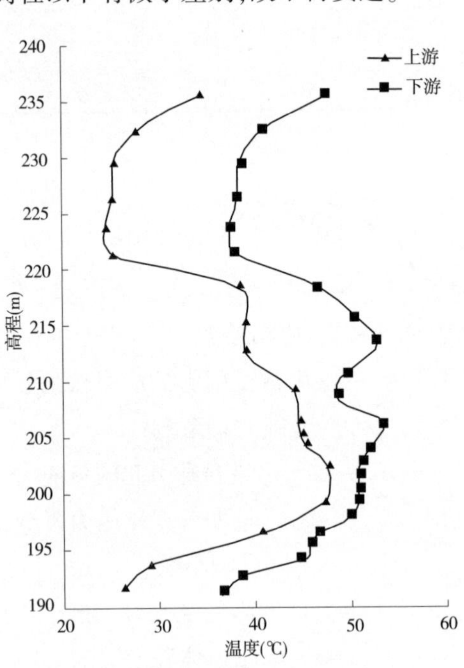

图 6-41　最高温度控制标准

6.3.6　进水塔温度场仿真与评价

结合混凝土实际施工参数、气温变化、通水冷却措施等，对整个进水塔 240 m 高程以下混凝土进行瞬态温度场的重构，得到各时刻结构的整体温度分布如图 6-42 所示。

各部位的最高温度计算结果见图 6-43。由结果可知，最高温度为 63.7 ℃，与实测最高温度 65.9 ℃较为接近。通过混凝土温度仿真对进水塔混凝土温度场、应力场进行重构，获得各部位最高温度与温度控制标准对比，如图 6-44 所示。据此建立对进水塔结构温度控制的评估。

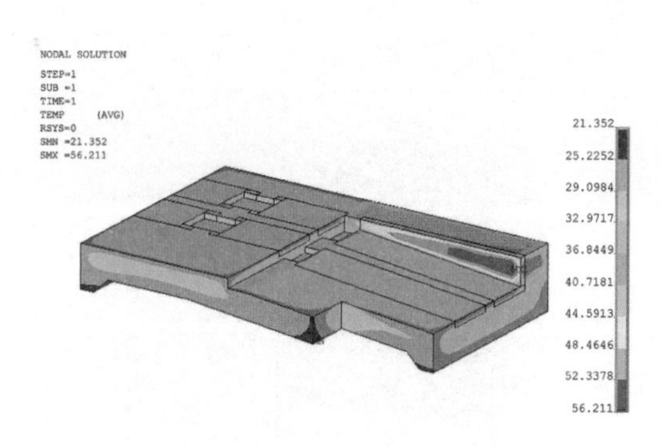

(a)2012年6月27日温度场

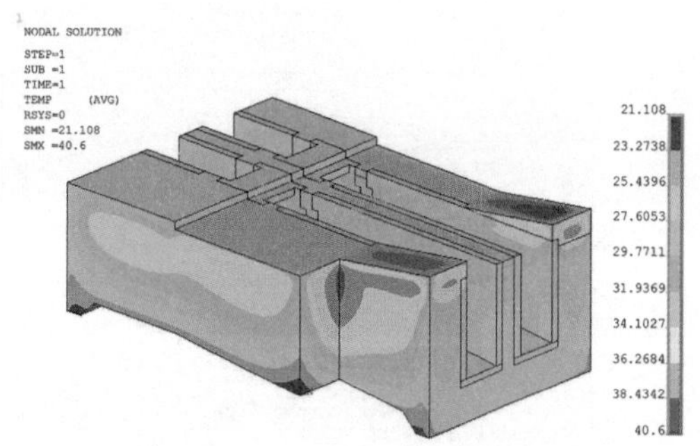

(b)2012年8月31日温度场

(c)2012年10月22日温度场

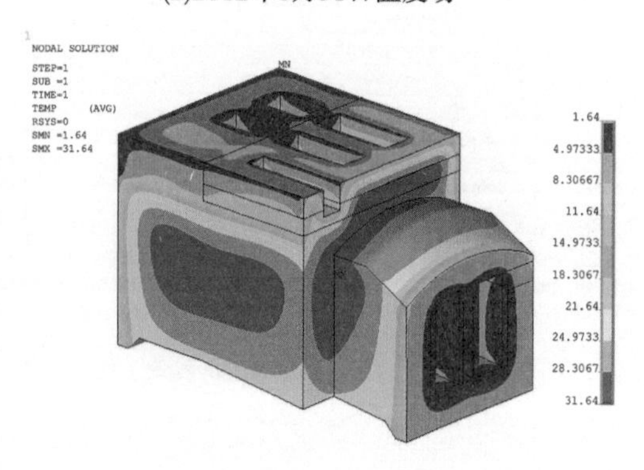

(d)2012年12月21日温度场

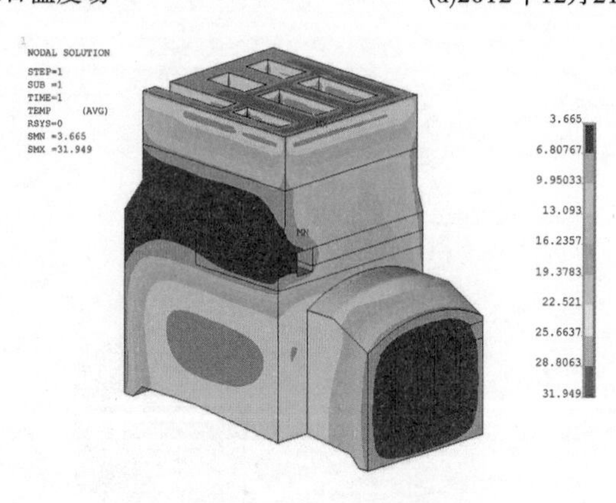

(e)2013年3月16日温度场

图6-42 进水塔不同时期温度场分布

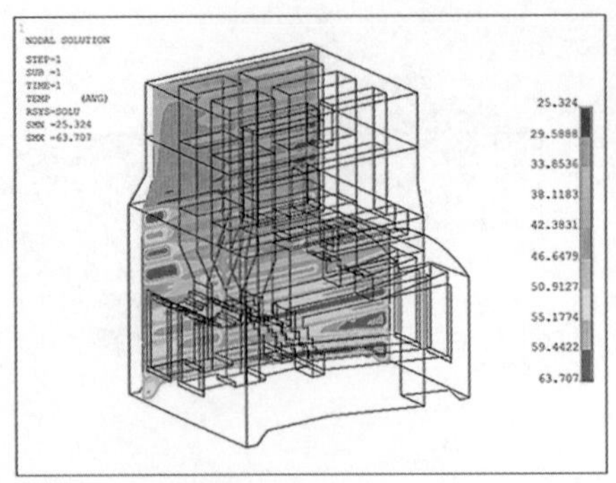

(a)进水塔左墩最高温度

(b)进水塔中墩最高温度

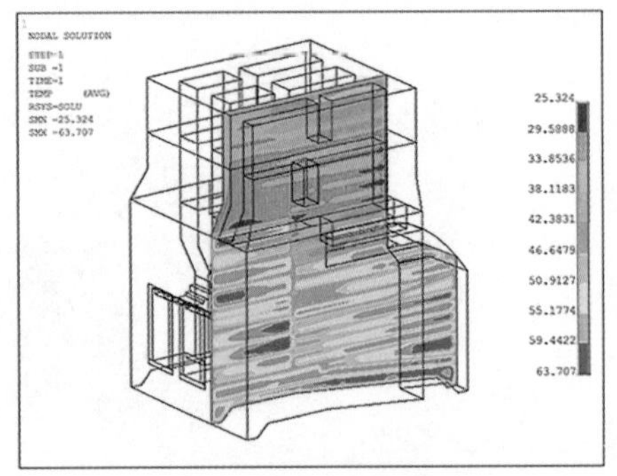

(c)进水塔右墩最高温度

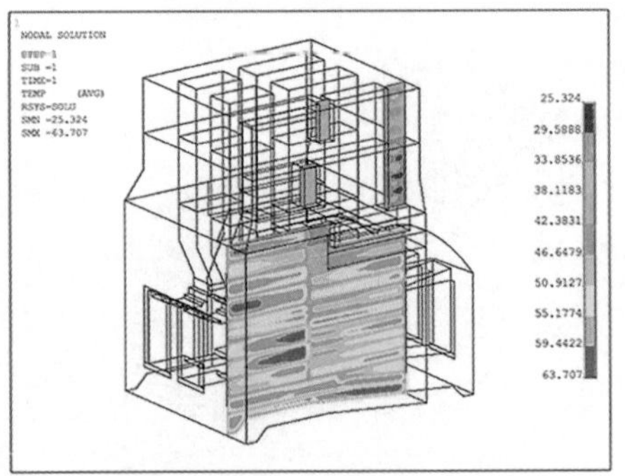

(d)进水塔右侧最高温度

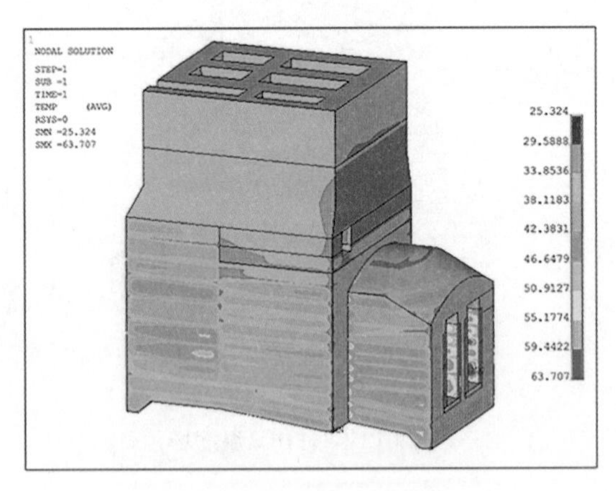

(e)进水塔各部位最高温度

图 6-43　进水塔最高温度

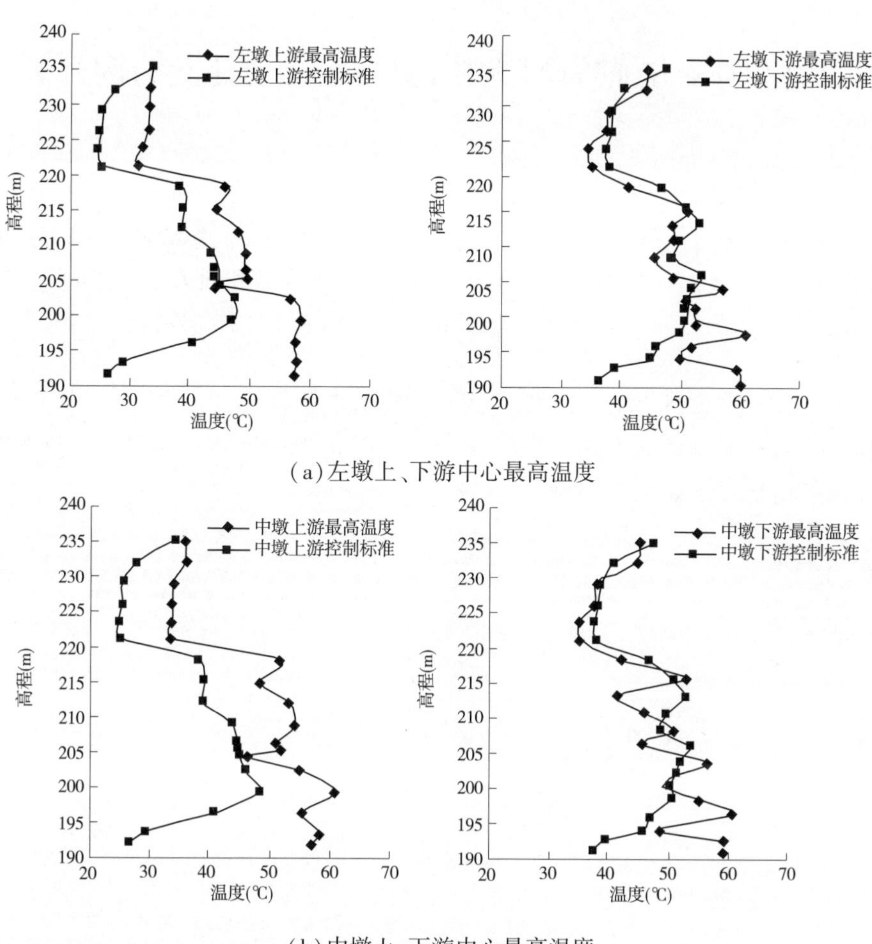

(a)左墩上、下游中心最高温度

(b)中墩上、下游中心最高温度

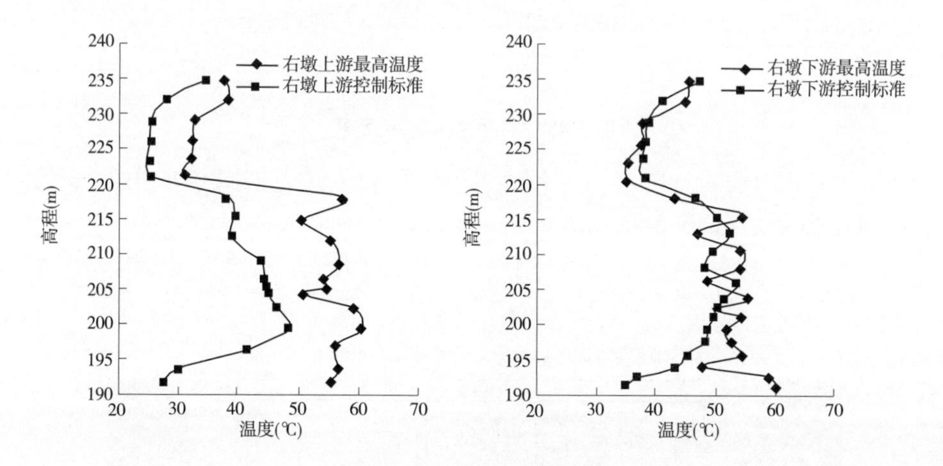

(c)右墩上、下游中心最高温度

图6-44　各部位最高温度与温度控制标准对比

6.4 工程案例 4:厄勒海峡大桥海底隧道混凝土结构开裂分析

6.4.1 工程概况

厄勒海峡从丹麦海岸到瑞典海岸在凯斯楚普和勒纳肯之间,距离约为 16 km,其间关键工程为四段:从丹麦海岸伸出 430 m 的人工半岛;人工半岛和西人工岛之间 3 750 m 长的海底隧道;西人工岛与东人工岛之间 600 m 的连接桥;东人工岛连接高架桥,到达瑞典海岸勒纳肯。

该线路西侧海底隧道长 4 050 m、宽 38. 8 m、高 86 m,位于海底 10 m 以下,由 5 条管道组成,分别是 2 条火车道、2 条双车道公路和 1 条疏散通道,是当时世界上最宽敞的海底隧道。

厄勒海峡链平面图如图 6-45 所示。

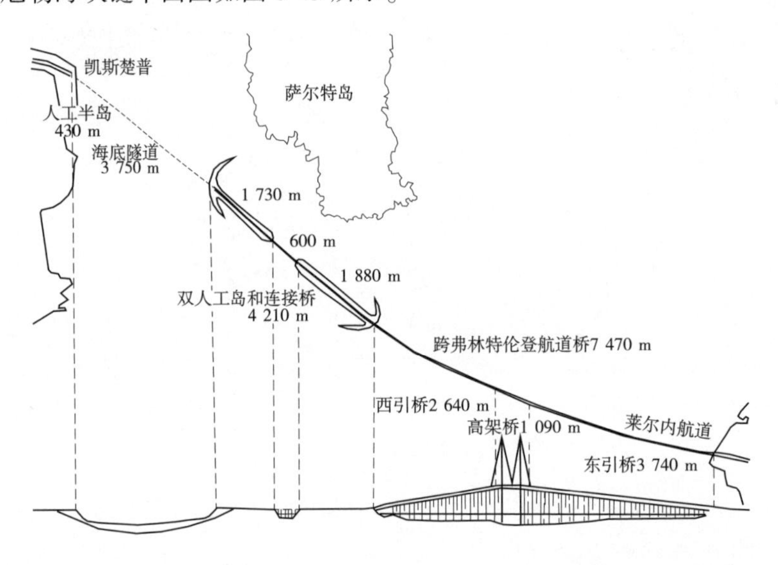

图 6-45 厄勒海峡链平面图

海底隧道是由丹麦设计师 George K. S. Rotne 设计的,位置如图 6-45 中虚线所示。隧道截面如图 6-46 所示,全长 540 m。

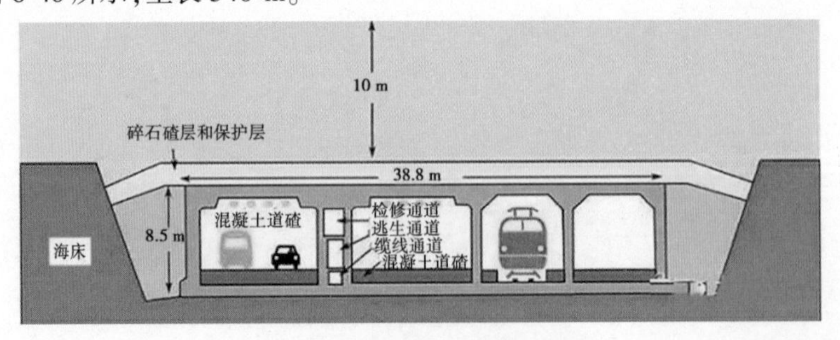

图 6-46 海底隧道截面示意图

6.4.2　隧道结构单元及施工

隧道结构共分为 15 个相同的单元,其中每个单元包括基础板(板长 36 m、高 1 m、宽 13 m)、墙体(长 12 m、高 8.2 m、宽 0.6 m)和顶板(长 12 m、高 0.625 m、宽 13 m)。

每个单元的施工次序如图 6-47 所示,先浇筑基础板,养护 28 d 以后再浇筑混凝土墙体和顶板。

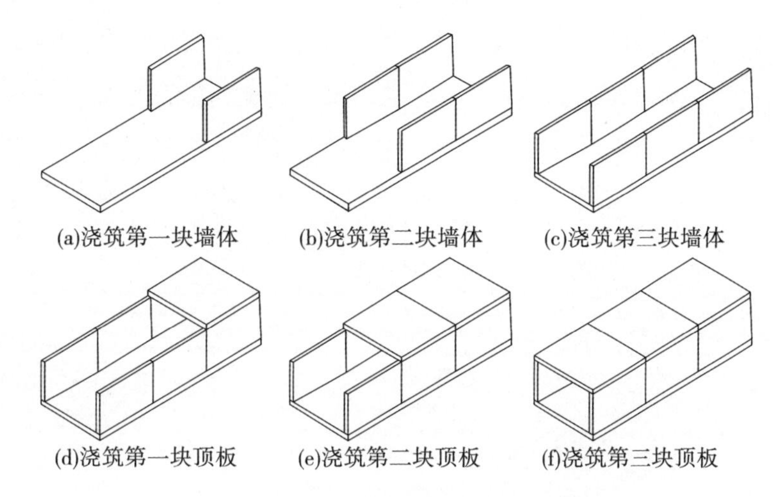

图 6-47　隧道施工次序

各个混凝土墙体和顶板相互之间弹性连接,15 个相同的单元均按照图 6-47 中的浇筑顺序进行,在浇筑的过程中安装温度计来监测混凝土结构的温度历程。每个单元施工过程中,都处于相似的外界环境条件,一年四季温差不大。

6.4.3　开裂问题

浇筑完隧道单元 M14 约 1 个月以后,工程人员在同一时间调研了隧道所有部件的裂缝。裂缝的主要形式如图 6-48 所示。

6.4.4　隧道温度应力仿真

6.4.4.1　隧道有限元模型

选取同时包含单边、双边、三边等约束边界形式的隧道工程进行计算。取某隧道工程其中一个施工段作为研究对象,每块底板长 12.0 m、宽 10.0 m、厚 1.0 m;每块侧墙长 12.0 m、高 6.0 m、厚 0.6 m;每块顶板长 12.0 m、宽 10.0 m、厚 0.6 m。隧道有限元模型尺寸参照实际工程尺寸,建立隧道有限元模型(见图 6-49)。

6.4.4.2　隧道温度应力计算结果

通过有限元分析,得到各浇筑块温度应力最大值的位置(见图 6-50)。其中,黑色箭头表示温度应力最大值横截面;红色为拉应力区,蓝色为压应力区。σ_{Rx}、σ_{Ry}、σ_{Rz} 分别代表 x、y、z 方向的温度应力。

墙体和顶板的最大应力位置如图 6-51 所示,整理各部位最大应力值和约束系数见

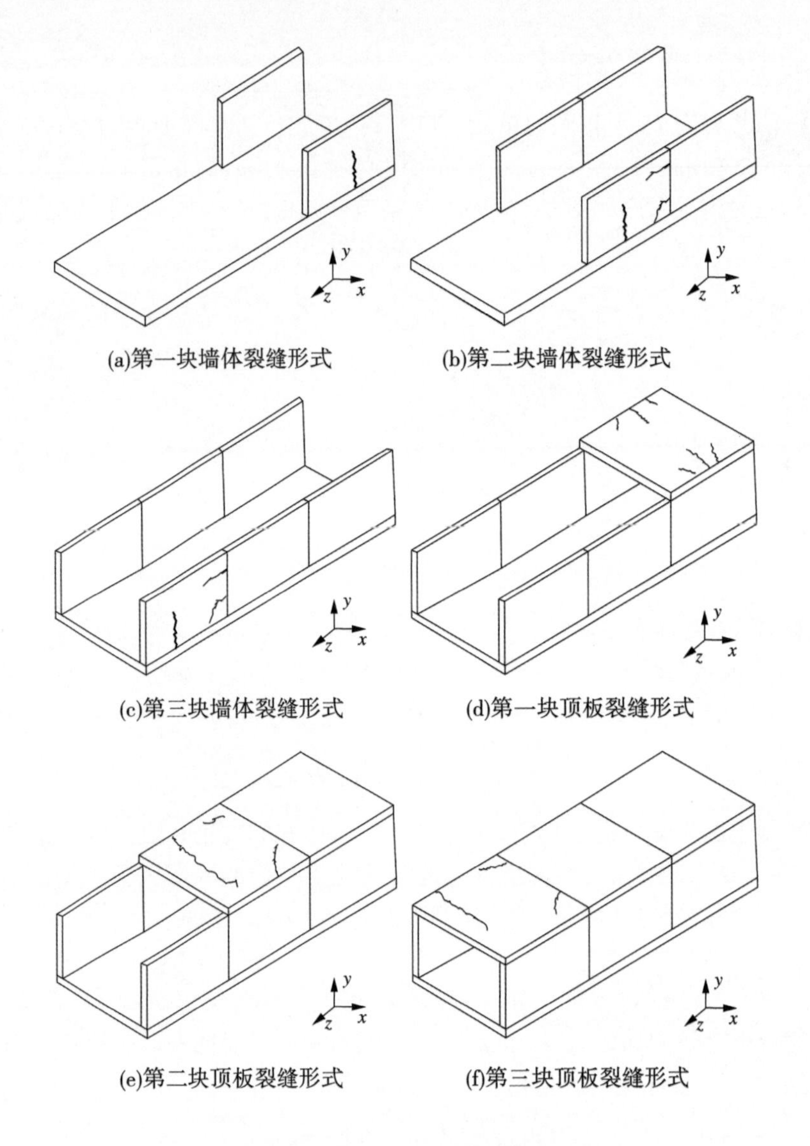

图 6-48　隧道墙体和顶板裂缝形式

表 6-16。

其中,混凝土结构相应位置的约束系数基于有限元计算结果,按式(6-30)计算:

$$\gamma_R = \frac{\sigma(\zeta \cdot E_{c28}, E_a, \varepsilon)}{\sigma_{fix}(\zeta \cdot E_{c28}, \varepsilon)} \tag{6-30}$$

式中　σ ——通过有限元仿真计算得到的温度应力,Pa;

σ_{fix} ——新浇筑混凝土结构完全约束下的温度应力,Pa;

ε ——新浇筑混凝土结构承受约束后发生的应变;

E_a ——相邻结构的弹性模量,Pa;

E_{c28}——新浇筑混凝土结构 28 d 等效龄期下的弹性模量,Pa;

ζ ——描述弹性模量随时间变化的调节系数。

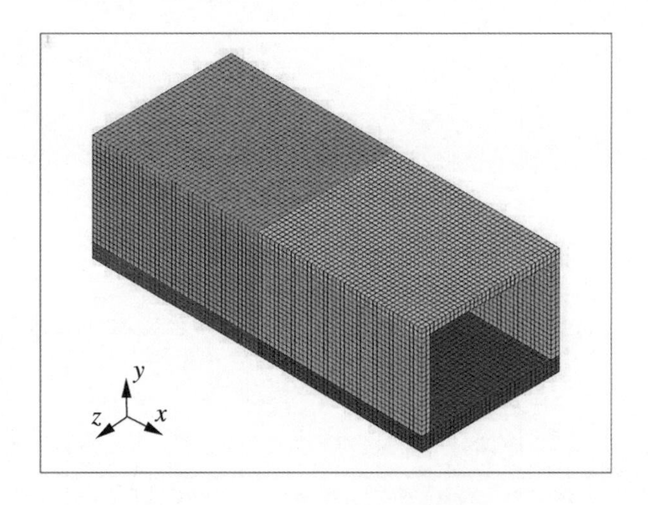

图 6-49　隧道有限元分析模型

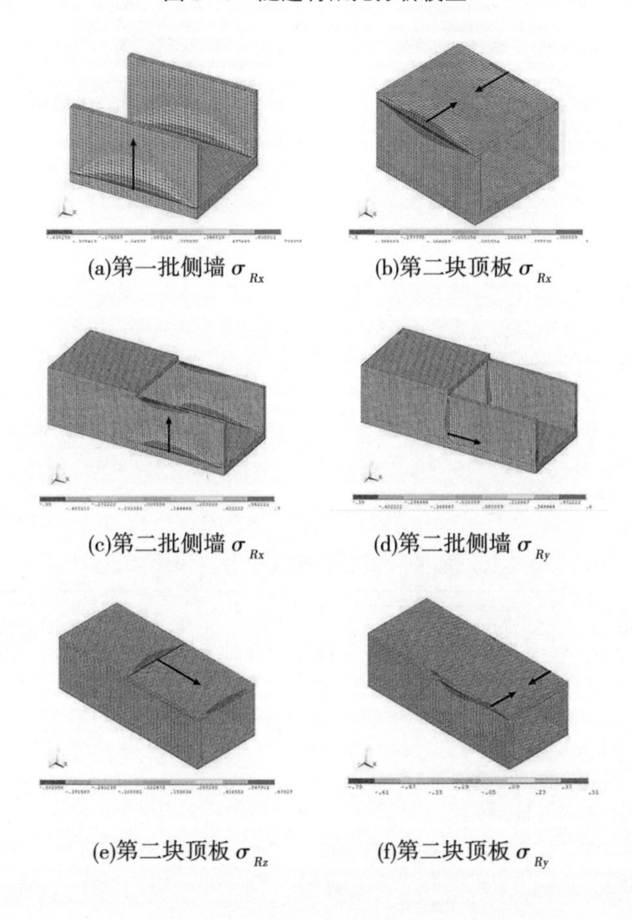

图 6-50　各浇筑块温度应力分布

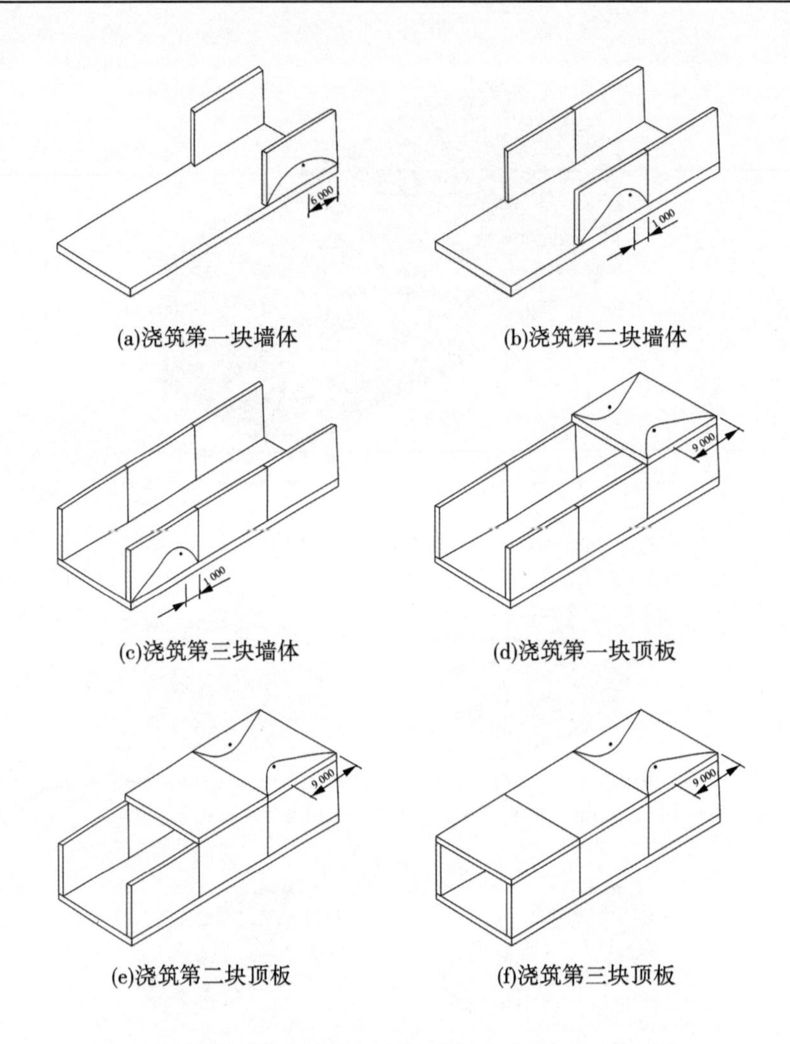

图 6-51　墙体和顶板的最大应力位置　（单位：mm）

表 6-16　墙体和顶板的最大应力值和约束系数

项目		位置	σ (MPa)	σ_{fix} (MPa)	γ_R
墙体	第一块墙体	Ⅰ	1.5	2.1	0.71
	第二块墙体	Ⅱ	1.6	2.1	0.76
	第三块墙体	Ⅲ	1.6	2.1	0.76
顶板	第一块顶板	Ⅳ	1.1	2.1	0.52
	第二块顶板	Ⅴ	1.1	2.1	0.52
	第三块顶板	Ⅵ	0.9	2.1	0.43

注：最大应力位置见图 6-51。

混凝土墙体最大拉应力处于墙体中心处,是混凝土墙体最危险的部位。由此可见,如不采取防裂技术措施,墙体或顶板会出现更多的裂缝。混凝土表面应力最大节点的拉应力比在浇筑完成后第 20 h 时小 1.15,拉应力在第 24 h 时开始大于容许拉应力。根据温度应力有限元分析计算结果,墙体和顶板存在开裂风险,应研究制定更严格的温控防裂技术措施。

6.4.5　墙体和顶板裂缝产生的原因及温控措施

6.4.5.1　裂缝产生的原因

根据墙体和顶板混凝土温度应力计算结果与裂缝实测结果分析,开裂的主要原因有:墙体的收缩变形受到了基础板的约束,同时也受到先前浇筑墙体的约束;顶板同时受到先前浇筑顶板(y 方向)和墙体(z 方向)的约束;后续浇筑的顶板也会对影响墙体和顶板形成约束,当应力超过容许拉应力时,混凝土开裂。

顶板顶部裂缝主要是受到先前浇筑的墙体约束(主要是 z 方向)引起的,同时也受到先前浇筑的顶板的约束,当应力超过容许拉应力时,混凝土开裂。

6.4.5.2　温控措施

为减小浇筑过程中墙体的开裂风险,采用冷却水管温控措施。在墙体的下部埋入了冷却水管,冷却水管的布置位置如图 6-52 所示。埋入冷却水管的材质为钢,外径为 25 mm。钢管中冷却水的温度为 8~12 ℃,混凝土浇筑完成后,即开始通水冷却。冷却水管温控措施使得混凝土的最高温度能降低 3~5 ℃,可大大降低混凝土开裂风险。

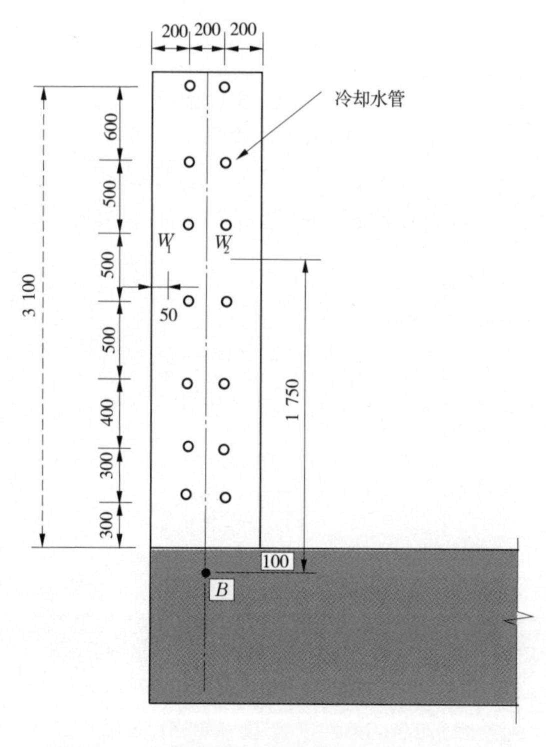

图 6-52　冷却水管的布置位置　(单位:mm)

参 考 文 献

[1] 李永江. 燕山水库闸墩混凝土防裂措施研究及应用[C]//全国泄水建筑物安全及新材料新技术应用研讨会. 北京:中国水利技术信息中心,2010.

[2] 路磊. 燕山水库闸墩混凝土温控防裂措施仿真分析[J]. 施工技术, 2010(S1):203-206.

[3] 皇甫泽华, 张兆省, 历从实, 等. 前坪水库筑坝砂砾料现场碾压试验研究[J]. 中国水利, 2017(12):25-26,39.

[4] 郝二锋, 贺彪, 宋歌, 等. 前坪水库泄洪洞进水塔防裂控制技术[J]. 人民黄河, 2020,42(S1):197-199.

[5] 宋歌, 罗福生, 王磊, 等. 混凝土冬季施工质量影响因素及工艺[J]. 河南水利与南水北调, 2020, 49(1):44-45.

[6] 欧阳建树, 徐庆, 汪军, 等. 河口村水库进水塔底板裂缝温控研究[J], 人民黄河, 2016,38(4):121-124.